ENCYCLOPÉDIE DE CHIMIE INDUSTRIELLE

LE PAIN

ET LA PANIFICATION

CHIMIE ET TECHNOLOGIE DE LA BOULANGERIE ET DE LA MEUNERIE

Encyclopédie de chimie industrielle et de métallurgie.

Nouvelle collection de volumes in-18 jésus d'environ 400 pages, illustrés de figures.

Prix de chaque volume cartonné........   5 fr.

L'industrie chimique, par A. Haller, directeur de l'Institut chimique de Nancy.

La Bière et l'industrie de la brasserie, par P. Petit, directeur de l'École de brasserie de Nancy.

Précis de Chimie agricole, par E. Gain, chargé des cours à la Faculté des sciences de Nancy.

Précis de Chimie industrielle, par P. Guichard, professeur à la Société industrielle d'Amiens.

La Distillerie, par P. Guichard, 3 vol. — I. *Chimie du distillateur.* — II. *Microbiologie du distillateur.* — III. *Industrie de la distillation.*

L'eau dans l'industrie, par P. Guichard.

L'eau potable, par Fr. Coreil, directeur du laboratoire municipal de Toulon.

Les Eaux d'alimentation, par Ed. Guinochet, pharmacien en chef de l'hôpital de la Charité.

Les Produits chimiques, par A. Trillat.

Savons et Bougies, par J. Lefèvre.

Le Sucre et l'industrie sucrière, par Horsin-Déon.

La Galvanoplastie, par E. Bouant.

Les Minéraux utiles, par L. Knab.

L'Aluminium, par A. Lejal.

Le Cuivre, par P. Weiss, ingénieur des mines.

L'Or, par Weill.

L'Argent, par De Launay, professeur à l'École des mines.

Couleurs et Vernis, par G. Halphen, chimiste au laboratoire du ministère du commerce.

L'Industrie des tissus, par G. Joulin.

Cuirs et peaux, par Voinesson et Lavelines.

L'Industrie du blanchissage, par Bailly.

4438-96. — Corbeil. Imprimerie Éd. Crété.

Léon **BOUTROUX**

PROFESSEUR DE CHIMIE
DOYEN DE LA FACULTÉ DES SCIENCES DE BESANÇON

LE PAIN

ET LA PANIFICATION

CHIMIE ET TECHNOLOGIE

DE LA BOULANGERIE ET DE LA MEUNERIE

LA FARINE — LA MOUTURE

TRANSFORMATION DE LA FARINE EN PAIN

FERMENTATION PANAIRE · PROCÉDÉS

DE PANIFICATION FRANÇAIS ET ÉTRANGERS

COMPOSITION CHIMIQUE DU PAIN

FRAUDES — VALEUR NUTRITIVE DU PAIN

PARIS

LIBRAIRIE J.-B. BAILLIÈRE ET FILS

9, rue Hautefeuille, près du boulevard Saint-Germain

—

1897

Tous droits réservés.

PRÉFACE

Cet ouvrage s'adresse à la fois aux personnes qui s'occupent de la fabrication du pain au point de vue pratique, et à celles qui s'intéressent plutôt aux problèmes scientifiques, particulièrement aux problèmes chimiques, soulevés par cette fabrication. Aux praticiens, il expose les principes qui leur permettront de se rendre compte autant que possible des raisons de toutes les opérations usitées, et peut-être leur suggéreront des perfectionnements. Aux savants il expose les données pratiques des questions et les expériences qui ont été faites en vue d'arriver aux solutions.

Dans une première partie, servant d'introduction, nous étudions la farine, plutôt au point de vue du boulanger qu'à celui du meunier. Les opérations de la mouture sont si compliquées aujourd'hui qu'elles ne pourraient être exposées ici en détail. Nous nous bornons donc à indiquer au meunier les faits scientifiques fondamentaux qui peuvent lui servir de guides.

La seconde partie, qui est la partie principale, est

consacré à la transformation de la farine en pain. Après une étude théorique de la fermentation panaire, toutes les opérations pratiques de la panification usuelle sont décrites succinctement, et expliquées autant que l'état actuel de la science le permet. Nous passons ensuite en revue divers procédés de panification employés ou proposés en France ou à l'étranger. Puis nous indiquons la composition chimique du pain et les opérations par lesquelles le chimiste peut en apprécier la qualité ou y déceler les fraudes. Enfin, nous plaçant au point de vue de l'hygiène, nous étudions la valeur nutritive du pain en général et des diverses sortes de pain.

Tel est le plan de cet ouvrage, où l'auteur, loin de se faire l'avocat de telle ou telle doctrine, a eu simplement en vue de fournir au lecteur des connaissances exactes, et de lui suggérer des idées justes, toujours appuyées sur l'expérience, jamais dictées par le parti pris (1).

---

(1) Les faits exposés sont la plupart du temps puisés directement aux mémoires originaux. Cependant nous avons fait d'assez fréquents emprunts à deux excellents traités : *Das Brotbacken*, par le Dr K. Birnbaum, et *The Science and Art of Bread-making*, par William Jago.

PREMIÈRE PARTIE

FARINE

CHAPITRE PREMIER

COMPOSITION DU GRAIN DE BLÉ

De tous les végétaux utilisés pour l'alimentation des hommes chez les peuples civilisés, le blé est celui qui joue le rôle le plus important. Sa graine constitue l'un des aliments les plus parfaits dont nous jouissions. Cherchons d'abord à en connaître la composition chimique.

L'agriculture nous fournit un grand nombre de variétés de blé, qui, au point de vue des propriétés de leur farine, se répartissent en deux groupes principaux, celui des *blés tendres* et celui des *blés durs*. Les graines de ces divers blés ne présentent pas d'ailleurs de profondes différences de composition chimique; c'est surtout par des caractères tout extérieurs qu'elles se distinguent (Péligot).

§ 1. — Analyse immédiate du grain de blé.

Dans un grain de blé nous pouvons d'abord distinguer

trois sortes de substances : de l'eau, des matières grasses et des matières solides non grasses.

Pour doser l'eau, nous prendrons 5 à 10 grammes de blé qu'on vient de moudre à l'instant dans un petit moulin à café et nous les exposerons dans une étuve maintenue entre 110° et 120° jusqu'à ce que des pesées successives montrent que le poids de la matière est devenu constant. La perte de poids mesurée fera connaître la teneur en eau du blé primitif. Cette teneur ne varie pas beaucoup d'une sorte de blé à une autre. Elle est en moyenne d'environ 14 p. 100. Les blés tendres ne renferment pas plus d'eau que les blés durs. Sur 14 variétés différentes analysées par M. Péligot, la proportion a oscillé entre 13,2 et 15,2 p. 100.

Les matières grasses peuvent être extraites, par l'éther anhydre, du blé préalablement moulu et desséché d'une manière parfaite. Si l'eau a été absolument exclue, l'éther ne dissout pas autre chose que les matières grasses. Il suffit ensuite de faire évaporer l'éther pour obtenir ces dernières parfaitement isolées ; on les pèse. La proportion moyenne est d'environ 1,2 p. 100 ; elle est aussi très peu variable (de 1,0 à 1,3 dans les échantillons les plus divers). (Péligot).

Pour séparer les diverses matières solides du blé, nous prendrons 100 grammes de blé moulu à l'instant même, et, en pétrissant avec de l'eau la farine obtenue, nous en formerons une pâte un peu ferme que nous laisserons reposer une heure ou deux ; puis nous malaxerons cette pâte entre les mains sous un mince filet d'eau (fig. 1). Tout ce qui sort des mains passera, à travers un tamis fin, dans une grande capsule. Pendant que l'on malaxe la pâte de cette façon, on en voit sortir une eau laiteuse qui abandonne sur le tamis des débris solides, et dépose au fond de la capsule une poudre blanche très tassée. Quant à la pâte qu'on tient à la main, elle devient grise, de plus en plus adhésive, et finit par se réduire à une masse très élastique, ne collant pas à la main mouillée.

Nous avons ainsi séparé quatre substances ou groupes de sub- stances. La matière élastique qui reste dans la main est le *gluten*, les débris arrêtés par le tamis consistent surtout en *cellulose* avec un peu de gluten, le dépôt blanc qui est au fond de la capsule est de l'*amidon* ; enfin l'eau qui surnage l'amidon retient diverses *matières en dissolution*.

Fig. 1. — Analyse immé- diate de la farine.

Le *gluten* n'est pas un prin- cipe immédiat défini : c'est un mélange de plusieurs principes azotés, mal définis eux-mêmes, d'un peu d'amidon et d'un peu de matières grasses. Épuisé par l'alcool, le gluten laisse un principe que Dumas nommait *fibrine végétale*, et que l'on nomme aujourd'hui, avec Ritthausen, *gluten-caséine ;* ce principe contient 17,3 p. 100 d'azote, comme la fibrine. Dans la partie entraînée par l'alcool, Ritthausen distingue en- core trois principes: le *gluten-fibrine*, insoluble dans l'eau ; la *gliadine*, sorte de gélatine végétale légèrement soluble dans l'eau, et la *mucédine*, un peu plus soluble dans l'eau, contenant 16,63 p. 100 d'azote. Ces distinctions, comme toutes celles qui ont été faites entre les principes albuminoïdes, sont d'ailleurs assez arbitraires. Il paraît préférable aujourd'hui de ne distinguer que deux principes : 1° le *gluten-caséine* ou *gluténine*, poudre blanc jaunâtre, insoluble dans l'alcool à 70° centésimaux, conservant l'état pulvérulent en présence de l'eau ; 2° le *gluten-fibrine* ou *gliadine*, substance plus jaune, soluble dans le même alcool, agglutinative, se prenant en masse comme la colle forte, se comportant avec l'eau exactement comme la gélatine (1).

La *cellulose* n'est pas non plus un principe immédiat défini. On peut la définir anatomiquement en disant que c'est la substance insoluble dans l'eau dont est constituée la membrane des cellules végétales. Ainsi définie, la cellulose présente une composition chimique variable suivant l'espèce botanique et suivant le tissu considéré dans une même espèce. Si l'on s'en tient à celle des grains de blé mûr, on constate qu'elle contient plusieurs substances encore mal définies chimiquement, dont les unes, traitées par les acides concentrés, se transforment en glucose et les autres fournissent, sous l'influence du même traitement, des sucres à cinq atomes de carbone (arabinose et xylose). Ces sucres s'appellent des *pentoses*. Le principe qui les fournit par hydrolyse est quelquefois désigné par le nom de *pentosane*.

---

1) Fleurent, *C. R. Ac. des sc.*, 1896, CXXIII, 327.

Les *matières solubles* extraites par l'eau sont multiples. Si l'on filtre cette eau, et qu'après addition d'un peu d'acide acétique on la chauffe, elle se coagule ; le coagulum est une substance azotée qu'on appelle *albumine végétale*. La partie restée liquide contient des *principes hydrocarbonés* et des *sels minéraux*.

La détermination des principes hydrocarbonés du blé présente de grandes difficultés : on admettait autrefois l'existence d'une notable quantité de gomme parmi ces principes : Vauquelin a démontré que cette prétendue gomme, oxydée par l'acide nitrique, fournit, non de l'acide mucique comme le ferait la véritable gomme, mais seulement de l'acide oxalique. Il y avait donc erreur, au moins au point de vue quantitatif, car les expériences de Vauquelin ne suffisent pas pour faire rayer complètement la gomme de la liste des principes hydrocarbonés du blé. On admet ordinairement aujourd'hui que ces principes consistent surtout en sucres (saccharose et maltose), dextrine et gomme.

La recherche des matières sucrées dans le grain de blé a fourni à divers savants des résultats contradictoires. Vauquelin avait trouvé jusqu'à 8,5 p. 100 de matière sucrée dans une farine de blé tendre d'Odessa. M. Péligot employa pour la recherche du sucre une méthode élégante, fondée sur l'accroissement considérable qu'acquiert la solubilité de la chaux dans l'eau quand à celle-ci on ajoute du sucre : le poids de chaux dissoute par la liqueur est proportionnel au poids de sucre que celle-ci contient. Or traitant, par l'eau, de la farine qui provenait de grains moulus à l'instant, il

constata que la solution obtenue, convenablement concentrée, puis mise en contact avec de la chaux éteinte,
ne dissolvait pas sensiblement plus de chaux que l'eau
pure.

Cette expérience prouve que les nombres de Vauquelin sont certainement exagérés, mais la méthode
employée n'est pas assez sensible pour qu'on en puisse
conclure à l'absence absolue du sucre. Nous retrouverons l'occasion d'approfondir davantage cette question.

Mais ce qui n'est pas douteux, c'est la présence de la
dextrine. On la reconnaît par l'examen au polarimètre ;
de plus, si, dans le liquide provenant du lavage de la
farine, après addition de quelques gouttes d'acide sulfurique, on fait arriver un courant de vapeur d'eau
bouillante, ce liquide, primitivement exempt de glucose,
se charge bientôt de ce dernier corps en quantité
notable, ce qui prouve bien qu'il contenait un hydrate
de carbone soluble saccharifiable, c'est-à-dire de la
dextrine. Nul doute que la substance comptée comme
sucre par Vauquelin ne soit de la dextrine, au moins en
majeure partie.

Le blé contient aussi un sucre non fermentescible, le
xylose, $C^5H^{10}O^5$, ou au moins sa matière première, le
pentosane. M. Tollens et ses collaborateurs en ont
trouvé particulièrement dans le son. On le reconnaît
en distillant le son avec de l'acide chlorhydrique. Les
sucres à cinq atomes de carbone (pentoses) fournissent
dans ces conditions du furfurol $C^5H^4O^2$, corps volatil,
qui passe à la distillation, et qu'on peut caractériser et
même doser en le combinant avec la phénylhydrazine.

Il se forme une hydrazone presque insoluble, dont le poids fera connaître le poids de furfurol produit. Si l'on admet que le furfurol provient uniquement de l'oxydation des pentoses, on déduira de ce poids l'ensemble des poids du pentose préexistant dans le son et de celui qui a pu se former par hydratation de la cellulose. En réalité, les pentoses et leurs dérivés ne sont pas les seuls corps qui donnent du furfurol par la distillation avec l'acide chlorhydrique. Certains dérivés des hexoses en fournissent également, en sorte que cette méthode de détermination des pentoses n'est pas sûre. Quoi qu'il en soit, si l'on compte comme xylose toute la matière qui engendre du furfurol, on trouve que le son en contient environ 25 p. 100.

Il s'agit maintenant de doser les divers principes dont nous n'avons encore donné que la détermination qualitative (1).

Dosage du gluten. — Le gluten peut être extrait séparément, comme nous venons de l'indiquer, et pesé après dessiccation. On trouve ainsi qu'il entre en moyenne dans le blé dans la proportion de 12,8 p. 100. Ou bien, et ce procédé est plus rigoureux, on peut calculer la proportion de l'ensemble des matières azotées d'après la quantité d'azote qu'elles fournissent à l'analyse élémentaire. On admet que les matières azotées du blé contiennent 16 p. 100 d'azote (Dumas et Cahours). On dosera à part les matières azotées solubles dans l'eau (albumine végétale) par la même méthode, et,

(1) Nous avons déjà donné le dosage du xylose pour n'avoir plus à revenir sur ce corps peu important dans la pratique.

retranchant la teneur en albumine végétale de la teneur en matières azotées, on aura la teneur en gluten, ou plutôt en matières azotées insolubles.

La proportion des matières azotées varie considérablement d'une sorte de blé à une autre. M. Péligot a trouvé des nombres compris entre 9,8 p. 100 (touselle blanche de Provence) et 21,5 p. 100 (blé de Pologne).

Proportion des matières azotées totales contenues dans 100 parties de blé.

	Gluten et albumine.		Gluten et albumine.
Touselle blanche de Provence....................	9,8	Polish Odessa............	14,3
Blé d'Espagne............	10,5	Poulard bleu conique (année moy.)...............	15,3
Poulard roux.............	10,6		
Blé blanc de Flandre.....	10,7	Mitadin du Midi.........	16,0
Blé Hérisson.............	11,6	Poulard bleu conique (an. très sèche)............	18,1
Hardy White...........	12,5		
Banat tendre.............	13,4	Blé d'Égypte............	20,6
Tangarock...............	13,6	Blé de Pologne..........	21,5

Ces différences de richesse en azote dépendent, en premier lieu, de la variété de blé. Mais ici encore il ne faudrait pas croire qu'il y a une différence notable entre les blés durs et les blés tendres. Les blés les plus durs contiennent, il est vrai, généralement un peu plus de gluten que les blés les plus tendres, mais la différence s'évanouit quand on compare les blés les plus durs aux blés demi-durs.

En second lieu, la richesse du sol sur lequel le blé d'une même variété a été cultivé exerce l'influence la plus directe sur la richesse du blé en gluten, comme l'a montré Boussingault.

Enfin la richesse en azote dépend des circonstances atmosphériques qui ont accompagné la végétation du blé. Ainsi une variété de blé qui, récoltée en 1844, après une année de sécheresse moyenne, contenait 15,3 p. 100 de matières azotées, en contenait 18,1 récoltée en 1846, après avoir été cultivée dans des conditions aussi comparables que possible, mais pendant une année très sèche.

La moyenne des résultats fournis par les analyses de M. Péligot est de 12,8 p. 100 pour les matières azotées insolubles (gluten) et 1,8 pour les matières azotées solubles (albumine végétale). Ces valeurs moyennes ne présentent d'ailleurs que peu d'intérêt en raison des grandes différences qui existent entre les valeurs particulières dont elles sont tirées. La composition du gluten varie aussi suivant les sortes de blé. En e considérant comme composé uniquement de *gluten-caséine* et de *gluten-fibrine*, M. Fleurent a trouvé, selon es blés, les proportions suivantes de ces deux principes dans 100 parties de gluten :

Gluten-caséine .... 18 à 35 pour 100 ;
Gluten-fibrine.............. 60 à 80 pour 100.

Dosage de l'amidon. — L'amidon a été dosé par M. Péligot au moyen du procédé suivant : la farine du blé moulu à l'instant est dépouillée d'abord de sa matière grasse par un lavage à l'éther, puis de ses matières solubles par un lavage à l'eau. Elle est ensuite saccharifiée par la vapeur d'eau bouillante en présence de quelques gouttes d'acide sulfurique. Si l'action de l'acide a été bien conduite et arrêtée à temps, l'amidon seul est solubilisé dans cette opération. Pour savoir le moment précis où cette condition est remplie, on essaie de temps en temps si la liqueur colore en bleu la solution aqueuse d'iode. Dès qu'elle cesse de le faire, tout l'amidon a disparu, on met fin à l'opération. Le résidu contient alors toute la matière azotée insoluble et toute la cellulose. Il est séché et pesé ; la perte de poids que le blé a éprouvée est le poids de l'amidon qu'il contenait.

Cette méthode, appliquée à différents blés, a fourni des résultats qui ont varié de 55,1 à 67,1 p. 100.

M. O'Sullivan a donné, en 1884 (1), une méthode un peu plus compliquée, mais plus sûre. Elle consiste, après lavage convenable de la farine à l'éther, l'alcool et l'eau, à saccharifier l'amidon avec de la diastase, puis à doser, au moyen de la liqueur de Fehling et du polarimètre, le maltose et la dextrine formés.

Dosage de la cellulose. — Pour doser la cellulose, M. Péligot l'isole en détruisant tout le reste par l'acide sulfurique convenablement concentré. A la vérité, on n'isole de cette façon qu'une variété particulière de cellulose, définie par sa résistance à l'acide sulfurique, car, ainsi que nous l'avons dit, le mot « cellulose » est loin d'avoir aujourd'hui une compréhension aussi simple qu'au temps où ont été faites les analyses de Péligot. Il existe plusieurs sortes de celluloses, qui présentent des résistances variables aux agents de saccharification. Au point de vue pratique, c'est la cellulose la plus résis-

(1) O'Sullivan, *Journal of the Chemical Society*, 1884.

tante dont il importe de connaître la proportion. Le procédé de Péligot fournira donc des résultats utiles. .!

On traite le blé récemment moulu par l'acide sulfurique à 6 équivalents d'eau (préparé en ajoutant, à 100 parties d'acide sulfurique ordinaire, 91,8 parties d'eau en poids). Le mélange est abandonné, à la température ordinaire, pendant vingt-quatre heures, puis il est porté pendant quelque temps à une température voisine de celle de l'ébullition de l'eau. Tout est devenu soluble, à l'exception de la cellulose ; celle-ci est séparée par filtration et minutieux lavages à l'eau chaude, à la potasse caustique, à l'eau chaude de nouveau, à l'acide acétique faible, à l'eau froide, à l'alcool et à l'éther. Le squelette cellulosique est parfaitement respecté par ce traitement ; on s'en assure par l'examen microscopique : on retrouve non seulement la cellulose de l'enveloppe corticale, mais aussi celle de l'intérieur du grain.

Le résultat obtenu peut paraître surprenant : la proportion de cette cellulose conventionnellement définie n'est que d'environ 2 p. 100. Le son lui-même n'en contient que de 7 à 9 p. 100.

Dosage des matières minérales. — Les matières minérales figurent dans le grain dans la proportion de 1,6 p. 100. Elles consistent principalement en phosphates. En voici la composition d'après Lawes et Gilbert :

Acide phosphorique.....	49,68	Chaux...................	3,40
Phosphate de fer........	2,36	Chlore..................	0,13
Potasse.................	29,35	Silice	2,47
Soude	1,12		
Magnésie........	10,70		99,21

On remarquera l'absence des acides sulfurique et carbonique.

Comme résumé, voici le tableau, d'après Péligot, de la composition moyenne du grain de blé :

Eau.....................	14,0	Dextrine.................	7,2
Matières grasses.........	1,2	Amidon.................	59,7
Matières azotées insolubles		Cellulose...............	1,7
(gluten)..............	12,8	Sels minéraux..........	1,6
Matières azotées solubles			———
(albumine)...........	1,8		100,0

Tels sont les principaux renseignements que fournit l'étude purement chimique du grain de blé. Ils sont bien loin de nous suffire pour pouvoir élucider toutes les questions qui se rattachent à la panification. Nous les compléterons en faisant appel à deux sciences proches parentes de la chimie, à l'anatomie et à la physiologie végétales.

§ 2. — Étude anatomique et physiologique du grain de blé.

C'est à Payen qu'on doit les premières notions exactes sur l'histologie du grain de froment. M. Trécul est venu ensuite donner une précision parfaite à l'étude des différentes parties du grain, et depuis, divers observateurs ont si exactement décrit plusieurs fruits de graminées que le physiologiste et le chimiste ont aujourd'hui une base solide sur laquelle ils peuvent en toute sécurité appuyer leur expérimentation.

Le grain de blé mûr est un *caryopse*, c'est-à-dire un fruit sec indéhiscent, à parois très minces étroitement soudées à la graine, de telle sorte qu'on ne peut pas sé-

parer la graine du péricarpe. On y peut distinguer trois
parties principales :

1° L'embryon (a, fig. 2 et 3);

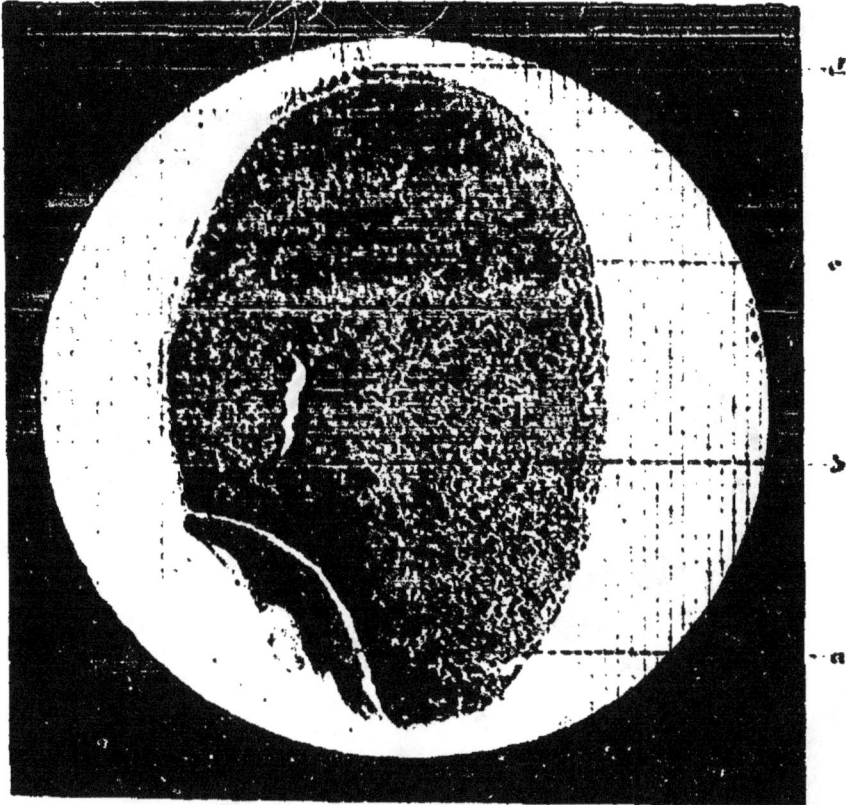

Fig. 2. — **Coupe longitudinale d'un grain de froment.**
(Agrand. : 12 diam.)(*)

(*) Chaque division du quadrillé représente, dans les figures 2
à 12 et 16, 1/10 de millimètre. Ces figures reproduisent des pho-
tographies exécutées par M. Aimé Girard, *Mémoire sur la composition chimique et la valeur alimentaire des diverses parties du
grain de froment.*

2° L'*albumen* ou *endosperme* (b, fig. 2 et 3);

3° L'ensemble des *membranes extérieures* (c, fig. 2 et 3).

Pour l'étude plus approfondie de ces différentes parties, nous aurons recours, en même temps qu'aux pho-

tographies de M. Aimé Girard, à la description si parfaite du grain d'orge donnée par MM. Holzner et Lermer et par MM. Brown et Morris (1). La structure du grain de blé ne diffère de celle du grain d'orge que par des détails sans importance.

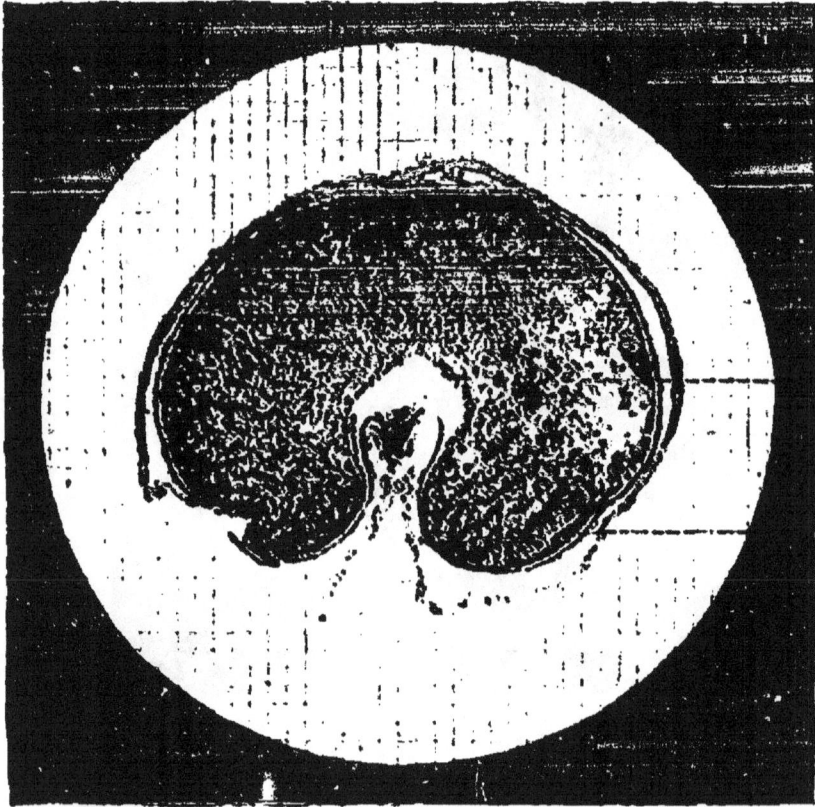

Fig. 3. — Coupe transversale d'un grain de froment.
(Agrand. : 17 diam.)

Description de l'embryon. — *L'embryon* renferme une plante rudimentaire, comprenant une tige, des feuilles et une radicule. On donne le nom de *plumule* à la portion qui comprend la tige et les feuilles. La figure 4 re-

(1) Brown et Morris, *Journ. of the Chem. Soc.*, 1890, p. 458.

présente, à l'agrandissement de 40 diamètres, un embryon de blé presque complet : *r* représente la radicule, et *g* la gemmule (bourgeon terminal), entourée de quatre folioles *f*. Le contenu des cellules du germe est fortement coloré en jaune ; la masse est parsemée d'une multitude

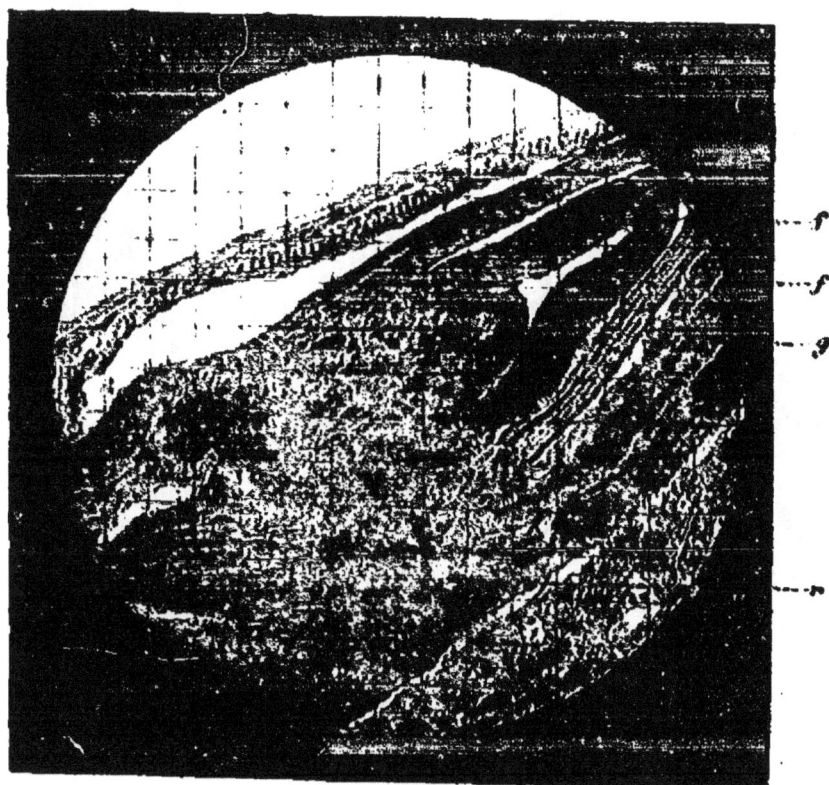

Fig. 4. — Germe du grain de froment en coupe longitudinale.
(Agrand. : 40 diam.)

de gouttelettes huileuses qui lui donnent un aspect non homogène, pseudo-granuleux. L'examen microchimique fait reconnaître que ces cellules sont remplies d'une matière azotée mélangée de matière grasse, et que la matière azotée est molle et facilement attaquable aux réactifs.

Description de l'albumen. — La masse principale de l'albumen consiste en grandes cellules à membrane mince, transparente, renfermant des grains d'amidon enchâssés dans un très fin réseau de matière protéique. La figure 5 montre ces cellules, que l'on a en partie

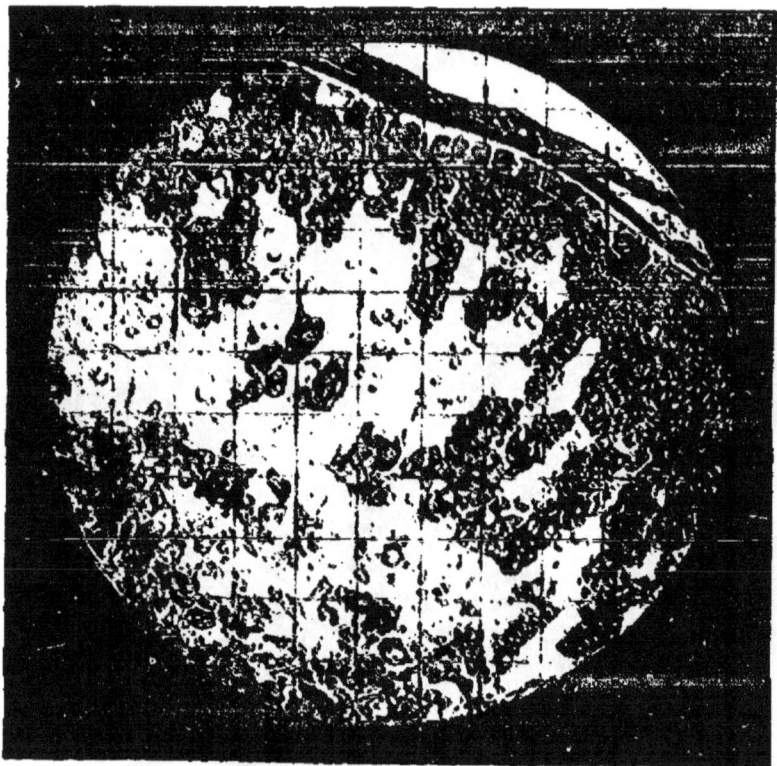

Fig. 5. — Réseau cellulaire partiellement débarrassé de gluten et d'amidon. (Agrand. : 55 diam.)

vidées pour en laisser voir les membranes. Celles-ci sont formées, non de cellulose pure, mais de cellulose pénétrée de matière azotée ; on le reconnaît (A. Girard) par l'action de l'eau iodée qui les colore en jaune clair.

Pour bien observer la disposition du gluten et de

l'amidon à l'intérieur de ces cellules, on fait une coupe mince de l'albumen et on le met en digestion à la température de 40° pendant quelques heures avec de la salive étendue d'eau. Les grains d'amidon se dissolvent complètement et laissent un beau réseau de protoplasma

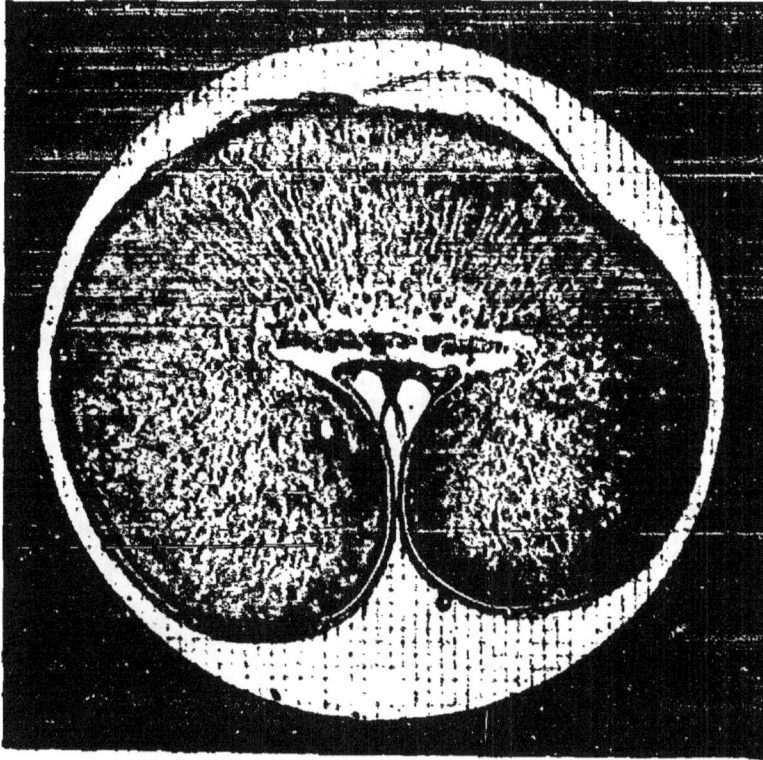

Fig. 6. — Réseau glutineux mis en liberté par la dissolution de l'amidon. (Agrand. : 12 diam.)

montrant les cavités primitivement occupées par l'amidon. Si l'on colore avec le vert de méthyle ou l'éosine, les noyaux deviennent visibles. La figure 6 montre la disposition générale du gluten dans l'albumen entier. On peut y remarquer que le réseau glutineux est plus serré dans les portions périphériques que dans les portions centrales. Corrélativement, on remarquera sur les figures 7, 8, 9, que les grains d'amidon situés à la périphérie de l'albumen sont d'une petitesse extrême $\left(\frac{1}{100} \text{ à } \frac{1}{150}\right.$ de millimètre de diamètre$\left.\right)$, tandis que

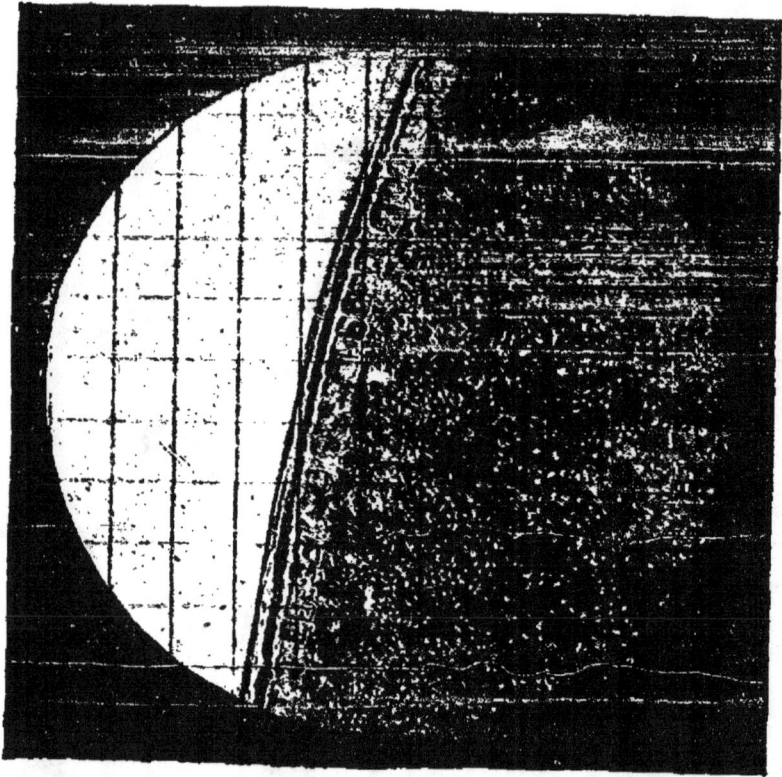

Fig. 7. — Coupe longitudinale de l'amande, près de la périphérie. (Agrand. : 55 diam.)

lorsqu'on pénètre vers le centre, on voit les granules amylacés augmenter de volume et atteindre leur dimension maxima $\left(\frac{1}{40}\right.$ de millimètre au grand axe$\left.\right)$. Les grains d'amidon de la périphérie, plus petits, laissent entre eux des espaces plus grands ; ces espaces, c'est le gluten qui les remplit. Ainsi les portions de l'albumen les plus riches en gluten sont les portions périphériques. La constatation de ce fait justifie l'opinion des praticiens, qui attribuent une supériorité marquée aux blés à grain allongé sur les blés à grain rond, ces derniers présen-

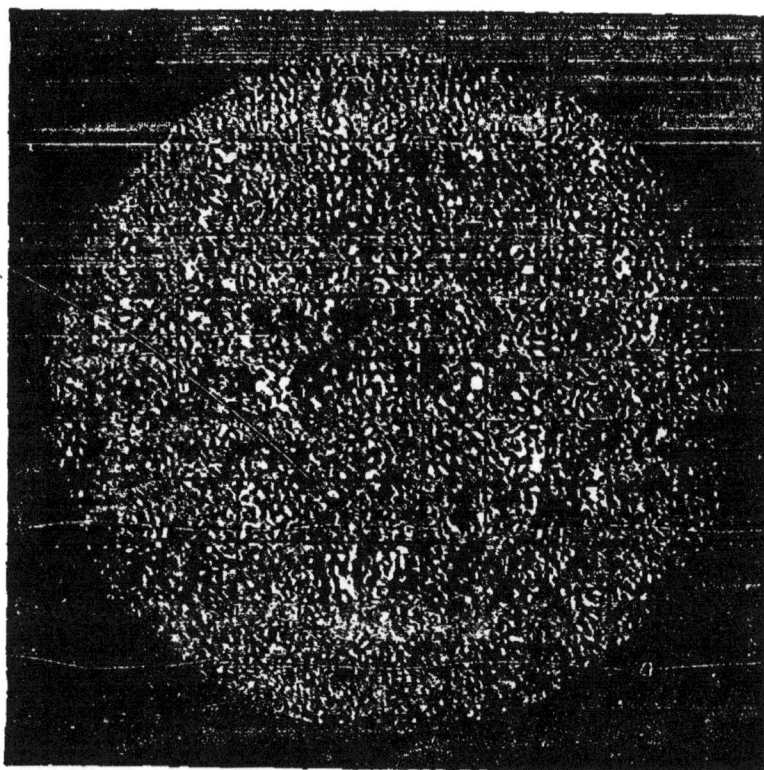

**Fig. 8. — Coupe longitudinale de l'amande, près du centre.
(Agrand. : 55 diam.)**

tant nécessairement une surface moindre à volume égal.

Mais c'est donner à ce fait une portée qu'il n'a pas, que de prétendre, conformément à un préjugé très répandu, que les parties centrales du grain sont beaucoup moins riches en gluten que les parties voisines de l'enveloppe. En réalité la zone périphérique de l'albumen caractérisée par la petitesse des grains d'amidon mesure à peine $\frac{1}{10}$ de millimètre d'épaisseur, alors que l'amande entière ne mesure pas moins de 3^{mm} sur 6^{mm} environ (A. Girard); la proportion pondérale de cette

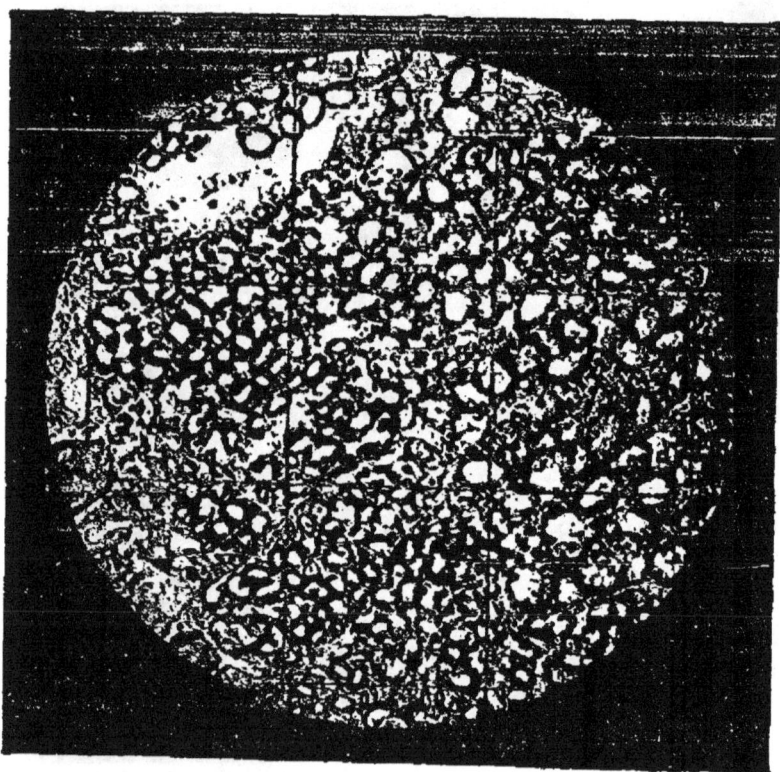

**Fig. 9. — Coupe longitudinale de l'amande, près de la périphérie.
(Agrand. : 180 diam.)**

zone plus riche en gluten est donc, pratiquement, presque négligeable.

Dans la portion périphérique de l'albumen se trouvent des cellules grossièrement rectangulaires (fig. 10, 11, 12, 6), à parois épaisses et très cuticularisées (1), dont

_____

(1) C'est-à-dire incrustées d'une substance imperméable, et par suite transformées en liège.

l'ensemble forme ce qu'on a appelé le tégument séminal. Ces cellules renferment de l'*aleurone* (matière azotée en petits grains de forme régulière, cristalloïde) et
de la matière grasse, à l'intérieur d'une masse protoplasmique où l'on distingue un noyau. Les cellules

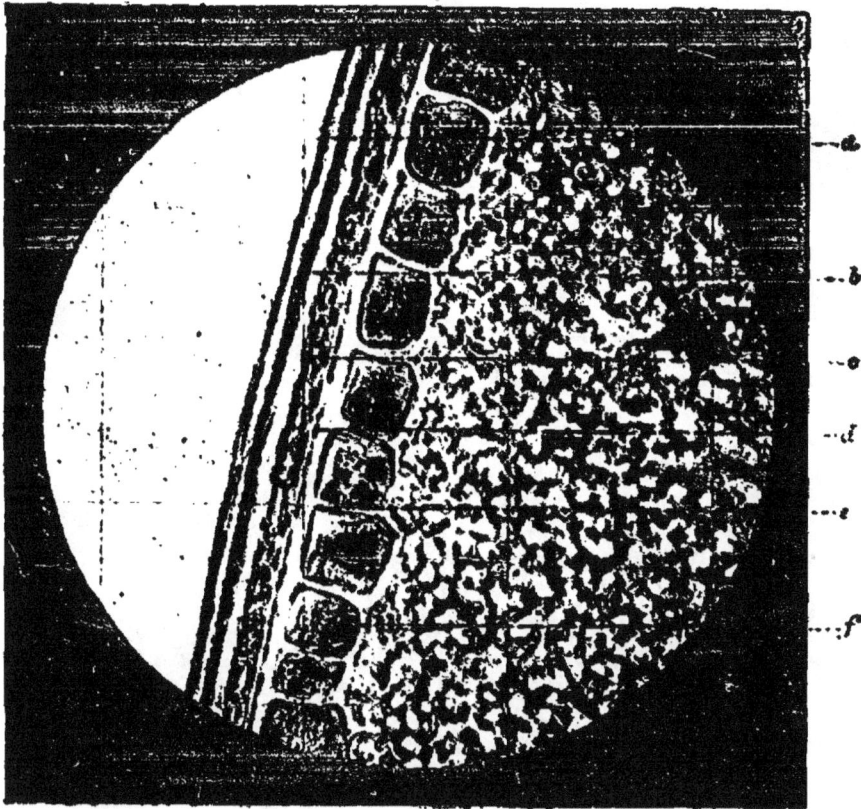

Fig. 10. — Enveloppe du grain vue en coupe, longitudinale.
(Agrand. : 180 diam.)

périphériques à aleurone existent dans l'albumen de
toutes les graminées, mais elles varient beaucoup de
forme et d'arrangement. La figure 13 montre en *al* la
disposition qu'elles affectent chez l'orge.

L'embryon est séparé de l'albumen par un organe

qui appartient à l'embryon, et qui a une importance de premier ordre dans le phénomène de la germination ; c'est le *scutellum* (fig. 13, *scut*). Il est formé de plusieurs couches dont la plus importante, en contact immédiat avec l'albumen, est constituée par des cellules disposées

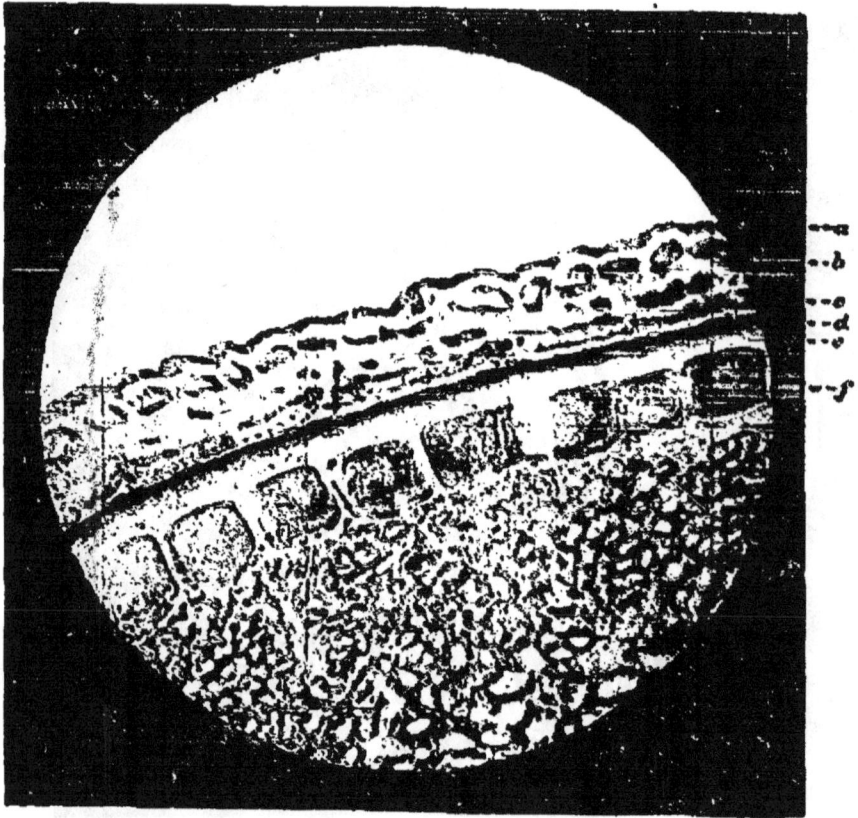

Fig. 11. — Enveloppe du grain vue en coupe transversale.
(Agrand. : 180 diam.)

en palissade (*ab*, *ep*), faiblement adhérentes à l'albumen sur une face, intimement unies au scutellum sur l'autre. Cette couche a été nommée par Sachs *Épithélium absorbant*. En réalité elle partage la fonction d'absorption avec les cellules plus profondes du scutellum ; son rôle

spécial réside, comme on va le voir, dans ses fonctions
de sécrétion. Le contenu des cellules du parenchyme
scutellaire consiste principalement en petites sphérules
d'aleurone retenues dans un fin réseau protoplasmique
et en petits globules de graisse. Ces grains d'aleurone

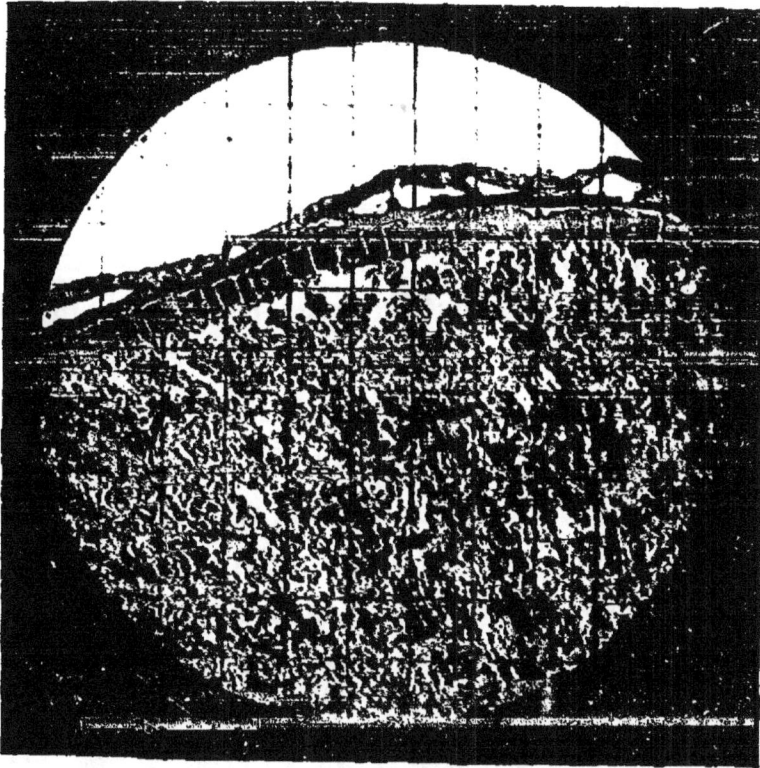

Fig. 12. — Réseau glutineux mis en liberté par la dissolution de
l'amidon. (Agrand. : 55 diam.)

sont lentement et partiellement solubles dans l'eau.
Dans une solution de sel marin à 10 p. 100, ils se dissolvent instantanément et complètement, en laissant
pourtant comme résidu un très petit globule minéral
qui paraît être du phosphate double de chaux et de magnésie. Dans l'embryon au repos, l'ensemble des tissus

ne renferme pas d'amidon, ou n'en renferme que de faibles traces.

Dans la portion de l'albumen la plus voisine de l'épithélium absorbant du scutellum, on remarque une couche relativement épaisse de cellules vides et aplaties (fig. 13, *c*, *v*) ; ces cellules qui, pendant la période de croissance du grain, étaient remplies d'amidon comme les autres cellules de l'albumen, se sont vidées pendant la dernière période pour fournir à l'embryon l'amidon nécessaire à son développement.

Description des membranes extérieures. — Quant à l'ensemble des membranes extérieures, à partir de la couche de cellules à aleurone que nous avons décrite comme faisant partie anatomiquement de l'albumen, on y distingue, en allant de l'intérieur à l'extérieur, l'*endoplèvre* ou épiderme du nucelle (*c*, fig. 11, *m*, fig. 14 et 15), le *testa* (*d*, fig. 12, *l*, fig. 14 et 15), et enfin le *péricarpe*, comprenant l'*endocarpe* (*c*, fig. 11), le *mésocarpe* (*b*, fig. 11) et l'*épicarpe* (*a*, fig. 11). Le testa est l'ancienne paroi de l'ovule, et le péricarpe celle de l'ovaire (fig. 14 et 15).

Division pratique du grain en parties séparables. — Dans la pratique, la couche de cellules à aleurone reste toujours adhérente à l'endoplèvre, tandis qu'il est possible, par les procédés de séparation dont nous disposons, de détacher cette couche de l'albumen. Nous arrivons donc à une division pratique un peu différente de celle à laquelle conduisent les considérations anatomiques. Nous distinguerons : 1° sous le nom d'*enveloppe*, l'ensemble des membranes extérieures, y compris la couche de cellules à aleurone ; 2° sous le nom d'*amande*

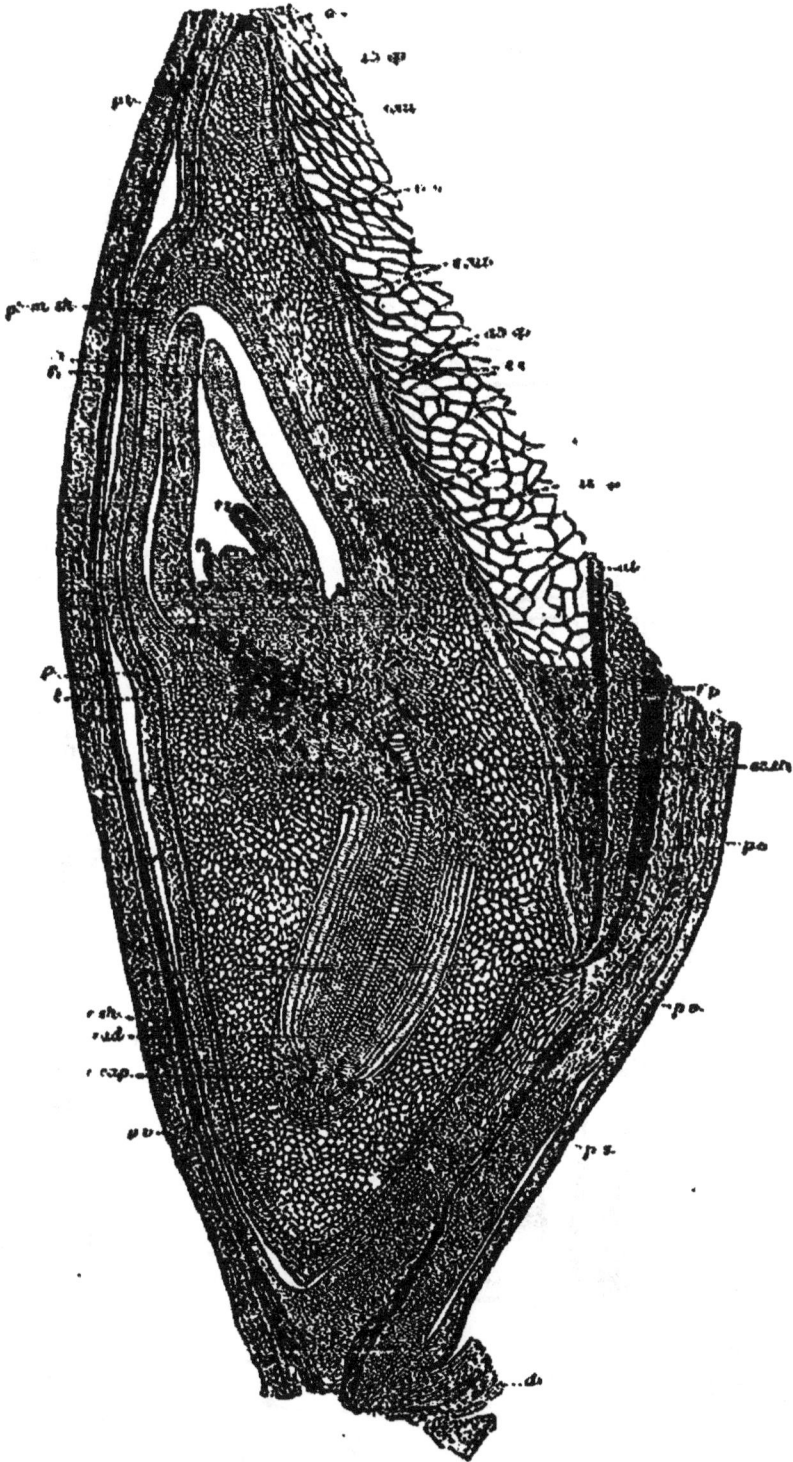

Fig. 13. — Structure du grain d'orge.

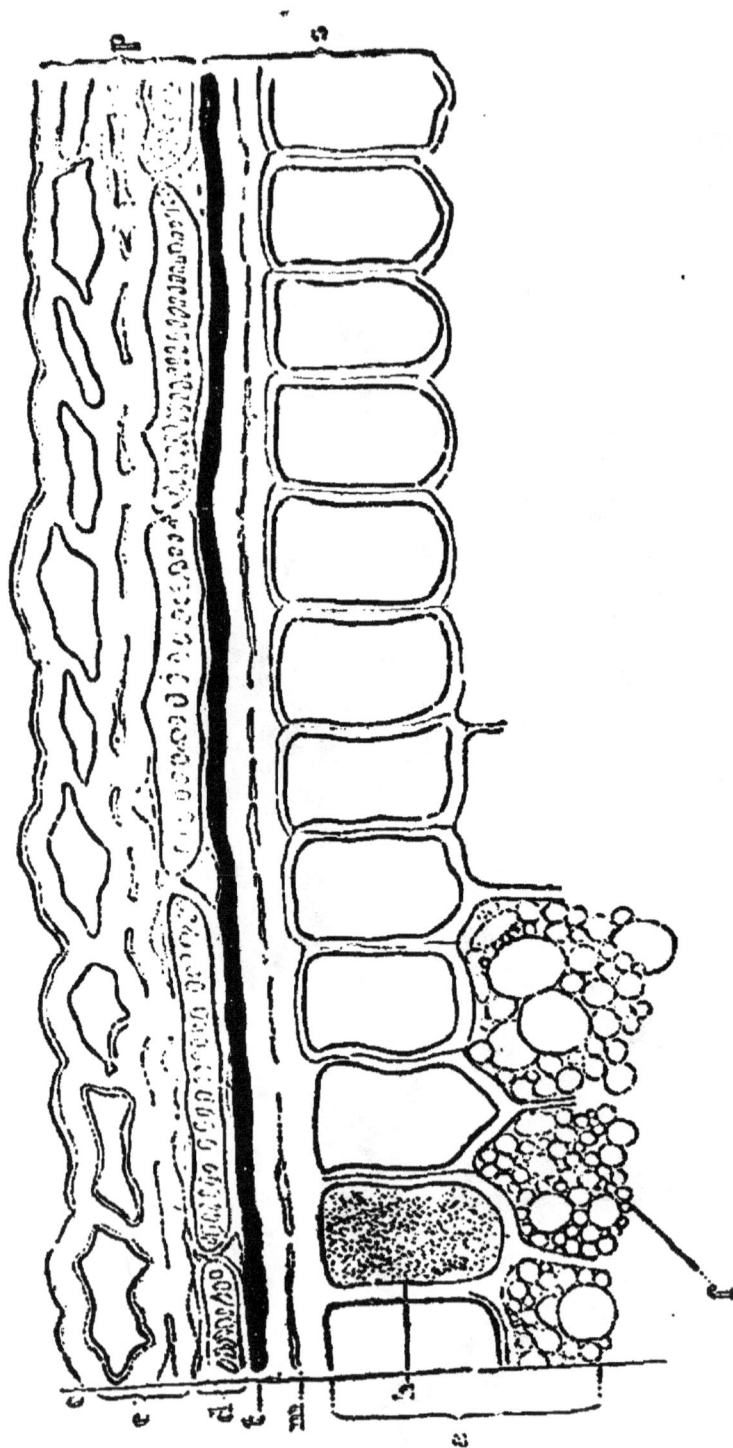

Fig. 14. — Anatomie du grain de froment. Coupe transversale (Trecul). — *a*, cellules amylacées ; S, portion appartenant à la graine, comprenant : cellules à aleurone (*h*), endoplèvre (*m*), testa (*l*) ; P, péricarpe, comprenant : endocarpe (*d*), mésocarpe (*e*), cuticule ou épicarpe (*c*). L'ensemble de S et P constitue l'*enveloppe* ou le *son*.

farineuse, l'albumen, non compris cette même couche de cellules ; 3° l'embryon ou *germe*.

Modifications du grain pendant la germination. — Telle est la structure du grain au repos. Plaçons-le maintenant dans les conditions favorables à la germination, et

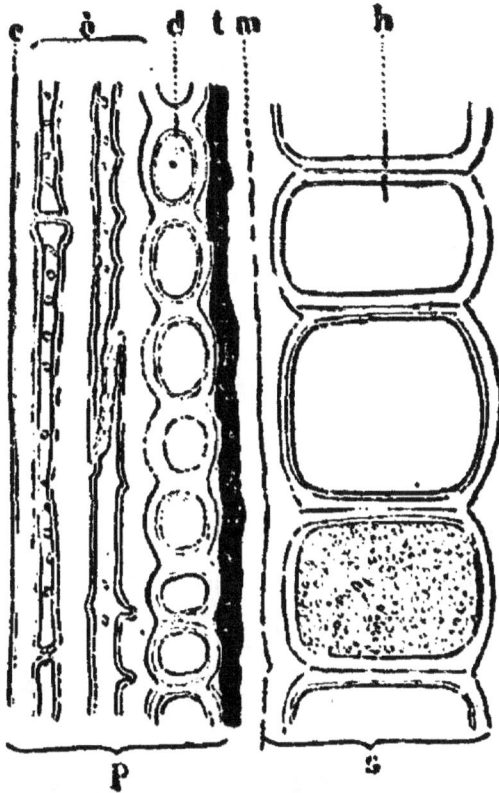

Fig. 15. — Anatomie du grain de froment. Coupe longitudinale dans le plan de symétrie du grain (Trecul). — S, portion appartenant à la graine, comprenant : cellules à aleurone (*h*), endoplèvre (*m*); testa (*t*); P, péricarpe, comprenant : endocarpe (*d*), mésocarpe (*e*), cuticule ou épicarpe (*c*). L'ensemble de S et P constitue l'*enveloppe* ou le *son*.

voyons quels changements vont survenir. Ces changements sont au nombre de trois : 1° dissolution des membranes cellulaires de l'albumen ; 2° dissolution des grains d'amidon et transport des produits de cette digestion

vers les régions en voie de croissance de l'embryon ;
3° transformation des substances azotées de réserve en
principes assimilables pour la jeune plante. Ce troisième
point n'est pas encore bien connu, mais les deux premiers le sont bien, grâce aux belles expériences de
MM. Brown et Morris.

Dans les premiers temps de la germination, les cellules en palissade de l'épithélium scutellaire s'allongent
un peu, perdent leurs adhérences latérales et prennent
l'aspect de villosités qui vont, comme des doigts de
gant, faire saillie dans l'albumen. En même temps,
celui-ci subit des changements profonds. Au bout de
vingt-quatre ou trente-six heures de germination, lorsque
la racine primaire sort à travers la coléorhize, on aper-
çoit un commencement de dissolution des cellules vides
et aplaties le long de l'épithélium. Elles disparaissent
bientôt, et l'on observe à ce moment une formation
transitoire d'amidon dans les cellules du scutellum ; les
grains d'amidon apparaissent d'abord dans les cellules
scutellaires en contact immédiat avec l'épithélium
absorbant, et de là envahissent graduellement le parenchyme intérieur ; cet amidon est évidemment un produit de la digestion de la cellulose des cellules disparues.

Cette action dissolvante se propage de proche en
proche et atteint à leur tour les cellules gorgées d'amidon. Les parois cellulaires, formées de lamelles cellulosiques superposées, se gonflent ; leur stratification
devient de plus en plus apparente, grâce à la séparation
partielle des lamelles ; puis elles se corrodent et finissent

par se résoudre en petits fragments qui disparaissent à
leur tour. Il n'y a plus alors de ligne de démarcation
entre les contenus des cellules contiguës, le grain perd
de sa solidité et arrive à se laisser écraser entre les
doigts.

La dissolution de la cellulose peut être étudiée à part
au moyen de l'expérience suivante : on fait des sections
minces dans un albumen de graminée et on les vide de
leur amidon par l'action de la salive, comme ci-dessus.
Le réseau cellulosique qui reste est déposé sur une lamelle de verre avec une goutte d'extrait de malt fait
avec de l'eau froide et du malt séché à l'air. On ajoute
un peu de thymol pour éviter les actions de bactéries.
On maintient la lamelle à 25°-30°, et on observe au microscope par la méthode de la goutte pendante. On voit
peu à peu les membranes ou disparaître entièrement,
ou ne subsister qu'à l'état de squelette à peine visible.

Cette dissolution des membranes cellulaires a lieu
au début de la germination des graines de toutes les
graminées. Elle est produite par une diastase, que nous
appellerons, conformément à la terminologie introduite
par M. Duclaux, *cytase*. D'où vient cette cytase? Elle
est sécrétée par la couche épithéliale du scutellum.
MM. Brown et Morris le prouvent par une élégante
expérience.

Des embryons sont détachés soigneusement; ils
retiennent naturellement leur épithélium absorbant;
on laisse cet organe à un certain nombre d'embryons
et on l'enlève aux autres. Les embryons ainsi préparés
sont appliqués soit sur d'autres graines, orge, blé, ou

autres, préalablement privées de leur embryon, soit sur des tranches de pomme de terre. Les embryons complets, ainsi transplantés, se comportent comme s'ils avaient été maintenus en place. L'albumen des graines avec lesquelles ils sont en contact perd ses membranes cellulosiques, et si un embryon a été appliqué sur une tranche de pomme de terre, on le voit s'y mouler en y faisant un trou. On peut même cultiver ces embryons sur du papier à filtre humide ; au bout de deux jours on voit des signes non douteux de dissolution partielle des fibres du papier.

Quant aux embryons privés de leur épithélium absorbant, ils ont perdu tout pouvoir d'exercer la moindre action dissolvante sur la cellulose. Ils sont pourtant bien vivants, car si on les dépose sur un milieu nutritif contenant un hydrate de carbone directement assimilable, comme du glucose, ils poussent aussi bien que les embryons non mutilés. Le tissu du scutellum a donc bien le pouvoir absorbant, mais c'est la couche épithéliale seule qui sécrète la cytase.

Parallèlement à cette digestion de la cellulose, mais toujours un peu en arrière, marche la digestion de l'amidon. Une autre diastase, l'*amylase*, est employé à ce travail. Mais comme elle n'est pas dialysable, elle ne peut pas se diffuser à travers les membranes des cellules qui contiennent l'amidon ; c'est pourquoi elle ne peut entrer en fonction qu'après la cytase, chargée de détruire les obstacles qui la séparent des grains d'amidon. Dès que cette barrière disparaît, on voit les grains d'amidon se creuser de trous très irréguliers et présenter des fentes radiales. Les couches superposées qui forment les granules se disloquent, se dissolvent et disparaissent. On démontre, par des expériences semblables à celles qui viennent d'être rapportées au sujet de la cytase, que l'amylase employée à cette digestion est exclusivement sécrétée par l'épithélium en palissade du scutellum. On peut cultiver côte à côte, sur une même masse d'empois ferme d'amidon, des embryons pourvus de leur épithélium et d'autres privés de cet organe ; au bout de quelques heures les premiers ont liquéfié l'empois tout autour d'eux et se sont enfoncés à une profondeur de plusieurs millimètres ; les autres n'ont pas produit trace de liquéfaction.

Nous avons vu que la portion périphérique de l'albumen est constituée par des cellules à aleurone. Celles-ci diffèrent beaucoup pour les dimensions, la forme, le nombre de couches superposées, dans les diverses graminées, mais chez toutes elles ont ce caractère commun de posséder des membranes cellulaires très épaisses, plus ou moins cuticularisées, et d'avoir pour contenu des grains d'aleurone sphériques et une certaine proportion de graisse ou d'huile. La couche de cellules à aleurone joue-t-elle un rôle pendant la germination ? Peut-elle, comme on l'a dit, contribuer à la digestion de l'amidon ? Cette question se rattache à une question plus générale de physiologie botanique, à celle de la part que peut prendre l'albumen lui-même dans la digestion des matériaux de réserve qu'il contient. M. Van Tieghem, qui a étudié cette question en 1877, a montré que tout dépend de la nature de l'albumen. Quand l'albumen contient, pour matériaux de réserve, comme celui du ricin, une huile et de l'aleurone, il est doué d'une activité vitale propre en vertu de laquelle il digère la réserve, et l'embryon n'a plus qu'à absorber celle-ci. Au contraire, quand les matériaux de réserve consistent en amidon et cellulose, l'albumen demeure passif pendant la germination, et la digestion de ses matériaux de réserve est effectuée par l'embryon lui-même. C'est le cas des céréales.

Pendant les premières phases de la germination de l'orge, ni les membranes des cellules à aleurone ni leur contenu ne subissent de modifications. Ce n'est que quand la plumule dépasse de 4 à 5 millimètres le sommet du grain qu'on observe quelques signes d'altération sans importance. Quand l'albumen est presque vidé de sa réserve d'amidon, et que la jeune plante a atteint une longueur d'environ 100 millimètres, c'est alors seulement que les cellules à aleurone donnent des signes bien marqués de dissolution. On peut dire que chez l'orge, et en général chez les céréales, les cellules à aleurone contiennent une réserve de matière protéique destinée seulement à servir tardivement à la plante, grâce à la très grande résistance de leurs membranes. Elles n'ont pas d'autre rôle connu.

En somme, en ce qui concerne l'emploi de la réserve amylacée de l'albumen, nous savons nettement en quoi consiste l'acte de la germination : il y a sécrétion de deux diastases : la cytase, qui, dissolvant les membranes des cellules, met à nu les grains d'amidon, et l'amylase, qui dissout ces derniers ; les produits de cette double digestion sont absorbés par le scutellum et viennent nourrir l'embryon.

Dès lors une nouvelle question se pose. Ces deux diastases se forment-elles exclusivement à partir du commencement de la germination, ou peut-on les rencontrer dans le grain à d'autres moments ? Il y a lieu de distinguer trois périodes : période de formation du grain, période de repos du grain mûr, et période de germination. Nous avons grand intérêt à savoir si les diastases existent déjà pendant les deux premières périodes, ou si elles apparaissent seulement pendant la troisième, parce que nous tirerons de là des conséquences relatives à la composition si mystérieuse de la partie soluble de la farine.

Pour ce qui est de la cytase, MM. Brown et Morris ont constaté que dans les grains d'orge *parfaitement mûrs* la cytase n'existe pas pendant la période de repos. Mais il n'en est pas de même pour tous les grains pris tels que nous les employons. La cytase existe en abondance pendant la période de formation de l'embryon. Elle disparaît peu à peu pendant la maturation. Mais dans les conditions ordinaires de végétation celle-ci n'est jamais parfaite. En fait M. H. Brown a trouvé que dans les grains d'orge qui ont poussé en Angleterre, c'est-à-dire sous un climat qui n'est pas approprié le plus parfaitement possible à la maturation, il reste toujours, pendant la période de repos, une dose très appréciable de cytase. Il en a trouvé également dans d'autres céréales. C'est dans l'avoine qu'il en a trouvé le plus : l'extrait aqueux de grains d'avoine est capable de dissoudre plus de cellulose qu'un extrait fait avec un poids égal de malt d'orge séché à l'air. L'existence de la cytase dans les grains mûrs n'est certainement pas une exception, car M. Brown a montré que les herbivores qui se nourrissent de grain n'ont pas dans leurs propres sucs digestifs de quoi attaquer les membranes des cellules de l'albumen. Des grains d'orge de Californie, choisis comme complètement dépourvus de cytase, grossièrement moulus et administrés à un porc à jeun, sont encore intacts au bout de trois heures dans l'estomac de l'animal, tandis que cette même farine, administrée à un autre porc en même temps que de l'extrait de malt, était, au bout du même temps, complètement désagrégée; l'examen microscopique montrait que les parois cellulaires y étaient en grande partie détruites. Par conséquent les sécrétions de l'estomac de l'animal n'ont aucune part dans la dissolution des membranes cellulaires. Si la cytase ne préexiste pas dans le grain, aucune dissolution de cellulose ne se fait dans l'estomac. Et comme l'amidon ne peut être attaqué qu'après la disparition des membranes, et que d'ailleurs la mastication ne suffit pas à les faire disparaître, il faut bien que les grains dont se nourrissent nos animaux portent en eux-mêmes la cytase nécessaire à leur digestion; et la grande richesse de l'avoine en cytase est certainement une des propriétés qui expliquent la supériorité si marquée de ce grain sur les autres pour l'alimentation des chevaux.

L'amylase existe-t-elle aussi dans le grain mûr avant la germination ? De même que la cytase elle joue un rôle important lors de la formation de l'embryon et elle disparaît incomplètement pendant la maturation. Mais la petite quantité d'amylase qui subsiste dans les graines mûres des graminées pendant la période de repos ne paraît pas être de même nature que celle qui est sécrétée pendant la germination. D'abord elle n'est pas sécrétée par les mêmes cellules que celle de la graine germée. Dans la germination les diastases destinées à l'utilisation des réserves sont, comme nous l'avons vu, sécrétées par l'épithélium scutellaire de l'embryon. Il en est autrement lors de la formation de l'embryon. Pendant que celui-ci, dans son développement, envahit le jeune parenchyme de l'albumen, les cellules de l'albumen qui bordent l'embryon se vident de leur amidon et même de tout leur contenu. Cette dissolution s'effectue par l'action d'une diastase produite *dans les cellules parenchymateuses de l'albumen.* C'est le résidu non employé de cette diastase qui subsiste dans la graine mûre non germée. On retrouve une diastase semblable dans divers tissus végétaux où s'effectue une accumulation transitoire d'amidon, comme dans les bourgeons et les feuilles.

A cette diversité d'origine des deux amylases de la graine correspond une différence de propriétés chimiques. La diastase de *formation*, destinée à solubiliser la réserve d'un parenchyme jeune, est moins active que la diastase de *germination*, destinée à solubiliser l'albumen mûr. La première saccharifie bien les solutions d'amidon soluble ; mais, d'après les expériences de MM. Horace Brown et Morris, elle n'a presque pas le pouvoir de liquéfier l'empois en pâte, elle ne corrode pas sensiblement les grains d'amidon cru. La seconde au contraire saccharifie très activement l'empois en pâte, et désagrège complètement les grains d'amidon cru.

Par conséquent le grain mûr, non germé, contient une petite quantité de cytase, et une petite quantité d'une amylase peu active (1).

§ 3. — Rôle des différentes parties du grain dans l'alimentation de l'homme.

L'étude histologique et physiologique que nous avons faite va nous permettre maintenant, en empruntant de nouveau le secours de l'analyse chimique, de nous rendre compte du rôle que peuvent jouer les différentes parties du grain dans l'alimentation humaine, et par suite de fixer les conditions que doit remplir la mouture pour séparer, autant que possible, les parties utiles des inutiles.

(1) M. Lintner (*Ueber das diastatische Ferment des ungekeimten Weizens, Zeit. des gesam. Brauwesens*, 1888, p. 497) a également trouvé, dans le grain de blé mûr non germé, une amylase incapable de liquéfier l'empois en pâte, quoique capable de transformer l'amidon soluble en maltose. Le produit brut désigné sous le nom de gluten contient un peu de cette diastase. Si, comme le fait Reichler, on chauffe le gluten avec des acides en solution faible (acide chlorhydrique, acide acétique, acide formique, orthophosphate monopotassique), on obtient une solution douée du pouvoir diastasique. M. Egaroff (*Journ. Soc. phys. chim. russe de Saint-Pétersbourg*, 1893, n° 2) a montré que cette amylase ne se forme pas par une réaction spéciale; les acides ne font que dissoudre et séparer l'amylase qui préexistait dans le gluten, mais qui était retenue mécaniquement entre les flocons agglutinés de ce corps. M. Egaroff l'a isolée par l'alcool, sous la forme d'une poudre blanche que l'eau fait gonfler plutôt qu'elle ne la dissout.

M. Aimé Girard a réussi à séparer mécaniquement, d'une manière parfaitement nette, les trois parties que nous avons distinguées : enveloppe, amande farineuse, et embryon. Dans l'état de siccité, l'amande farineuse est très adhérente à la couche de cellules à aleurone. Mais si l'on vient à imbiber les grains d'eau, cette adhérence peut être détruite entièrement. M. Aimé Girard a pu réaliser cette opération sans modifier la composition des parties à séparer, en ayant soin d'arrêter à temps l'immersion. Tant que le grain n'est pas pénétré par l'eau jusqu'en son milieu, il ne se produit pas d'exosmose appréciable, il y a seulement endosmose. Mais si l'on prolongeait l'immersion une fois le grain complètement imbibé, il se produirait bientôt une perte de parties solubles de l'albumen par exosmose. Cette opération faite, il devient possible de séparer mécaniquement, au moyen d'une lame tranchante, l'enveloppe de l'amande farineuse. Quant au germe, c'est à sec qu'il convient de le séparer du grain. La séparation effectuée, on peut doser les différentes parties, et l'on trouve que le grain de blé renferme, en moyenne, sur 100 parties :

Enveloppe............................	14,36
Germe..............................	1,43
Amande farineuse....................	84,21
	100,00

Quelle est maintenant la composition chimique de ces différentes parties ?

Enveloppe. — M. Aimé Girard a pu faire l'analyse

immédiate, non seulement de l'enveloppe entière, mais de ses parties séparément. Voici les résultats moyens qu'il a obtenus, en se servant de blés divers : blé de Noé, blé poulard d'Australie, blé rouge d'Écosse, etc... :

Péricarpe	Eau.....................	8,51	
	Ligneux non azoté..........	24,43	= 31,00
	Matières azotées........ ...	2,41	
	Matières minérales	0,05	
Testa...........	Eau.....................	0,02	
	Matières non azotées....... .	5,06	= 7,69
	Matières azotées...........	1,25	
	Matières minérales..........	0,46	
Endoplèvre et té-gument sémi-nal...........	Eau.....................	7,12	
	Matière cellulosique.........	29,89	
	Matières azotées.........	15,32	= 61,31
	Matière grasse.............	5,60	
	Matières minérales..........	3,38	
		100,00	

À l'inspection de ce tableau, on voit que l'enveloppe est très riche en matière azotée. Elle en contient en tout environ environ 19 p. 100; on voit aussi que la majeure partie de cette matière azotée est l'aleurone du tégument séminal, c'est-à-dire de la couche de cellules à aleurone qui borde l'albumen.

L'aleurone du blé est trop difficile à séparer en masse pour pouvoir être analysée, mais cette substance se trouve dans beaucoup d'autres graines. Elle est particulièrement abondante dans les amandes amères, les amandes douces, le lupin jaune, le lupin blanc, la courge, le ricin. L'analyse de l'aleurone des amandes amères a donné les nombres suivants, pour 100 parties :

Carbone 50,68
Hydrogène 6,88
Azote 17,07
Oxygène 24,12
Soufre 0,40
Cendres.................................... 1,42
Acide phosphorique.................... 1,20

La composition des aleurones d'autre origine diffère peu de celle-ci ; il est donc à supposer que c'est aussi, approximativement, celle de l'aleurone du grain de blé.

La matière grasse est aussi très abondante dans l'enveloppe, et c'est encore dans la couche de cellules à aleurone qu'elle est localisée. L'examen microscopique le montre aussi bien que l'analyse. Cette situation en rend le dosage très difficile parce que les cellules à aleurone, très fortement cuticularisées, résistent aux moyens ordinaires de désagrégation. C'est en transformant la cellulose de ces cellules en *hydrocellulose* que M. Aimé Girard a triomphé de cette résistance. Pour cela, l'enveloppe est humectée d'acide chlorhydrique à 5 p. 100, puis soigneusement essorée, et maintenue pendant cinq ou six heures à la température de 60° ; à la suite de ce traitement elle est devenue si friable qu'on peut la réduire au mortier en une poudre impalpable ; et si l'on vient à l'épuiser par la benzine cristallisable, elle abandonne à ce dissolvant toute son huile. La benzine doit être préférée à l'éther, qui, en présence d'un peu d'eau, dissoudrait, outre l'huile, différentes substances étrangères.

La proportion de substances organiques solubles non azotées n'est pas très importante ; mais celle des

matières minérales mérite d'être remarquée : elle est de
4,49 p. 100 et la majeure partie de cette dose provient
encore des cellules à aleurone.

Germe. — Les meuniers distinguent, parmi les issues,
un produit qu'ils appellent *germes*, mais les véritables
embryons des graines n'y figurent que pour une proportion inférieure à la moitié. M. Aimé Girard a eu la
patience de détacher un à un des milliers d'embryons.
Il en faut 1,200 à 1,300 pour faire un gramme.

Le véritable germe ne constitue, quantitativement,
qu'une fraction insignifiante du grain ; cependant, eu
égard à la nature des principes qu'il contient, il ne
saurait être négligé. Il est coloré en jaune prononcé et
il possède une essence odorante qui donne à la farine
fraîche le parfum qui la caractérise. Quand on croque
quelques germes entre les dents, on éprouve une sensation analogue à celle qu'on éprouve en croquant une
noisette. Les cellules à aleurone de l'enveloppe possèdent aussi la matière colorante jaune, et, en plus petite
proportion, l'essence parfumée.

La composition chimique du germe est résumée dans
le tableau suivant :

Eau..		11,55	
Matières insolu-bles..........	Matières grasses............ 12,50		
	Matières azotées............ 19,32		42,23
	Matières cellulosiques, etc... 9,61		
	Matières minérales.......... 0,80		
Matières solu-bles.........	Matières azotées 19,75		
	Matières non azotées........ 22,15		46,40
	Matières minérales.......... 4,50		
			100,18

On voit que le germe est très riche en matières

azotées, en matière grasse et en matières solubles non azotées. Si maintenant on cherche à préciser la nature de ces substances, on constate d'abord que les matières azotées sont, comme nous l'avons dit, très attaquables aux réactifs ; c'est là que se trouvent les diastases que nous avons étudiées ci-dessus ; épuisés par l'eau froide, les germes fournissent une solution qui saccharifie l'empois d'amidon.

Quant à la matière grasse, c'est l'une des plus oxydables des huiles végétales connues. Au moment où elle vient d'être extraite, elle est sirupeuse et douée d'un parfum de noisette très prononcé ; mais en deux ou trois jours, au contact de l'air, elle devient visqueuse, épaisse, et bientôt se montre remplie de matière résineuse solidifiée, insoluble dans la benzine. Son parfum a dès lors fait place à l'odeur de graisse rance.

Enfin les matières solubles non azotées consistent surtout en dextrine, en gomme, et en divers hydrates de carbone en cours de transformation ; on y trouve des traces de saccharose et de raffinose (Schultze et Frankfurt).

Amande farineuse. — Nous connaissons déjà suffisamment la composition chimique de l'amande farineuse ; l'examen histologique nous a montré qu'elle se compose essentiellement d'amidon, de gluten, et d'une trace de cellulose formant les membranes minces et transparentes des cellules. Quant aux proportions, on peut les déduire approximativement de celles que nous avons trouvées pour le grain entier, en défalquant du grain le poids connu de l'enveloppe

Telle est la composition chimique des différentes parties dans lesquelles il est possible de diviser mécaniquement le grain de blé.

Passons de nouveau en revue ces parties, en nous demandant, pour chacune d'elles, si la mouture doit être dirigée de façon à l'admettre ou à l'exclure.

L'amande farineuse ne saurait nous retenir longtemps. L'expérience suivante montre qu'elle est pratiquement d'une digestibilité complète. On fait un pain avec une farine de gruau d'une pureté parfaite, c'est-à-dire une farine provenant exclusivement de l'amande farineuse. On soumet des tranches de ce pain, *in vitro*, à l'action successive de la diastase et de la pepsine. Sous l'influence de ces deux agents on voit la masse disparaître peu à peu. Le liquide presque transparent que fournit cette double digestion ne présente plus alors que quelques traces d'huile à la surface, et à la partie inférieure un dépôt insignifiant. Étudié sous le microscope, ce dépôt se montre formé principalement par les membranes déchirées des cellules parenchymateuses de l'albumen. Comme, d'après les expériences de H. Brown, les sucs du tube digestif des mammifères ne contiennent pas de cytase, ce faible résidu subsisterait également après la digestion vitale. Cette petite quantité de cellulose est la seule portion indigestible de l'amande farineuse ; elle est absolument négligeable.

Par conséquent dans la mouture on doit tâcher de ne rien perdre de l'amande farineuse.

En est-il de même du *germe* ? A la vérité, l'analyse nous le montre comme très riche en substances alimentaires d'une grande valeur, substance azotée facilement attaquable, hydrates de carbone solubles, huile ; mais il ne faut pas oublier que le poids du germe ne représente que $\frac{1,43}{100}$ du poids du grain, de sorte qu'en tenant compte des résultats de l'analyse présentée ci-dessus, on peut calculer qu'introduit dans le compost alimentaire, le germe n'y apporterait, pour cent parties de substance, que les quantités suivantes :

Matières azotées...................... 0,611
Matières solubles non azotées........... 0,318
Matière grasse.................... ... 0,178
Matières minérales.................... 0,075

L'apport de substance alimentaire fourni par le germe est donc insignifiant.

D'un autre côté l'huile du germe est très oxydable ; sa présence dans les farines est la cause principale du rancissement. De plus le germe contient en abondance de la matière colorante, ce qui peut contribuer à altérer la blancheur de la farine et du pain.

M. Aimé Girard a cherché directement à mettre en évidence l'influence des germes sur la qualité du pain. A l'aide d'une farine de gruau provenant presque exclusivement de l'amande farineuse, il a fait deux pains de poids, de dimensions et d'hydratation tout semblables ; mais le premier était pétri avec de l'eau pure, le second avec de l'eau tenant en suspension une quantité de germes finement broyés représentant 1,43 p. 100 du poids du grain (proportion du germe dans le grain). Pétris, fermentés et cuits dans les mêmes conditions, ces pains se sont montrés très différents d'aspect. Le premier était, à l'intérieur, d'une couleur blanc jaunâtre tout à fait satisfaisante ; le second avait une teinte bise prononcée.

La présence du germe a donc une influence défavorable sur la couleur du pain et sur la conservation de la farine. Il ne faudrait pas attacher trop d'importance au rancissement de l'huile : cette altération, très manifeste et très rapide dans l'huile séparée de la farine et exposée à l'air, est longtemps inappréciable dans la farine elle-même (1). Néanmoins si l'on veut obtenir un pain aussi près que possible de la perfection, il faudra, quelle que soit la valeur alimentaire du germe, chercher à exclure celui-ci dans la mouture.

Reste l'*enveloppe*. La question de savoir si l'enveloppe doit être admise dans la farine a été très discutée. Nous savons que l'enveloppe, et spécialement la couche de cellules à aleurone, est très riche en substances alimentaires de premier ordre, matière azotée, matière grasse et phosphates ; cette couche représente, avec l'endoplèvre, environ les 8,8 centièmes du poids du grain ; elle contient près de 4 p. 100 d'azote : à supposer que cet azote fût complètement assimilable, l'ensemble de l'endoplèvre et de la couche de cellules à aleurone posséderait, au point de vue de l'alimentation azotée,

---

(1) Après deux ans de mouture, une farine qui nous a servi pour des expériences exposées plus loin, et qui était riche en débris de germes puisqu'elle avait été obtenue au moyen des meules et au taux d'extraction de 80 p. 100, était encore exempte de rancidité appréciable au goût, et fournissait un pain de saveur agréable.

une valeur double de celle des meilleures farines. C'est ce qui faisait dire à Liebig que « le blutage constitue une opération de luxe, et que l'élimination du son est plus nuisible qu'avantageuse au point de vue alimentaire ».

A cette assertion Graham répond spirituellement : « Ceux qui, en se fondant uniquement sur l'analyse chimique, soutiennent l'importance nutritive du son et blâment son élimination de la farine, devraient, pour rester fidèles à leur point de vue, nous inviter à manger du foin, de la paille d'avoine et des tourteaux de graines de lin et de coton, substances fort riches en éléments nutritifs. »

Évitons de donner prise à cette objection, et voyons, d'une part, si cette richesse de l'enveloppe est utilisable, et d'autre part si elle n'est pas inséparable, comme il arrive pour le germe, de qualités nuisibles.

Les recherches récentes de Kornauth et d'autres physiologistes ont montré que l'aleurone est très digestible et très assimilable ; mais nous savons que cette aleurone est logée dans des cellules à membrane très épaisse et cuticularisée, tout à fait imperméables. Pendant la germination, cet acte physiologique par lequel les réserves alimentaires sont si énergiquement mises à profit, nous avons vu que les cellules à aleurone ne sont nullement atteintes, au moins dans les premières périodes de la croissance de l'embryon. Aussi doit-on s'attendre à voir le tégument séminal résister aux phénomènes de la digestion dans le tube digestif des animaux.

Des expériences directes ont été faites à ce sujet, bien avant que l'on connût les propriétés de l'aleurone. La première en date est de Poggiale. Il ajouta du son à la nourriture de deux chiens ; il le retrouva dans les matières excrémentitielles, en fit l'analyse et constata

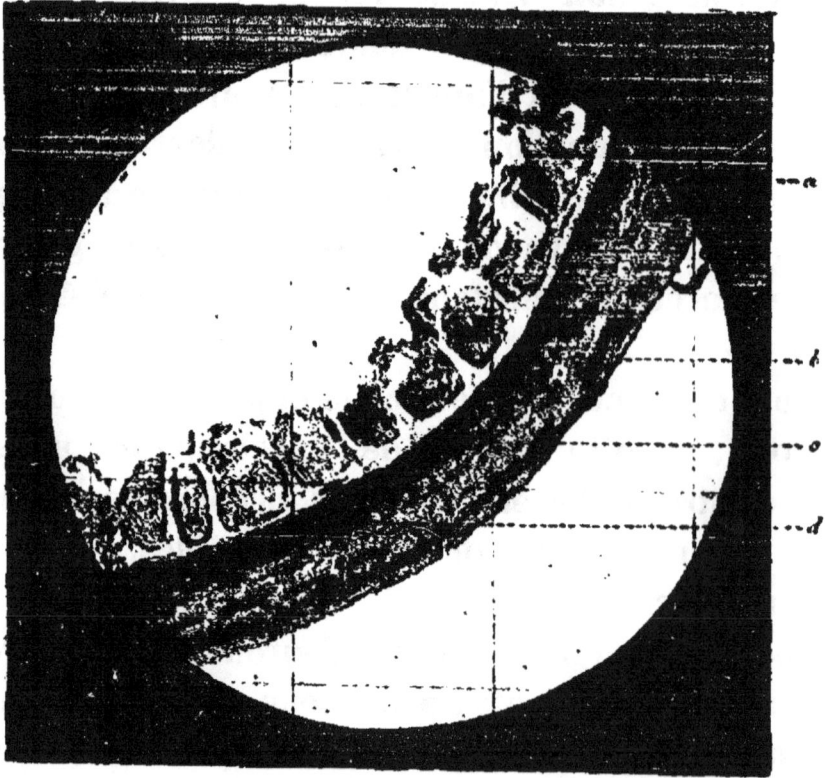

Fig. 16. — Enveloppe ayant traversé l'appareil digestif de l'homme.
(Agrand. : 180 diam.)

qu'il avait perdu seulement 23 p. 100 de son poids en matières grasses et matières azotées. Dans une autre expérience il donna le même son à manger successivement à deux chiens et à une poule ; après cette triple digestion le son contenait encore 3,52 p. 100 de matières azotées.

Mais le son employé dans ces expériences était celui que donne la mouture ordinaire, c'est-à-dire un produit composé d'enveloppes et de la moitié de son poids au moins de substance provenant du parenchyme de l'albumen. Cette moitié était assimilée ; les parties disparues n'avaient donc pas été cédées uniquement par l'enveloppe des grains.

M. Rathay fit une expérience sur lui-même. Il se nourrit exclusivement, pendant plusieurs jours, de pain fait avec des grains entiers ou grossièrement concassés, avec du thé russe comme boisson, puis, par un examen microscopique, il constata qu'après la digestion la constitution histologique des enveloppes n'avait pas été modifiée.

Enfin M. Aimé Girard unit, dans une même expérience, les renseignements que pouvaient donner la manière d'opérer de Poggiale et celle de M. Rathay. Au lieu de son brut, il soumit à la digestion des enveloppes de blé parfaitement débarrassées de farine, et lessivées à l'eau tiède, débarrassées aussi, par conséquent, de leurs matières solubles, puis séchées à 100°. Après digestion on retrouvait les enveloppes avec leur structure intacte (fig. 16). On les pesait après dessiccation à 100°. Elles avaient perdu 8,50 p. 100 de leur poids. Ces enveloppes étaient analysées : elles contenaient, lavées et séchées, 15,62 p. 100 de matière azotée. Or, dans l'enveloppe entière, simplement séchée à 105°, l'analyse indiquait 18,75 p. 100 de matière azotée. Sur ces 18,75 le lessivage avait enlevé préalablement 2,40 de matière azotée soluble. Restaient 16,35 qui avaient été soumis à la digestion. Celle-ci en avait laissé 15,62, en avait donc utilisé 0,73 p. 100, quantité insignifiante, au plus $\frac{1}{100}$ de l'enveloppe entière prise dans son état naturel. Quant aux matières minérales, elles avaient été, pour les trois quarts, solubilisées sous l'influence de la digestion.

L'enveloppe, considérée au point de vue de sa digestibilité, contient donc, d'abord, deux sortes de substance azotée : une soluble, en très faible proportion (2,25 p. 100 à l'état de siccité naturelle), qui est évidemment dissoute dans la digestion, et une insoluble, en proportion considérable, qui résiste presque totalement à la digestion. La proportion de matière azotée assimilable totale apportée par l'enveloppe ne dépasse pas $\frac{4}{1000}$ du poids du grain. Elle contient en outre une proportion considérable (4,77 p. 100 à l'état de siccité naturelle) de matières minérales consistant surtout en phosphates, aux trois quarts assimilables. La teneur moyenne des farines de bonne qualité en matières minérales utiles est 0,6 p. 100. Si l'on y ajoutait l'enveloppe, la proportion deviendrait de 1,0 p. 100. C'est là un bénéfice qui ne saurait être négligé.

Enfin il reste à considérer dans l'enveloppe les substances ternaires saccharifiables par hydrolyse, et entre autres la substance que nous avons nommée *pentosane*, celle qui, par hydrolyse, fournit des pentoses (arabinose ou xylose) et qui, par distillation avec l'acide chlorhydrique, donne du furfurol.

M. W.-E. Stone (1) a cherché à savoir si ce pentosane peut être considéré comme un aliment. Il a nourri des cobayes soit avec du son mêlé de farine de maïs, soit avec du son seul. Nous avons vu que le son est riche en pentosane. Par l'analyse comparée des *ingesta* et des *excreta* il a constaté que, dans une expérience, 40 p. 100, dans une autre 60 p. 100 du pentosane présent dans la nourriture ingérée avaient été résorbés. Voilà donc encore une substance alimentaire ; cependant rien ne dit que l'homme saurait l'utiliser aussi bien que le cobaye.

Cet examen montre en somme que la richesse alimentaire de l'enveloppe n'est que très incomplètement utilisable.

D'autre part l'enveloppe apporte des éléments nuisibles. Sa matière soluble est douée de propriétés laxatives qui font rechercher en Angleterre le pain de farine entière (*entire flour*) pour certains états pathologiques, mais qui doivent faire considérer ce même pain comme peu propre à l'alimentation normale. De plus la présence de l'enveloppe dans la farine a pour effet de diminuer la blancheur du pain. M. Aimé Girard s'en est assuré par une expérience directe semblable à celle que nous avons rapportée pour le germe. Un pain fait avec la farine de l'amande farineuse et l'eau de macération d'un poids d'enveloppes représentant 14,36 p. 100 du poids du grain (proportion de l'enveloppe dans le grain), a présenté une coloration grise, alors que le pain

(1) Stone, *Berichte deutsch. Chem. Gesellsch.*, 1892, p. 563.

fait de la même manière avec de l'eau pure était blanc. Cette expérience montre que l'enveloppe contribue à altérer la couleur du pain, non seulement par la présence de ses parties colorées, mais aussi par l'action des substances solubles sur le reste de la farine. Nous aurons plus loin l'occasion de revenir sur ce point.

Que conclure de cette discussion ?

Il n'est pas encore temps de décider si l'on doit admettre ou non l'enveloppe dans le pain, mais nous savons dès maintenant qu'en l'excluant on obtiendra un aliment plus nourrissant à poids égal, puisque l'enveloppe échappe en grande partie à la digestion, mais moins complet, puisqu'il aura perdu des substances minérales assimilables.

Nous savons aussi que si l'on veut, au contraire, admettre l'enveloppe, on devra la broyer le plus finement possible, car si elle n'apporte que peu d'éléments utiles à l'alimentation, ce n'est pas faute de contenir des principes nutritifs assimilables, c'est uniquement parce que ces principes sont enfermés dans des cellules à membrane imperméable, très résistante, qui livreraient leurs trésors si elles étaient déchirées.

CHAPITRE II

MOUTURE.

Il n'entre pas dans le cadre de cet ouvrage d'étudier en détail les procédés de mouture employés dans l'industrie. Nous en devons pourtant dire quelques mots en nous plaçant spécialement au point de vue de leur influence sur la valeur de la farine considérée comme matière première du pain.

§ 1. — Opérations principales.

La mouture a pour but de réduire le grain en poudre, et de le séparer en deux parties : la partie destinée à la panification est la *farine*; la partie rejetée constitue les *issues*. La mouture comporte deux opérations principales : le broyage, par lequel le grain est écrasé et réduit en particules d'inégale grosseur, et le blutage, par lequel les parties fines, constituant la farine, sont séparées des parties les plus grosses. Ces dernières sont elles-mêmes séparées, dans le blutage, par ordre de densité, en masses farineuses lourdes, qu'on appelle des gruaux, et en débris d'enveloppes, qu'on appelle du son. On soumet de nouveau les gruaux aux deux mêmes opérations, autant de fois que cela est nécessaire, et on finit par n'avoir plus comme résidu que des débris dont on ne peut plus tirer de farine : ce sont les issues. Les farines obtenues dans ces divers broyages peuvent être conservées séparément ou mélangées en diverses proportions, d'où diverses qualités de farine obtenues avec un même blé. On appelle *taux de blutage* le poids d'issues laissé par la mouture de 100 parties de blé nettoyé. Ce taux est déterminé arbitrairement. Dans les moulins de l'État, le taux de blutage est de 20 p. 100 pour les blés tendres, et 12 p. 100 pour les blés durs. Il est plus élevé dans les moulins civils. La farine à pain blanc ordinaire est blutée au taux de 30 p. 100. Les procédés de mouture les plus perfectionnés ne donnent une farine capable de fournir un pain bien blanc, poreux, bien levé, qu'à la condition de ne pas rester au-dessous du taux de 35 à 40 p. 100. Le rendement en farine ou taux d'extraction est le complément à 100 du taux de blutage.

§ 2. — Comparaison des divers procédés de broyage.

Les nombreux procédés de broyage employés dans l'industrie peuvent être ramenés à deux types principaux.

Le plus ancien, le *procédé des meules*, consiste à écraser le grain entre deux meules de pierre horizontales dont l'une tourne au-dessus de l'autre qui est fixe, à une distance inférieure à l'épaisseur des grains, distance que l'on fait varier à volonté pour obtenir une pulvérisation plus ou moins fine.

On appelle *mouture haute* celle qui est obtenue entre les meules aussi écartées que possible. Dans ce procédé on obtient très peu de farine *de premier jet* ou farine *sur blé*, mais beaucoup de farine de gruaux. Les grains ne sont pas écrasés d'un seul coup; ils subissent au moins deux passages successifs entre les meules de plus en plus rapprochées; et quant aux gruaux, ils reçoivent encore trois ou quatre coups de meules. La *mouture basse* s'obtient entre les meules très rapprochées. Elle donne d'un seul coup une forte proportion de farine sur blé et très peu de farine de gruaux. Dans ce procédé les gruaux ne reçoivent que deux à trois coups de meules.

En dirigeant les opérations de manière à obtenir le même taux de blutage, on a des produits partiels de mouture très différents dans ces deux procédés. D'après M. Balland, de 100 parties de blé nettoyé on peut retirer approximativement :

	MOUTURE	
	Haute.	Basse.
Farine de premier jet.........	18 à 20 p.	45 à 50 p.
Farine de gruaux.............	57 à 55	30 à 25
Issues et pertes.............	25	25

Les issues laissées par les meules retiennent encore des gruaux, mais on n'y rencontre plus de germes.

On peut naturellement employer des procédés intermédiaires entre la mouture haute et la mouture basse, et varier ainsi à l'infini les produits séparés, au point de vue de la proportion et de la qualité.

Le second type de broyage est la *mouture par cylindres*. Appliqué d'abord en Hongrie depuis 1874, ce procédé s'est implanté en France depuis l'Exposition de Paris de 1878. Le blé, préalablement criblé et nettoyé, est broyé entre des cylindres cannelés en fonte disposés en série. La première paire de cylindres ne fait que fendre le grain dans sa longueur de manière à faire détacher le germe ainsi que les poussières adhérentes au sillon. Ces deux cylindres ont le même diamètre et les mêmes cannelures ; mais l'un d'eux, à axe fixe, est animé d'un mouvement rapide (500 tours par minute); l'autre, pressé convenablement par un ressort ou un contrepoids, est animé d'un mouvement lent (100 tours par minute). Le cylindre rapide étale les grains, qui se logent en long dans ses cannelures ; le cylindre lent roule sur eux, et ses arêtes fendent le grain suivant le sillon longitudinal ; le germe se détache à ce moment. C'est pourquoi cette première paire de cylindres s'appelle le *dégermeur*. De là le grain fendu passe dans une bluterie à toile métallique fine. Le grain s'y débarrasse des poussières noires que contenait le sillon. Ce nettoyage supplémentaire produit un déchet moyen d'environ 1 p. 100.

Les broyeurs suivants, au nombre de cinq, sont constitués par des cylindres de plus en plus rapprochés et portant des cannelures de plus en plus fines. A la suite de chaque broyage la matière est blutée, ce qui élimine immédiatement la farine déjà obtenue, et permet de ne faire repasser dans les broyeurs suivants que les parties rejetées par la bluterie. On a ainsi séparé des farines, des sons et des gruaux. Ces derniers sont classés suivant leur qualité par des appareils appelés *sasseurs*, puis remoulus entre des cylindres lisses, en acier ou en porcelaine, qui les transforment en farines et en issues et qu'on appelle, pour cette raison, le *convertisseur*. L'opération du convertissage nécessite encore au moins cinq passages. Un dernier passage à la bluterie sépare la farine.

La perfection du blutage et du sassage a une grande importance : elle permet de réunir ensemble des gruaux de dimensions et de densité aussi uniformes que possible, ce qui est la condition de la bonne mise en œuvre des cylindres. En effet l'écartement des cannelures et la pression des cylindres l'un contre l'autre doivent être déterminés suivant les dimensions et la

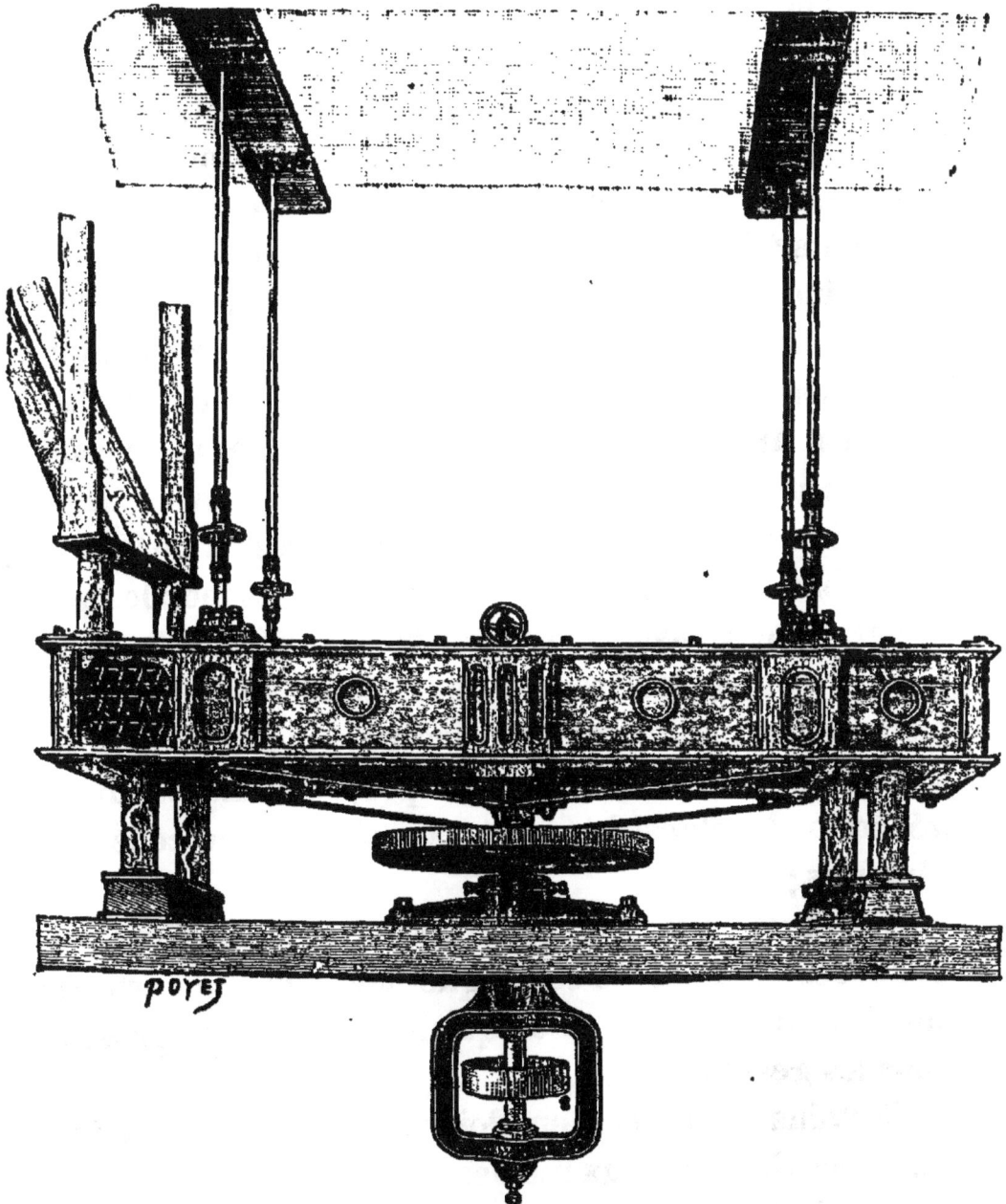

Fig. 17. — Plansichter Ménager. (Piat et Fougerol.)

dureté des gruaux à broyer. Si le convertisseur vient à
recevoir des gruaux d'inégale résistance, la pression

qui convient aux plus durs, étant trop forte pour les plus tendres, a pour effet de comprimer la farine de ces derniers et d'en faire des plaques minces solides qui ne se désagrègent pas à la bluterie.

On emploie beaucoup maintenant pour le blutage un appareil nommé *Plansichter* (mot allemand qui signifie « blutoir plan »). Nous reproduisons ici (fig. 17) le plansichter Ménager. C'est une caisse rectangulaire, suspendue au plancher supérieur, et contenant un certain nombre de tamis superposés garnis de soies, dont les numéros varient avec le travail à effectuer. Cette caisse est animée d'un mouvement d'oscillation circulaire, de sorte que son travail imite exactement le tamisage à la main. Le mouvement de progression de la matière à bluter est obtenu au moyen d'ailettes mobiles qui lui permettent d'avancer dans un sens, mais ne la laissent pas revenir en arrière. De petits chocs produits automatiquement d'une manière continue maintiennent les soies dans un état constant de propreté. La conduite générale du plansichter est plus simple que celle des bluteries.

A taux de blutage égal, les issues de la mouture par cylindres diffèrent de celles que laisse la mouture par meules, notamment en ce qu'elles retiennent presque tous les germes du blé.

Certains meuniers emploient un système mixte : mouture du grain aux meules et conversion des gruaux aux cylindres.

Cherchons à déterminer l'influence du procédé de mouture sur la composition de la farine. Les expé-

riences de M. Balland ont montré que d'une manière
générale la mouture par cylindres donne des farines
plus pauvres en ligneux, en matières grasses et en matières salines. M. Aimé Girard a repris la même
question à propos d'un concours de mouture institué à
Paris en 1883 par la Chambre syndicale des grains et
farines. Ce qu'il importe le plus de connaître, pour apprécier la qualité des farines obtenues par les différents
procédés de mouture, ce sont les proportions d'amande
farineuse, de germes et d'enveloppes que retiennent
les farines. Or ces proportions peuvent varier notablement dans des farines qui présentent des compositions
chimiques peu différentes.

Ainsi les farines premières (c'est-à-dire obtenues à la
suite du premier broyage) produites avec un même blé
traité par neuf procédés différents, au même rendement, de 68 p. 100, ont présenté des teneurs en azote
très peu différentes, qui s'échelonnaient entre 1,40
et 1,66 p. 100. Et cependant ces farines étaient loin de
pouvoir fournir des pains semblables. L'étude précédente nous a montré qu'il y a lieu de distinguer dans
la farine trois sortes de matière azotée : le gluten, qui
n'a que des propriétés utiles, la matière azotée soluble
du germe et de l'enveloppe, qui est assimilable, mais
qui altère la qualité du pain, et enfin la matière azotée insoluble de l'enveloppe, qui n'est pas assimilable
quand elle reste renfermée dans les cellules du tégument séminal. Quand, au lieu de doser l'azote total
dans les échantillons de farine, on dosait séparément
ces trois sortes de matière azotée, au lieu de résultats

presque identiques, on obtenait des différences tranchées. L'ensemble de la matière azotée soluble et des débris azotés de l'enveloppe a varié, pour ces mêmes échantillons de farine, également riches en azote total, entre 0,60 p. 100 et 1,72 p. 100, presque du simple au triple.

De plus M. Aimé Girard a recherché directement dans ces farines les débris de germes et d'enveloppes. Il suffit pour cela, après avoir séparé le gluten à la façon ordinaire et l'avoir rejeté, de laver l'amidon à l'eau, l'alcool et l'éther, de le réduire en empois, puis de le dissoudre à l'aide de la diastase, légèrement acidulée dans les derniers moments de la macération. Au milieu de la solution limpide ainsi obtenue, on voit nager, avec les parois cellulaires de l'albumen, les débris d'enveloppes et de germes, que l'on peut aisément caractériser et même dénombrer sous le microscope.

A l'aide de ces expériences, M. Aimé Girard est arrivé à grouper les farines obtenues, avec un même blé, au même rendement, par les divers procédés usités, en trois catégories :

1° Farines fabriquées entre cylindres métalliques : elles ne renferment que des traces de débris d'enveloppes et de germes ; elles fournissent un pain d'une blancheur parfaite ;

2° Farines fabriquées après coupage et granulation préalable du grain, farines fournies par la mouture progressive entre meules métalliques : elles renferment des proportions assez faibles de ces débris; elles fournissent un pain d'une qualité déjà moins belle ;

3° Farines produites dans des conditions diverses par la mouture entre meules de pierre, farines résultant du broyage entre disques à broches : elles contiennent des quantités relativement considérables de ces débris; elles fournissent un pain d'une teinte bise d'autant plus accentuée que la proportion de débris azotés est plus forte.

Cette comparaison, faite surtout au point de vue du bel aspect du pain, est tout à l'avantage de la farine de cylindres.

§ 3. — Expériences physiologiques pour comparer les farines de cylindres aux farines de meules.

Mais il serait plus instructif de comparer les farines au point de vue de leur valeur alimentaire constatée par des expériences physiologiques.

Les anciennes expériences de Magendie (1), quoique antérieures à la mouture par cylindres, éclairent déjà la question. « Un chien, dit-il, mangeant à discrétion du pain blanc de froment pur et buvant à volonté de l'eau commune, ne vit pas au delà de cinquante jours. Un chien mangeant exclusivement du pain de munition vit très bien et sa santé ne s'altère en aucune façon. » Or le pain de munition contient une notable proportion de gruaux remoulus, c'est-à-dire qu'il est riche en débris empruntés à l'enveloppe du grain. Il n'y a pas d'autre raison qui puisse rendre compte de la différence observée par Magendie. Par conséquent les pro-

(1) Magendie, *Précis élémentaire de physiologie*, t. II, p. 504.

cédés qui éliminent totalement l'enveloppe éliminent par cela même des principes utiles et appauvrissent ainsi la farine.

M. Léon Poincaré (1) a comparé les valeurs nutritives de la farine de meules et de la farine de cylindres employées en nature. Il a nourri un même porc, successivement, pendant des périodes de temps égales, avec les diverses farines à comparer, et a mesuré les augmentations de poids à la fin de chaque période.

Ses expériences, malheureusement trop peu nombreuses, tendent à prouver que la farine obtenue avec les cylindres ordinaires de cette époque possède une puissance nutritive un peu inférieure à celle des farines obtenues soit avec les meules, soit avec les cylindres hongrois.

Les grandes difficultés matérielles rencontrées par M. Léon Poincaré ne lui avaient pas permis de pousser son travail jusqu'au bout, et en particulier de comparer les diverses farines réduites en pain.

M. Adrien Boutroux, officier d'administration, mon frère, a fait, à mon instigation, et avec la bienveillante autorisation de M. l'Intendant militaire Directeur du 2e corps d'armée, des expériences destinées à compléter cette étude en profitant des ressources spéciales de l'Administration militaire (2).

(1) Poincaré, *Valeur nutritive des farines de meules et des farines de cylindres* (*Annales d'hygiène publique*, 1889, t. XXI, p. 392).

(2) Léon et Adrien Boutroux, *Valeur nutritive du pain fait avec les farines de meules et avec les farines de cylindres* (*Annales d'hygiène publique et de médecine légale*, avril 1896, t. XXXV, p. 336).

Un même blé a été divisé en deux lots : le premier a été moulu par le procédé des cylindres, le second par le procédé des meules, tous deux au même taux de blutage, 20 p. 100.

J'appellerai M la farine de meules, C la farine de cylindres.

Ces deux farines sont un peu différentes d'aspect, la farine C est un peu plus blanche. L'extraction du gluten a donné :

	Farine M	Farine C
Gluten humide pour cent........	33,1	33,9

Il y a donc à très peu près égalité.

Ces deux farines vont être panifiées exactement de la même manière, et, pour éviter les différences que pourraient introduire les levains, le travail de la pâte sera fait sur levure.

Les pains ainsi obtenus sont comparés d'abord au point de vue de la teinte. Dans tout le cours des expériences le pain de farine de cylindres s'est toujours montré plus blanc que l'autre.

Pour comparer les valeurs nutritives de ces pains, on va les distribuer, sans autre aliment, à des animaux capables de vivre de ce régime. Nous avons choisi les souris blanches, qui s'en accommodent parfaitement.

Les souris sont elles-mêmes groupées en deux lots, A et B, composés d'animaux aussi semblables que possible; ce sont de très jeunes souris, au nombre de six dans chaque lot.

Les souris A reçoivent chaque jour une ration de

pain de farine M et les souris B une ration égale de
pain de farine C; on défalque chaque jour du poids de
la ration donnée la veille le poids du pain que les souris
ont laissé, et tous les deux jours on pèse chacun des
deux lots de souris.

Au bout de quinze jours on renverse l'expérience :
on nourrit les souris A au pain de farine C, et les souris B au pain de farine M. On a pratiqué encore deux
autres renversements semblables de l'expérience.

Les résultats fournis par l'ensemble des quatre séries
d'observations sont résumés dans le tableau suivant,
où l'on a calculé, pour chaque période, le poids de pain
que 100 grammes de souris, pesés au commencement
de la période, ont consommé en moyenne par jour, et
le poids moyen dont ces 100 grammes de souris ont
augmenté pendant le même temps.

Consommation de pain et augmentation de poids moyennes
de 100 grammes de souris en un jour.

		1re fois.		2e fois.	
		Pain consommé. (Gr.)	Variation de poids. (Gr.)	Pain consommé. (Gr.)	Variation de poids. (Gr.)
I. {	Souris A, pain M.	32,4	+ 0,81	26,8	+ 0,07
	— B, — C.	26,1	— 0,07	26,0	— 0,06
II. {	— A, — C.	29,7	+ 0,32	28,6	+ 0,07
	— B, — M.	33,4	+ 0,84	31,7	+ 0,40

On voit que dans tous les cas les souris ont consommé plus de pain de farine de meules que de pain
de farine de cylindres, et ont gagné moins de poids
avec cette dernière alimentation. On voit aussi que la
seconde fois les souris ont mangé moins de chaque pain

que la première fois, ce qui prouve que le régime commençait à les lasser; les nombres fournis par les deux dernières expériences sont donc moins sûrs que les autres.

Si, en utilisant seulement, pour cette raison, les nombres des deux premières colonnes du tableau, nous cherchons à apprécier numériquement la valeur nutritive de chaque pain, nous trouvons que le pain de farine de meules a procuré aux souris A comme aux souris B une augmentation de poids de 2,5 p. 100 de pain consommé, tandis que le pain de farine de cylindres n'a procuré aux souris A qu'une augmentation de poids de 1,1 p. 100 de pain, et a fait dépérir les souris B.

On peut donc affirmer que la mouture par les meules donne un produit plus appétissant et plus nutritif que la mouture par les cylindres; mais il s'agit ici du pouvoir nutritif à l'égard de la souris et non à l'égard de l'homme.

Nous savons que cette différence de valeur nutritive ne peut provenir que des débris de germes et surtout d'enveloppes, qui sont en plus grande proportion dans la farine de meules. Or les partisans de l'élimination absolue de l'enveloppe ne nient pas qu'elle ne soit en partie assimilable pour des animaux convenablement choisis; ils nient seulement qu'elle soit assimilable pour l'homme. D'un autre côté, il convient d'observer que dans les expériences de M. Aimé Girard, sur lesquelles s'appuie cette négation, les enveloppes n'avaient pas été broyées, et rien n'empêche d'admettre qu'il suffirait de les réduire en poudre fine pour les adapter à l'alimentation de l'homme aussi bien qu'à celle des souris.

En somme nous ne pouvons pas, avec les faits dont nous disposons jusqu'à présent, trancher la question de l'opportunité qu'il peut y avoir à introduire une partie de l'enveloppe dans la farine ou à l'éliminer totalement, ni la question, qui s'y rattache, de la supériorité de la mouture par cylindres ou par meules. Des faits, qui trouveront naturellement leur place dans la suite de cet ouvrage, doivent intervenir dans la discussion. Nous reviendrons donc à l'examen de cette question dans le chapitre consacré à la valeur nutritive du pain.

Nous pouvons seulement conclure pour le moment, de cette étude de la mouture, que pour produire la farine destinée aux pains de luxe, les procédés modernes des cylindres l'emportent incontestablement sur le procédé des meules. Mais rien n'empêche de croire que la farine de meules peut, par cela même qu'elle retient plus de substance empruntée à l'enveloppe du grain, fournir un pain présentant le caractère d'aliment plus complet. Quoi qu'il en soit, la meunerie moderne a généralement adopté le système de mouture par cylindres, qui est plus économique lorsqu'il s'agit d'obtenir une farine bien blanche, et qui fournit un produit plus flatteur pour le consommateur. Seuls les petits meuniers continuent à se servir des meules.

CHAPITRE III

COMPOSITION DE LA FARINE.

Étudions maintenant la farine telle que la fournit le commerce.

La composition de la farine diffère de celle du grain dont elle provient, pour deux raisons; d'abord naturellement, à cause de l'élimination des issues; et en second lieu parce qu'au contact de l'air humide elle éprouve des modifications : en absorbant de l'eau elle ne subit pas seulement une variation dans les proportions de ses principes constitutifs par l'adjonction d'un élément inerte; elle peut devenir aussi le siège de réactions chimiques entre certains de ses éléments, réactions qui étaient impossibles à l'intérieur du grain de blé sec, où ces éléments étaient séparés par des membranes cellulaires. Enfin, elle subit des altérations qui y font apparaître des quantités croissantes de substances étrangères, notamment d'acide lactique.

Les méthodes d'analyse sont les mêmes pour la farine que pour le grain de blé. Nous parlerons donc surtout des résultats. Ceux-ci varient avec la race de blé, et, pour un même blé, avec le taux de blutage et le mode de mouture. Nous ne donnerons que la composition des farines ordinaires du commerce, lesquelles sont toujours des farines mélangées.

1° *Eau.* — Nous avons vu que d'après les analyses de Péligot le blé contenait de 13 à 15 p. 100 d'eau. Immé-

diatement après la mouture la farine en contient à peu
près la même proportion. Mais quand elle a été conservée quelque temps à l'air ordinaire, on trouve que cette
même farine contient de 16 à 20 p. 100 d'eau. La farine
est donc hygrométrique, et les farines des diverses
races de blé présentent à cet égard des différences sensibles. Tandis que les blés tendres et les blés durs se
sont montrés également riches en eau dans les analyses
de Péligot, les farines des premiers empruntaient plus
d'eau à l'air que les farines des derniers. La proportion d'eau que retient une même farine varie avec la
saison : elle atteint à Paris son maximum en février et
son minimum en août (Balland).

2° *Matière grasse.* — La proportion en est à peu près
la même que dans le grain de blé. Quand la farine
vieillit, cette proportion diminue. La matière grasse
rancit et arrive, à la longue, à disparaître à peu près
entièrement.

3° *Cellulose.* — Les farines retiennent toujours une
certaine proportion de cellulose. Dans des farines de
cylindres de premières marques, M. Balland a trouvé
des proportions de cellulose variant de 0,11 à 0,25 p. 100.
Dans les farines des manutentions militaires, il en a
trouvé de 0,5 à 0,9 p. 100.

4° *Gluten.* — La proportion de gluten sec dans les
belles farines varie de 9 à 11 p. 100 du poids de la farine prise dans son état hygrométrique ordinaire. Les
mêmes farines donnent à peu près 35 p. 100 de gluten
pesé humide.

La proportion de gluten n'est pas tout à fait la même

dans les produits successifs d'une même mouture, les gruaux bis, qui contiennent la petite zone plus riche en gluten, donnant une farine un peu plus riche que les gruaux blancs ; en sorte que la teneur de la farine en gluten augmente quand le taux d'extraction augmente ; mais il ne faut pas oublier que la différence est très faible, comme le montrent les analyses suivantes de M. A. Girard, faites sur trois sortes de blé :

	Taux d'extraction.	Gluten sec p. 100.
Blé tendre............	60,00	11,65
	73,11	11,69
Autre blé tendre.......	60,00	11,38
	72,49	11,68
Blé dur............	60,00	14,00
	74,18	14,07

5° *Amidon.* — La proportion d'amidon dans la farine est moyennement d'environ 65 p. 100, mais elle varie beaucoup. Dans des analyses faites par Vauquelin sur neuf échantillons différents, elle a varié de 56 à 75 p. 100.

6° *Principes solubles non azotés.* — Nous avons ajourné la question de la présence de sucre fermentescible dans le blé. Le moment est venu de tâcher d'élucider cette question. Différents chimistes ont émis à ce sujet des résultats divergents. Les sucres doivent être recherchés d'abord dans le grain de blé, puis dans la farine. Dans le grain de blé, Péligot n'a pas trouvé de sucre en proportion capable d'augmenter la solubilité de la chaux dans l'eau de macération. M. Balland a traité des grains de blé entiers par l'eau à l'ébullition pendant quelques minutes, afin d'éviter la formation d'empois, puis il les a broyés au mortier, a ajouté de l'eau, et, après quelques heures de contact avec agitation fréquemment réitérée, a essayé si la liqueur réduisait le tartrate cupropotassique. Quand l'expérience était faite avec des grains en voie de formation, on trouvait ainsi du sucre réducteur, mais dans les grains mûrs on n'en trouvait plus.

Ces expériences conduisent à conclure à l'absence de tout sucre, soit saccharose, soit sucre réducteur. Cependant, d'après M. Dehérain, le grain de blé contient un peu de saccharose. O. Sullivan, épuisant, par de l'alcool convenablement étendu, de l'orge finement moulue, en tire de 0,8 à 1,6 de saccharose p. 100. Traitant le blé de la même manière, il en obtient au plus 0,5 de saccharose p. 100, mais en outre il constate l'indication d'un sucre fermentescible, non réducteur, doué d'un faible pouvoir rotatoire gauche. Kjeldahl trouve également 1,5 de saccharose p. 100 dans l'orge non germée. G. Düll trouve dans l'orge un sucre non réducteur qui avec la phénylhydrazine donne de la phénylglucosazone, et conclut de ses analyses que le seul hydrate de carbone soluble présent dans l'orge, en même temps que la gomme, est le saccharose. Enfin, les travaux de MM. Schultze et Frankfurt (1) ont mis hors de doute l'existence du saccharose dans le grain de blé. Leur méthode est à l'abri de toute cause d'erreur. On fait un extrait alcoolique de la graine, on en précipite le sucre

(1) E. Schultze et S. Frankfurt, *Ueber die Verbreitung des Rohrzuckers in den Pflanzensamen* (Ber. d. deut. Chem. Gesellsch., 1894, XXVII, p. 62).

à l'état de combinaison strontianique, $C^{12}H^{22}O^{11},2SrO$, sucrate insoluble dans l'eau ; on fait bouillir le précipité avec de l'hydrate de strontiane en solution aqueuse, de manière à le débarrasser de certaines impuretés. On décompose ensuite le sucrate de strontiane par l'acide carbonique. La liqueur contient le sucre, parfois difficile à isoler à l'état pur, parce qu'il peut être associé à d'autres hydrates de carbone. Dans toutes leurs expériences les auteurs ont obtenu le saccharose à l'état de cristaux purifiés par plusieurs cristallisations dans l'alcool étendu. Ces cristaux ont pu être identifiés sûrement, d'après leur saveur, leurs propriétés chimiques et leur pouvoir rotatoire. On a trouvé de cette manière du saccharose dans les graines d'un grand nombre de plantes, et notamment des plantes qui nous intéressent, blé, seigle, avoine, orge, maïs, sarrasin. Ils ont également tiré des germes du blé un autre sucre fermentescible, le raffinose.

Ici encore nous compléterons les données de la simple analyse chimique par l'étude physiologique de la plante au point de vue de la saccharogénie. Les travaux de MM. Leplay, Aimé Girard, Brown et Morris ont montré que chez les graminées il se forme, au début de la végétation, du sucre réducteur, et seulement un peu de saccharose. Puis, quand apparaissent les organes de la reproduction, la proportion de saccharose augmente considérablement. Ce sucre s'accumule dans la tige jusqu'au moment de la formation de l'amidon dans la graine. A partir de ce moment, il passe dans l'épi, puis dans les graines, où il est localisé presque entièrement dans l'embryon. Là il disparaît progressivement, à mesure que l'amidon s'accumule dans l'albumen. Le saccharose est la matière génératrice de l'amidon (1). Quand la graine est complètement mûre, elle retient encore une proportion de saccharose qui varie suivant l'espèce. Dans la graine mûre du maïs il en reste une proportion notable; dans celle du blé on n'en trouve plus que par les procédés d'analyse les plus délicats. Mais le blé dont nous nous servons pour faire le pain est un mélange de grains qui ne sont pas tous parfaitement mûrs; par conséquent, nous devons admettre que d'une manière générale le blé contient un peu de saccharose, et en proportion variable avec l'état de maturité.

Arrivons maintenant à la farine. En admettant que le blé contient du sucre, celui-ci étant contenu presque exclusivement dans l'embryon, les procédés perfectionnés de mouture, qui éliminent l'embryon, doivent éliminer aussi le sucre. Mais la farine ne peut-elle pas acquérir du sucre par l'action de ses diastases propres sur ses hydrates de carbone en présence de l'eau?

Une expérience de Pœhl (2) répond affirmativement. Des grains de blé desséchés avec soin à 90°, puis broyés avec de l'alcool à 95 p. 100, ne cèdent pas trace de sucre à cet alcool. Mais la présence de la plus petite quantité d'eau dans le grain suffit pour que pendant le

---

(1) Inversement pendant la germination, à mesure que l'amidon disparaît il se forme, non seulement du maltose, mais aussi, d'après les récentes recherches de M. Lindet (*Bull. Soc. chim.*, 1894, p. (18), du saccharose.

(2) Pœhl, *Wagner's Jahresbericht f.* 1874, p. 657.

broyage il se forme du sucre. En effet, du blé simplement séché à l'air, qui contenait de 11 à 13 p. 100 d'eau, soumis par Pœhl au même traitement par l'alcool, abandonna du sucre réducteur au dissolvant. Pœhl, dosant ce sucre comme glucose, a trouvé les proportions suivantes :

	Glucose sur 100 parties de grain.	
	Grain séché à l'air.	Grain séché à 100°.
Froment............	de 0,51 à 1,39	de 0,58 à 1,60
Épeautre............	de 0,92 à 1,06	de 1,06 à 1,23

Ce sucre n'a pu se former que par une action de diastase. Or nous connaissons les diastases saccharifiantes du blé. Nous avons vu que le grain possède une petite quantité de cytase, et une petite quantité d'une amylase peu active, que nous avons appelée *amylase de formation*. Les procédés de mouture perfectionnés, qui éliminent l'embryon avec ses sucs digestifs, laissent subsister l'amylase de formation, parce que celle-ci, n'étant pas destinée à la germination, est localisée non dans l'embryon mais dans les cellules de l'albumen. Seulement nous savons aussi que cette amylase n'est pas capable d'attaquer sensiblement les grains d'amidon; elle ne peut saccharifier qu'une matière amylacée déjà solubilisée. La farine contient de ces produits de transition, intermédiaires entre le grain d'amidon et le sucre, sur la nature desquels les chimistes ne sont pas parfaitement fixés. Dans les analyses on les compte tantôt comme dextrine, tantôt comme gomme. Ce sont à la fois des produits d'actions de diastase et des subs-

tances attaquables par les diastases. Saccharifiées par
les acides, ces matières fournissent entre 1,6 et 5,1 de
glucose pour 100 parties de grain séché à l'air (1).

En somme la farine contient une trace de saccharose
qui préexistait dans le grain; elle contient toujours
aussi un peu de maltose qui n'y préexistait. pas, mais
qui se forme à partir du broyage par l'action de l'*amylase de formation* sur un hydrate de carbone en présence d'un peu d'eau; enfin elle contient un peu de
substance saccharifiable soluble en même temps qu'un
peu d'amylase peu active.

Parmi les principes solubles non azotés il y a lieu de
considérer encore les acides, soit qu'ils préexistent, soit
qu'ils soient produits par fermentation de la farine.
Dans la pratique on n'a pas besoin de savoir la nature
de ces acides; mais, en vue surtout d'apprécier l'état
de conservation, on dose l'acidité.

Voici comment on opère au laboratoire central de
l'administration de la guerre (2). Dans un flacon bouché
à l'émeri on introduit 5 grammes de farine et 25 centimètres cubes d'alcool fort (de 85 à 95 degrés). On agite
de temps en temps. On laisse reposer la nuit. Le lendemain on prélève avec une pipette jaugée 10 centimètres cubes du liquide, et on y dose l'acidité, en présence d'une goutte de teinture de curcuma, au moyen
d'une solution alcoolique de soude normale au 1/20,
préparée avec de l'alcool à 60 degrés. L'acidité trouvée
est évaluée en acide sulfurique SO^4H^2.

(1) Birnbaum, *Das Brotbacken.*
(2) Balland, *Recherches sur les blés, les farines et le pain.*

Les farines livrées par les entrepreneurs pour la fabrication du pain de troupe présentent une acidité variable entre 0,015 et 0,050 pour 100 parties.

Il ne faudrait pas croire que cette méthode fait connaître l'acidité totale de la farine, mais elle permet, pourvu que le temps de macération de la farine dans l'alcool soit toujours le même, de faire d'utiles comparaisons entre diverses farines.

Les produits séparés que donne la mouture aux cylindres avec un même blé peuvent avoir des acidités très différentes. C'est ainsi qu'un blé tendre (mélange de 75 p. 100 de blé d'Irka, 15 p. 100 de blé du Danube, et 10 p. 100 de blé de Bourgaz), étudié par M. Aimé Girard, a été séparé par la mouture en produits dont l'acidité variait de 0,009 p. 100 (farine de premier jet) à 0,054 p. 100 (farine de brosse).

7° *Principes solubles azotés.* — Ce sont les mêmes que ceux du grain : ils figurent dans la farine pour la proportion de 1,4 p. 100 environ. Les diastases que nous avons étudiées en font partie. Les principes solubles azotés sont plus inégalemnnt distribués que le gluten dans les produits successifs de la mouture; aussi trouve-t-on pour l'azote total de la farine des différences assez notables suivant le taux de blutage. (Voir le tableau page 81.)

8° *Matières minérales.* — Les proportions de cendres varient beaucoup avec le mode de mouture, et, pour le même procédé de mouture, les matières salines sont très inégalement réparties dans les divers produits que le moulin sépare. D'une manière générale, plus la farine retient de substance provenant de l'enveloppe, plus elle est riche en matière minérale. D'après M. Balland les farines premières des cylindres donnent généralement de 0,30 à 0,50 p. 100 de cendres; les farines premières de meules de 0,50 à 0,75; les farines tendres des manutentions militaires blutées à 20 p. 100, de 0,60 à 0,90 et les farines dures blutées à 12 p. 100, de 1,10 à 1,30.

Quant à la composition des cendres, elle est à peu près identique dans tous les produits de la mouture d'un même grain. Cependant elle est modifiée dans certains cas par les poussières terreuses accumulées dans le sillon du grain de blé. Voici quelques résultats d'analyses empruntés au travail de O. Dempwolf (1); de la farine et du son provenant d'une même mouture ont fourni les chiffres suivants :

100 parties de cendres contiennent :

	Ox. de fer.	Chaux.	Magnésie.	Potasse.	Soude.	Ac. phosph.
Farine..	0,570	6,791	10,574	32,239	0,726	50,187
Son.....	0,436	2,502	17,349	30,142	1,080	49,112

Le tableau suivant, emprunté à M. Balland, et relatif à une mouture de farine militaire, donne une idée d'ensemble de la variation de proportion des divers principes selon le taux d'extraction (2).

(1) Dempwolf, *Ann. der Chem. u. Pharm.*, CXLIX, 343.
(2) Balland, *C. R. Ac. d. sc.*, 1896, t. CXXII, p. 1496.

| | Farine de 1er jet (70 % de blé). | Remouture | | Farine des passages réunis (80 % de blé). |
		1ers gruaux (6 % de blé).	3es gruaux (4 % de blé).	
Eau....................	12,50	12,30	12,30	12,20
Matières azotées totales.	11,08	11,96	13,43	11,25
— grasses........	1,25	2,60	3,25	1,40
— amylacées et sucrées..............	74,21	71,39	68,67	74,13
Cellulose résistante....	0,32	0,57	0,99	0,34
Matières salines........	0,64	1,18	1,46	0,68
	100,00	100,00	100,00	100,00

Comme récapitulation, nous donnerons un tableau emprunté aux analyses de von Bibra (1) :

(1) Von Bibra, *Die Getreidearten und das Brot*. Nürnberg, 1861.

	FARINE DE FROMENT		FARINE D'ÉPEAUTRE.
	Farine la plus fine.	Farine grossière.	
	(Du même moulin.)		
Eau	15,540	14,250	14,322
Albumine	1,340	1,457	1,020
Glutine végétale	0,760	0,470	0,470
Caséine	0,370	0,280	0,144
Fibrine végétale	5,190	5,040	4,306
Gluten non séparable par la malaxation ...	3,503	6,601	3,742
Sucre	2,335	2,350	1,745
Gomme	6,250	6,500	3,200
Graisse	1,070	1,258	1,400
Amidon	63,642	61,794	69,551
Azote total	1,730	2,045	1,500

	SON	
	de froment.	d'épeautre.
Eau	12,700	13,030
Albumine	3,525	2,375
Glutine végétale	5,800	7,680
Caséine	0,220	1,480
Matières azotées insolubles dans l'eau et l'alcool	8,385	3,800
Ligneux	30,650	28,900
Sucre	4,320	2,700
Gomme	8,850	12,525
Graisse	3,790	5,180
Amidon	21,760	22,330
Azote total	2,780	2,377

CHAPITRE IV

CÉRÉALES AUTRES QUE LE BLÉ.

Plusieurs graminées autres que le blé peuvent être employées à faire le pain, soit seules, soit ajoutées au blé. Ce sont le seigle, l'orge, l'avoine, le maïs, le riz.

Seigle. — La structure intérieure du grain de seigle est tout à fait analogue à celle du grain de blé. Il n'en est pas de même pour la composition chimique. Si l'on écrase des grains de seigle, qu'on pétrisse avec de l'eau la poudre obtenue et qu'on malaxe la pâte sous un filet d'eau, la pâte se délaie en une bouillie claire qui se laisse entraîner presque tout entière par l'eau et, quand l'amidon a été entièrement éliminé, il ne reste dans la main qu'un peu de matière visqueuse bien différente du gluten de blé. Ce n'est pas que le seigle soit pauvre en matière azotée, mais sa matière azotée diffère notablement par ses propriétés de celle du blé. On y peut distinguer, comme toujours, une partie soluble dans l'eau (albumine) et une partie insoluble (gluten) ; mais, tandis que le gluten de blé contient de 60 à 80 p. 100 de *gluten-fibrine*, M. Fleurent n'a trouvé que 8,17 p. 100 de ce principe agglutinatif dans le gluten d'une farine de seigle qui contenait 8,26 p. 100 de gluten. Ce gluten est donc presque entièrement constitué par du *gluten-caséine*. Il diffère encore du gluten du blé par cette particularité que, abandonné à l'air à l'état humide, il se colore bien plus rapide-

ment et devient bientôt gris noirâtre. Cette propriété
doit jouer un rôle dans la production de la couleur du
pain de seigle.

Les cendres du grain de seigle ne diffèrent pas sensiblement de celles du grain de blé.

Voici une analyse du grain de seigle, d'après Pillitz :

Eau...	13,85
Matière grasse...............................	2,17
Matières azotées insolubles...............	9,11
Matières azotées solubles..................	3,33
Dextrine......................................	4,97
Sucre..	1,87
Amidon..	56,41
Cellulose	3,93
Cendres solubles	1,23
Cendres insolubles..........................	0,22
Extractif......................................	3,01
	99,89

Quant à la farine de seigle, elle n'est jamais travaillée avec autant de soin que la farine de froment, et
d'ailleurs, même en effectuant la mouture avec le plus
grand soin, on ne peut jamais tirer une farine aussi
fine et aussi blanche du seigle que du blé.

Voici des analyses de grains, de farine et de son de
seigle, d'après Wunder :

	Grain.	Farine fine.	Farine noire.	Son.
Eau.....	16,95	13,62	11,40	10,01
Ligneux...............	1,38	0,94	1,56	4,30
Matières azotées......	8,96	8,06	11,88	13,85
Matières non azotées..	70,67	76,59	73,40	66,03
Cendres...............	2,04	0,96	1,76	5,81

Orge. — Au point de vue de la structure anatomique,

la plus grande différence à signaler entre l'orge et le blé réside dans la couche de cellules à aleurone : chez le blé, comme chez le seigle, cette couche ne comprend qu'un seul rang de cellules (fig. 11) ; chez l'orge, elle comprend trois et quelquefois quatre rangs de cellules, excepté dans le voisinage de l'embryon, où la couche s'amincit progressivement, se réduisant peu à peu à deux rangs, puis à un seul rang. Les cellules à aleurone de l'orge sont plus petites que celles du blé et du seigle.

Au point de vue de la composition chimique, nous avons à signaler : 1° la même pauvreté que chez le seigle en gluten agglomérable par malaxation avec l'eau : la farine d'orge analysée par M. Fleurent a donné 13,82 p. 100 de gluten, et ce gluten contenait 15,60 p. 100 de *gluten-caséine*, proportion encore très inférieure à celle que l'on rencontre dans le gluten de blé ; 2° une différence notable avec le blé pour la composition des cendres. Voici, d'après E. Wolff, la composition moyenne des cendres d'orge :

	Teneur en cendres.	Oxyde de fer.	Chaux.	Magnésie.	Potasse.	Soude.	Acide phosphorique.	Acide sulfurique.	Silice.	Chlore.
Orge d'été.	2,60	0,97	2,60	8,62	20,15	2,53	34,68	1,69	27,54	0,93
Orge d'hiv.	1,99	1,72	0,74	12,53	16,33	4,14	32,82	2,98	28,74	»

A remarquer, surtout, une faible teneur en acide phosphorique et une teneur considérable en silice.

Composition du grain d'orge, d'après Pillitz.

Eau..	13,88
Matières grasses...............................	2,66
Matières azotées insolubles..............	12,43
Matières azotées solubles................	1,77
Dextrine.......................................	1,70
Sucre......	2,43
Amidon..	54,07
Cellulose......................................	7,76
Cendres solubles.............................	1,26
Cendres insolubles..........................	1,07
Extractif.................	1,50
	100,53

Avoine. — La couche de cellules à aleurone est à un seul rang. La farine d'avoine, réduite en pâte et malaxée sous un filet d'eau, ne fournit pas de gluten. Elle est cependant très riche en gluten-caséine et en gliadine de Ritthausen.

Composition des cendres, d'après E. Wolff.

	Teneur en cendres.	Oxyde ferrique.	Chaux.	Magnésie.	Potasse.	Soude.	Acide phosphorique.	Acide sulfurique.	Silice.	Chlore.
Avoine....	3,14	0,67	3,73	7,06	16,38	2,24	23,02	1,36	44,33	0,58
A. mondée.	2,07	1,54	7,46	10,12	27,96	»	47,73	»	1,16	0,26

Composition du grain d'avoine, d'après Pillitz.

Eau...	13,61
Matière grasse................................	4,20
Matières azotées insolubles..............	10,36
Matières azotées solubles................	2,30
Dextrine........	1,25
Sucre..	0,32
Amidon..	45,78
Cellulose......................................	16,21
Cendres solubles.............................	1,23
Cendres insolubles..........................	2,33
Extractif.................	1,42
	99,01

Avoine mondée, d'après Poggiale.

Eau................................	14,24
Matière grasse.......................	6,11
Matières protéiques...................	11,25
Amidon..............................	61,85
Ligneux.............................	3,46
Cendres.	3,09

Maïs. — Le grain de maïs présente d'assez notables différences avec celui des graminées que nous avons étudiées jusqu'ici. L'enveloppe est beaucoup plus ligneuse, le germe beaucoup plus volumineux ; l'albumen est corné dans ses portions périphériques ; il n'est proprement farineux que dans le voisinage de l'embryon. La couche de cellules à aleurone est à un seul rang comme dans le blé. La structure particulière du grain de maïs entraîne des difficultés spéciales pour la mouture.

La farine de maïs est toujours plus ou moins jaunâtre ; elle n'abandonne pas de gluten agglomérable quand on la malaxe sous l'eau. Elle contient pourtant une proportion de gluten-fibrine bien plus forte que les farines précédentes. M. Fleurent a trouvé dans la farine de maïs 10,63 p. 100 d'un gluten qui contenait 47,50 p. 100 de *gluten-fibrine.* Cette proportion est encore bien inférieure à celle que donne le blé. Elle se distingue des autres farines par une plus grande richesse en amidon et en matière grasse, et par une moindre richesse en matières protéiques. Sa grande richesse en matière grasse facilement altérable fait que cette farine exhale au bout de peu de temps une odeur rance très prononcée.

Composition des cendres, d'après E. Wolff.

Teneur en cendres.	Oxyde ferrique.	Chaux.	Magnésie.	Potasse.	Soude.	Acide phosphorique.	Acide sulfurique.	Silice.	Chlore.
1,51	1,26	2,28	14,98	27,93	1,83	45,00	1,30	1,88	1,12

Composition du grain de maïs, d'après Pillitz.

Eau.. 13,89
Matière grasse 4,36
Matières azotées insolubles.............. 8,63
Matières azotées solubles................ 1,87
Dextrine ou gomme........................ 0,76
Sucre................................... 1,31
Amidon.................................. 62,69
Cellulose............................... 4,19
Cendres solubles........................ 1,15
Cendres insolubles 0,83
Extractif............................... 1,13

De très grandes variations de composition peuvent se rencontrer suivant la variété de grain et les conditions de culture ou de maturation. Ainsi l'analyse de Pillitz ne donne que 4,36 p. 100 de matière grasse : d'autres analyses ont parfois fourni une teneur en matière grasse beaucoup plus forte. M. L. von Wagner en a trouvé 8,70 p. 100 dans du maïs hongrois. La proportion de sucre dans les diverses analyses varie entre 1,38 et 11,64 (maïs d'Amérique, analyse faite par Alwater ; celle d'amidon entre 53 (maïs hongrois) et 70 (maïs américain).

Riz. — Le grain de riz diffère peu des grains des diverses céréales par sa structure anatomique, mais il en diffère notablement par sa composition chimique. Plus pauvre en matière azotée, il est beaucoup plus riche en amidon. Il ne donne pas de gluten agglomérable. La farine de riz analysée par M. Fleurent a donné 7,80 p. 100 d'un gluten qui contenait 14,31 p. 100 de *gluten-fibrine*.

Composition du riz mondé, d'après E. Wolff.

Eau..........................	14,00
Matière grasse	0,40
Matière azotée....................	7,40
Sucre, gomme, cellulose.................	4,91
Amidon	86,21
Cendres....................	0,36

La farine de riz est blanche, fine et d'une saveur agréable, mais elle ne se prête pas à la panification. On ne l'emploie que mélangée à la farine de blé, et, dans les circonstances ordinaires, cet emploi se rattache plutôt à la *falsification* qu'à la *fabrication* du pain.

DEUXIÈME PARTIE

PAIN

CHAPITRE I

HISTORIQUE.

On ne saurait dire à quelle époque remonte l'art de faire le pain. La culture du blé est une des premières manifestations de la civilisation ; mais ce n'est qu'après être arrivés à un degré d'avancement intellectuel élevé que les hommes ont su employer le fruit de cette graminée à faire du pain. Et il est à remarquer que l'art de la panification ne s'est pas en général transmis d'un peuple à l'autre. Chaque peuple y est parvenu, à quelque époque que ce fût, en passant à peu près par les mêmes phases de perfectionnement, phases qui étaient en rapport direct avec l'avancement de la civilisation. Ce rapport est particulièrement manifeste dans des pays où la panification a cessé d'être pratiquée quand, sous l'influence d'une cause accidentelle, l'état intellectuel a baissé. Ainsi les Gaulois et les Espagnols, avant la conquête romaine, initiés par les Phocéens, savaient parfaitement faire le pain : après la conquête

romaine et l'invasion des barbares, cet art fut entièrement perdu pour ces pays.

Voici quelles ont été, un peu partout, les principales
phases du développement de l'art de la panification :

Le fruit des céréales a d'abord été consommé cru,
puis on a eu l'idée de le broyer avec des pilons de pierre
dans des mortiers de bois et de faire, avec la farine
obtenue, une sorte de bouillie. Peu à peu on donna à
cette bouillie une consistance plus épaisse et on finit par
faire une véritable pâte qui, réduite en minces gâteaux
et cuite, fournissait un aliment précieux en ce qu'il
pouvait être préparé en provision et transporté au loin.
Ces gâteaux n'étaient pas encore du *pain*, puisqu'ils
n'étaient pas fermentés, mais de bonne heure on sut
tirer parti de la fermentation pour alléger la pâte et
obtenir un aliment plus sapide et plus salubre. Ce
progrès paraît avoir été réalisé d'abord par les Chinois.
En tout cas, les Hébreux possédaient cet art au temps
d'Abraham, car dès cette époque nous voyons dans la
Genèse distinguer le pain, sans épithète, *panis*, du
pain *azyme*, *azyma*. A l'époque de Moïse, l'emploi du
levain est explicitement indiqué dans la Bible. Les
Hébreux, poursuivis par les Égyptiens, furent obligés
de se nourrir de pains azymes cuits sous la cendre,
*parce qu'ils n'avaient pas eu le temps d'introduire le levain
dans leur pâte au moment de leur départ* (1).

---

(1) « Tulit igitur populus conspersam farinam antequam fer-
mentaretur... coxeruntque farinam, quam dudum de Ægypto conspersam tulerant : et fecerunt subcinericios panes azymos : neque
enim poterant fermentari cogentibus exire Ægyptiis, et nullam
facere sinentibus moram ». (*Exod.*, XII, 34, 39.)

Les Grecs et les Romains faisaient usage d'un levain que l'on obtenait en pétrissant du son avec du moût de raisin en pleine fermentation. On faisait sécher cette pâte au soleil et on la conservait toute l'année. Pour faire du pain, on détrempait un morceau de ce levain dans de l'eau, on y mélangeait de la farine et on pétrissait le tout. A l'époque de Pline, on conservait le levain seulement d'un jour à l'autre comme nous le faisons aujourd'hui. A Pompéi, on a trouvé des fours de boulanger garnis de pains ; ces fours présentaient essentiellement la même disposition que nos fours actuels chauffés au bois (1).

L'art de faire le pain est donc très ancien. Mais les notions scientifiques applicables à cet art et pouvant conduire à le perfectionner sont au contraire fort récentes et encore bien incomplètes. C'est à exposer ces notions que nous devons surtout nous attacher dans cet ouvrage : nous serons ainsi amenés à consacrer peu de place à la partie purement technique et en particulier à la description des appareils qu'emploient les boulangers (2).

CHAPITRE II

DESCRIPTION SOMMAIRE DES OPÉRATIONS.

Les opérations par lesquelles on transforme la farine

(1) Presque tout cet historique est emprunté au traité de Birnbaum, *Das Brotbacken*, où le lecteur pourra trouver beaucoup d'intéressants détails.

(2) Voir, pour la partie technique, le manuel Roret : *Le Boulanger*.

en pains peuvent se ramener à trois principales : la préparation de la pâte, ou *pétrissage*, la fermentation, ou *apprêt*, et la *cuisson*. Nous commencerons par en donner une description sommaire, destinée seulement à nous permettre d'aborder l'étude théorique des phénomènes chimiques qui se produisent dans la panification. Cette étude théorique faite, nous reviendrons à l'exposition raisonnée de chacune des opérations.

Les opérations par lesquelles on prépare la pâte dans les conditions ordinaires n'ont pas de point de départ : elles forment un cycle fermé. Dans une auge, qu'on appelle un *pétrin*, se trouve une petite quantité de pâte provenant d'une opération antérieure et qu'on appelle du *levain*. On ajoute à ce levain de l'eau tiède et on l'y délaie avec les mains. Dans la masse liquide, on incorpore peu à peu, en la mêlant le mieux possible, toute la farine de la fournée. La pâte obtenue ainsi est agitée par divers mouvements jusqu'à ce qu'elle soit devenue homogène et élastique. On en sépare alors une partie que l'on porte dans une corbeille et qui servira de levain pour une autre fournée. Puis on y introduit de l'eau salée que l'on fait pénétrer uniformément dans toute la masse par une nouvelle agitation convenable.

La pâte terminée est abandonnée au repos pendant quelque temps dans le pétrin ou dans une corbeille Elle se modifie par la fermentation; cette modification a reçu le nom d'*apprêt*. Quand elle est à son point d'apprêt, on la divise en masses pesées dont chacune sera un pain. Ces masses sont encore abandonnées quelque temps soit dans des toiles, soit dans des corbeilles, où elles prennent un nouvel apprêt. Enfin elles sont mises au four, celui-ci ayant été préalablement porté à une température très élevée (250° ou 300°). Après un temps de cuisson convenable, le pain est retiré du four; il est terminé.

Le levain qui a été prélevé pendant le pétrissage pourra servir à recommencer toute la série des opérations après avoir été plusieurs fois *rafraîchi*, c'est-à-dire pétri avec de l'eau et de la farine et abandonné à la fermentation pendant un temps convenable.

CHAPITRE III

THÉORIE DE LA FERMENTATION PANAIRE.

§ 1. — Historique de la question.

Les opérations que nous venons de décrire sont connues de temps immémorial, mais on ne peut remonter bien haut si l'on veut trouver une explication scientifique des phénomènes qui transforment une pâte lourde et indigeste en une matière légère, boursouflée, de facile digestion. C'est que ces phénomènes sont produits par une fermentation, et que, jusqu'au jour où Pasteur est venu appliquer à cette partie de la science une méthode expérimentale rigoureuse qui lui a permis de formuler des principes solides, les idées qui avaient cours parmi les savants sur les fermentations formaient un véritable chaos, où le vrai et le faux étaient mêlés et indiscernables.

Dès 1760, Malouin considérait la *levée du pain* comme

le résultat d'une fermentation spiritueuse. Au commencement de ce siècle on admettait l'existence d'une fermentation panaire spéciale, mais on avait les idées les plus vagues sur la nature du ferment qui en était l'agent : c'est au gluten que ce rôle était dévolu. Thénard (1) rejette l'idée d'une fermentation panaire spéciale : cette dernière se compose, dit-il, de la fermentation spiritueuse et de la fermentation acide.

On trouve dans le *Traité de chimie appliquée aux arts*, de Dumas (2), une théorie très claire de la panification.

« Le délayage de la farine avec l'eau hydrate l'amidon et le gluten, dissout le sucre, l'albumine et quelques autres matières solubles.

« Le pétrissage de la pâte, en complétant ces réactions par un mélange plus intime, détermine ainsi la fermentation du sucre en établissant un contact exact des globules de la levure avec la solution sucrée ; l'interposition de l'air, par suite de l'étirage, contribue à favoriser la fermentation comme à diviser et alléger la pâte.

« La pâte distribuée et tournée en pains est maintenue à une température douce par la chaleur du fournil, dans les replis de la toile ou dans les pannetons doublés, où l'on conçoit que ces circonstances favorisent le développement de la fermentation.

« C'est surtout alors que le volume de toutes les petites masses de pâte augmente graduellement, car dans tous les points où le produit gazeux de la décom-

---

(1) Thénard, *Traité de chimie*.
(2) Dumas, *Traité de chimie*, t. VI, p. 115. (Ce volume a été publié en 1843.)

position du sucre, l'acide carbonique, se trouve enve-
loppé d'une pâte visqueuse dont le gluten lie les divers
éléments, il reste emprisonné, s'accumule dans les cavités où il pénètre et qu'il agrandit.

...« Aussitôt après l'enfournement, une brusque élévation de température dilate les gaz interposés et vapo-
rise une partie de l'eau. Elle arrête la fermentation, fait
gonfler toute la surface amylacée. Elle opère ainsi une
adhérence plus intime entre toutes les parties hydra-
tées, telles que l'amidon, le gluten, l'albumine, etc...,
et retient latente, solidifiée, l'eau qui les pénètre.

« La fermentation d'une petite dose de sucre est donc
un phénomène nécessaire de la panification ; mais la
dose en est si petite qu'elle échappe presque au calcul.
On peut poser en fait, que l'acide carbonique développé
par cette fermentation demeure tout entier dans le
pain, et qu'il y occupe à peu près la moitié du volume
du pain lui-même à la température de la cuisson, c'est-
à-dire à 100°. Il résulte de là qu'il ne faut pas en
sucre 1/100 du poids de la farine pour produire le gaz
carbonique nécessaire à la production d'un pain bien
levé. »

Cette théorie utilisait parfaitement les données alors
fournies par l'expérience. La fermentation panaire était
ramenée purement et simplement à la fermentation
alcoolique du sucre contenu à l'avance dans la farine.

Mais à la suite de l'immense développement qu'ont
pris les recherches bactériologiques, l'étude des diastases et celle des transformations des hydrates de carbone, une théorie si simple ne pouvait plus conserver d'au-

torité ; mille faits nouveaux venaient chaque jour compliquer la question et suggérer des hypothèses nouvelles.

Pour Dumas, la matière fermentescible de la farine était le sucre tout formé, et il avait pris soin d'établir qu'une minime proportion de sucre suffisait. Mais il parut bien plus simple à d'autres auteurs de regarder comme matière fermentescible l'amidon, qui se trouve en quantité inépuisable dans la farine. Mège-Mouriès publia, de 1853 à 1860, plusieurs mémoires qui eurent un grand retentissement et qui augmentèrent la confusion des idées. Il y expose que le son contient une matière azotée soluble, à laquelle il a donné le nom de *céréaline*, capable de transformer l'amidon en dextrine, la dextrine en glucose et le glucose en acide lactique et même en acide butyrique quand le contact est prolongé. La farine blanche ne contient pas de céréaline, ou n'en contient que très peu ; mais elle contient de la caséine et du gluten, tous deux capables, suivant lui, d'agir comme ferments sur l'amidon. Ce serait le gluten qui aurait le rôle le plus important : il transformerait l'amidon en dextrine, celle-ci en glucose, et ce dernier en alcool et acide carbonique. Dans la panification la céréaline et le gluten seraient antagonistes, la première ne tendant qu'à liquéfier et acidifier la pâte, le second, tendant seul à dégager le gaz carbonique qui fait lever le pain. La prédominance indispensable de la fermentation alcoolique sur la fermentation lactique serait rendue plus facile par l'addition de levure agissant comme auxiliaire du gluten. L'établissement préalable d'une fermentation alcoolique vive neutraliserait en grande partie la céréaline et permettrait, par suite, de l'admettre dans la pâte.

Depuis les travaux de Mège-Mouriès, le progrès des connaissances relatives aux fermentations en général a fait rejeter toutes ces métamorphoses attribuées au gluten, mais on a retenu l'idée de la saccharification de l'amidon par la céréaline. De grands progrès furent faits dans l'étude de l'hydrolyse de l'amidon par la diastase. Dubrunfaut montra que le sucre ainsi engendré est du maltose et non du glucose; les travaux de O'Sullivan, Musculus, Grüber, Brown et Héron firent connaître les dextrines intermédiaires qui prennent naissance avant le maltose.

Mais ces dédoublements successifs étaient toujours produits en prenant pour point de départ de l'amidon réduit en empois et non de l'amidon cru. Or il n'était nullement démontré que l'amidon cru se prêtât aux mêmes transformations. C'est une question encore aujourd'hui assez obscure sur laquelle nous aurons l'occasion de revenir. Ces dédoublements étaient pourtant considérés comme constituant le point de départ de la fermentation panaire. Mège-Mouriès n'avait pas, il est vrai, observé d'action de sa céréaline sur les grains d'amidon dans l'eau au-dessous de 50°, mais Graham, dans ses Leçons sur la chimie de la panification, attribue à la levure la propriété de modifier les albuminoïdes solubles de la farine, de manière à les rendre capables de traverser les parois des grains d'amidon; ainsi s'expliquerait l'activité de la céréaline dans la pâte de pain. Cette hypothèse ne repose sur aucun fondement expérimental.

D'autres travaux vinrent encore augmenter l'incertitude. Divers observateurs nièrent la présence de l'alcool dans les produits de la fermentation panaire. Le rôle de la levure fut en même temps contesté : on affirmait qu'elle ne se développe pas dans le levain de pain, et que celle qu'on y ajoute artificiellement y est rapidement détruite.

Dès lors l'ancienne théorie était ruinée; M. Duclaux écrivait en 1883 (1) : « Cette question importante est à reprendre depuis ses origines. » Et, en 1886, M. Flügge (2) : « Sur la cause, le processus et les produits de la fermentation panaire, on ne connaît que peu de chose d'une manière sûre. Il serait bien à désirer que des expériences plus précises, exécutées avec le secours des méthodes bactériologiques récentes, nous fournissent bientôt une conclusion définitive touchant cette fermentation si usuelle. »

Nous allons donc reprendre cette question comme si elle était entièrement neuve, et nous aborderons le problème par deux côtés différents. D'un côté nous chercherons à dresser la liste de tous les microorganismes qui, étant contenus régulièrement dans la farine ou dans le levain de pain, sont capables, soit isolément, soit en s'associant plusieurs ensemble, de produire un dégagement de gaz aux dépens des matériaux de la farine. Cette liste dressée, nous chercherons quels sont ceux des microorganismes trouvés dont on ne pourrait priver le levain sans qu'il cessât d'être levain ; c'est-à-

(1) Duclaux, *Microbiologie*.
(2) Flügge, *Die Mikroorganismen*, p. 491.

dire que nous chercherons quels sont, au point de vue
microbiologique, les agents essentiels de la fermentation panaire usuelle. D'un autre côté, nous chercherons
à déterminer les modifications chimiques qu'éprouvent
les divers principes de la farine pendant la fermentation
panaire. Ainsi, dans la première partie, nous recher-
cherons le *ferment*, dans la seconde, les transformations de la *matière fermentescible*. Si la première de ces
deux études, indépendantes l'une de l'autre, nous conduit à la détermination d'un *ferment* qui soit capable d'effectuer les transformations observées par la seconde dans
la *matière fermentescible*, nous aurons réuni les éléments
d'une théorie satisfaisante de la fermentation panaire.

§ 2. — Étude microbiologique de la pâte.

Prenons un peu de pâte de pain en fermentation, dé-
layons-la dans l'eau et observons-la au microscope.
A première vue, l'œil est tellement attiré par les innom-
brables grains d'amidon de toutes dimensions, qu'il lui
est difficile d'apercevoir autre chose. Cependant un
examen plus attentif fera découvrir quelques bactéries
et parfois des cellules bourgeonnantes de levure. Un
observateur exercé saura bien distinguer ces organismes vivants de la masse de matière inerte qui les
accompagne. Cependant comme les résultats d'un semblable examen dépendent essentiellement de l'habileté
de l'observateur, ces résultats peuvent toujours rencontrer quelque défiance de la part des lecteurs à qui on
les expose. Aussi est-il préférable d'avoir recours à des

procédés d'examen qui laissent une plus faible part à l'habileté individuelle.

On peut, à la pâte délayée dans l'eau, ajouter une très petite proportion d'eau iodée : l'amidon se colorera en bleu, et le protoplasma des cellules vivantes en jaune. Ce procédé donne déjà à l'observation un caractère plus objectif. Cependant la coloration la plus visible est ici celle que prennent les éléments à éliminer, les grains d'amidon. Il vaudrait mieux faire ressortir au contraire les cellules vivantes, et laisser dans l'ombre la matière inerte. C'est ce qu'on réalise par le procédé suivant, recommandé par M. Dünnenberger, et fondé sur l'affinité des cellules vivantes pour les couleurs d'aniline.

On dépose sur une lamelle de verre une goutte de pâte délayée dans l'eau; après l'avoir laissé sécher, on la colore avec une solution de méthylviolet dans l'eau d'aniline. On immerge un instant dans l'alcool pour enlever l'excès de matière colorante; on lave à l'eau, on laisse de nouveau sécher et on observe dans le baume de Canada. Les grains d'amidon sont restés presque incolores; les bactéries et les levures se distinguent par une coloration foncée.

Énumérons les organismes rencontrés par divers observateurs.

En 1872, M. L. Engel fit connaître une espèce de levure qu'il avait trouvée dans le levain des boulangers (1), et qui différait nettement des levures alors con-

----

(1) L. Engel, *Les ferments alcooliques*. Thèse Paris, 1872, fig. 6 et fig. 7.

nues. Elle se distingue par sa forme sphérique (fig. 18), sa grandeur moindre que celle de la levure de bière (6 millièmes de millimètre au plus au lieu de 8 à 9), et l'aspect de son contenu, sans vacuoles; l'auteur l'appella *Saccharomyces minor* et la considéra comme constituant le ferment du pain.

M. Peters, à qui l'on doit une étude approfondie de la flore du levain (1), y a retrouvé cette même levure, qu'il a isolée par culture sur plaque. Il a isolé encore deux autres espèces de *Saccharomyces*, régulièrement présentes dans le levain: une espèce de dimensions à peu près aussi

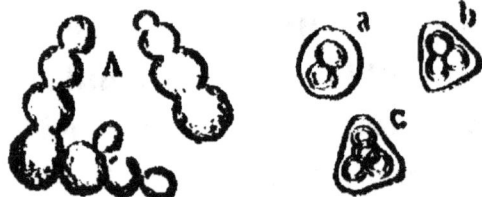

Fig. 18. — A, *Saccharomyces minor*, ayant végété dans un milieu liquide (Engel).
a, b, c, Fructification du même : *a,* dyade; *b,* triade; *c,* tétrade (Engel).

petites que celles du *S. minor*, mais de forme un peu plus allongée, douée comme elle du pouvoir de produire la fermentation alcoolique du sucre, et une espèce non-ferment, le *S. mycoderma* (ancien *Mycoderma vini*). Ce dernier a été trouvé en proportion très variable dans la pâte, suivant les circonstances : dans le bon levain, récemment rafraîchi, il est en très petite proportion ; dans le levain conservé depuis longtemps, il se multiplie beaucoup, surtout à la surface. D'après cela, l'auteur le considère non comme un élément normal, mais comme une impureté du levain.

(1) W. L. Peters, *Die Organismen des Sauerteigs und ihre Bedeutung für die Brotgährung* (Bot. Zeit., 1889, p. 405).

Enfin il a trouvé parfois, mais non d'une manière constante, une forme qui devait être rapportée vraisemblablement au *S. cerevisiæ*. Il la considère comme introduite soit accidentellement soit intentionnellement par le boulanger, et, par suite, comme n'étant pas un élément normal du levain.

Les levains étudiés par M. Engel et par M. Peters étaient pris dans le commerce. Mais comme les boulangers ont l'habitude d'ajouter de la levure à leur levain quand la pâte ne lève pas assez vite, l'observation, même un grand nombre de fois répétée, de la levure dans des levains quelconques ne prouve pas qu'elle soit un élément *essentiel* du levain. Or il importe de savoir si la levure est constamment présente dans toute pâte de pain en fermentation. L'argument donné par M. Engel pour prouver que le *S. minor* trouvé dans le levain ne provenait pas d'une addition de levure de bière, est que ce *Saccharomyces* est différent de la levure des brasseurs. Cet argument ne suffit plus depuis que l'on a trouvé des espèces très variées de levures sauvages dans la levure de bière. Aussi ai-je à plusieurs reprises recherché la levure dans des pâtes de pain où j'étais sûr qu'on n'avait pas, depuis très longtemps, ajouté de levure artificiellement.

Je me suis adressé d'abord (1), non à une boulangerie, mais à une ferme, placée hors de portée de toute brasserie, où l'on fait du pain de seigle, une fois par semaine, en prenant chaque fois pour levain une petite

_____

(1) L. Boutroux, *Contribution à l'étude de la fermentation panaire* (*C. R. Acad. des sc.*, 1883, t. XCVII, p. 116).

portion de la pâte provenant de l'opération précédente.

L'examen microscopique d'un peu de pâte délayée dans l'eau ne révèle pas toujours la présence de la levure. Cette constatation suffit pour prouver que la levure n'est pas très abondante dans la pâte, mais non pour prouver qu'elle est absente. Nous aurons recours à un procédé plus délicat, celui de l'ensemencement. C'est une méthode générale qui a été donnée à la science par Pasteur. Dans un milieu liquide approprié au développement de l'organisme que l'on cherche, mais exempt par lui-même de tout germe, on introduit une trace impondérable de la substance qui peut contenir l'organisme en question. Si elle en contient véritablement, le petit nombre de germes qu'elle apporte, germes que l'on ne découvrirait pas par l'examen direct, se multiplie dans le liquide, et donne une culture dans laquelle on peut voir sans difficulté cet organisme, qui se présente dans les conditions les plus favorables à l'observation ; on peut alors l'étudier à loisir au point de vue morphologique et physiologique.

Déposant donc comme semence, dans du moût de raisin stérilisé, une portion imperceptible de ce levain de pain de seigle, j'obtins une fermentation alcoolique, et par des procédés de sélection convenables (application d'une température mortelle pour toutes les espèces présentes sauf une, cultures successives en milieux liquides très acides, etc..., j'isolai deux espèces de levure et deux *Saccharomyces* sans pouvoir fermentatif, dont l'un était le *S. mycoderma* (*Mycoderma vini* de Pasteur).

L'une des deux levures, que j'appellerai A, est représentée dans les figures 19 et 20. C'est une grosse levure très active, se développant au fond des liquides de culture sans former de voile, produisant des fermentations

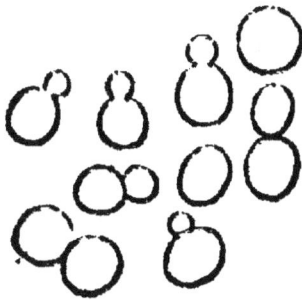

Fig. 19. — Levure A, cellules jeunes.

Fig. 20. — Levure A, cellules vieilles, prises à la surface du moût dont la levure a terminé la fermentation.

rapides et complètes, caractérisée surtout par une grande résistance aux températures élevées. L'autre, B (fig. 21

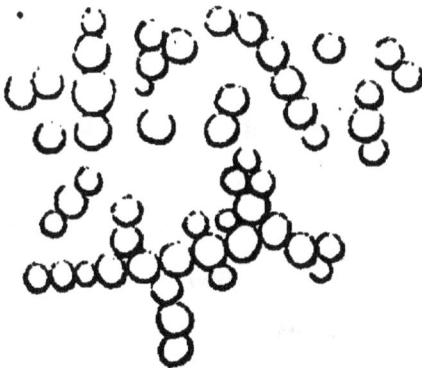

Fig. 21. — Levure B (Saccharomyces minor ?), cellules jeunes.

Fig. 22. — Levure B, cellules vieilles superficielles.

et 22) (1), est une petite levure, ne formant pas de voile à la surface des moûts, produisant des fermentations rapides, mais incomplètes dès que le moût contient plus de 6 p. 100 de sucre. J'ai cru pouvoir identifier cette dernière avec le *S. minor* de M. Engel.

Deux ans plus tard, j'ai examiné le levain de pain de seigle de la même ferme, et, par les procédés de culture sur plaques en milieu gélatinisé, j'en ai isolé trois espèces de levure, les deux déjà trouvées, A et [B, et une troisième, C, remarquablement grêle, produisant des fermentations lentes et rappelant le *S. exiguus* de Rees (fig. 25) (1).

Les levures A et B, trouvées, à deux ans d'intervalle, dans le levain de la même ferme, doivent incontestablement être considérées comme étant *normalement* présentes dans ce levain de pain de seigle.

J'ai également recherché la levure dans le levain de pain de blé. Pour être sûr de la provenance du levain, je me suis adressé à la manutention de Besançon, où, grâce à la grande complaisance de l'autorité militaire, j'ai pu, avec toute facilité, étudier tous les détails de la panification. On y faisait alors le pain exclusivement avec du levain, sans jamais y ajouter de levure et sans jamais le renouveler par des emprunts faits à la boulangerie civile. Si donc ce levain contenait de la levure, c'est que la levure en était un élément normal.

J'ai exploré tantôt le levain au moment où il allait servir à faire le pain, tantôt la pâte au moment où elle allait être mise au four. Pour rechercher la levure, on fait un trou dans la pâte au moyen d'une spatule de

(1) Nous reproduisons de nouveau les figures des levures A (fig. 23) et B (fig. 24), prises, à la chambre claire, au même grossissement que celles des levures qui suivent : A', C, D.

Fig. 23. — Levure A.

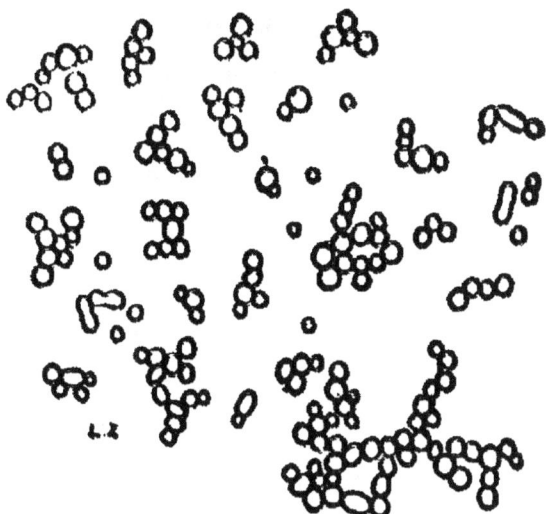

Fig. 24. — Levure B.

Fig. 25. — Levure C.

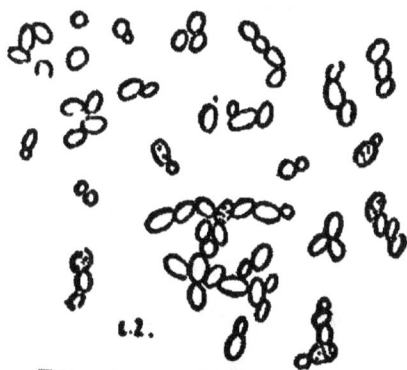

Fig. 26. — Levure A.

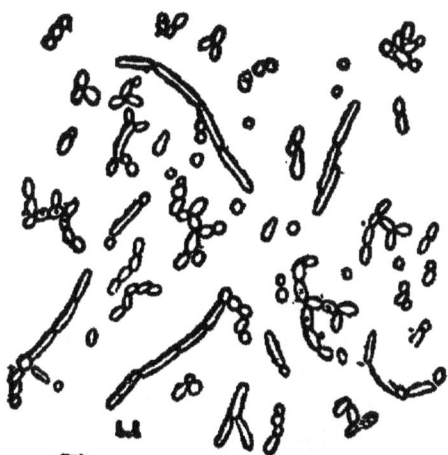

Fig. 27. — Levure C'.

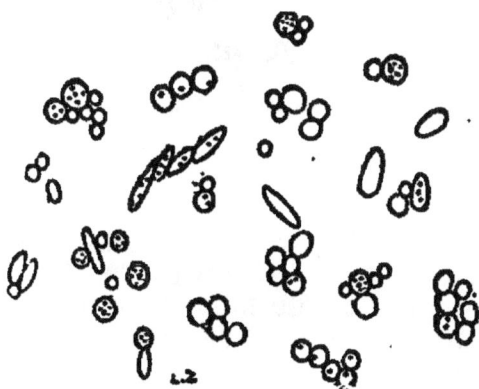

Fig. 28. — Levure D.

Fig. 23 à 28. — Levures du pain.

platine flambée (1), on pique le fond de ce trou avec un
tube de verre effilé, également flambé ; une petite quantité de pâte adhère au tube ; on la met un instant en
contact avec du moût de raisin stérilisé contenu dans
un tube à culture, puis on retire le tube effilé. Les tubes
à culture ainsi ensemencés sont portés à l'étuve maintenue à 25° ou 30° et l'on observe le développement
pendant les jours suivants. Trois fois, sur quatre expériences faites, les pâtes de la manutention, examinées
par ce procédé, ont donné des cultures de levure produisant la fermentation alcoolique du moût de raisin.
Les levures ont été purifiées par cultures successives en
milieux convenables, et les séparations ont été complé-
tées par culture sur plaque en milieu composé de gélose,
peptone et un peu de glucose.

Trois espèces de levure ont été isolées. L'une est une
grosse levure ovale, parfois tout à fait ronde, qui produit des fermentations très vives. Pour l'aspect de
chaque cellule, elle ne diffère pas beaucoup de la levure A. Nous l'appellerons A'. Ces deux levures, cultivées simultanément en même milieu liquide dans des
tubes semblables, ont présenté les différences suivantes :
les cellules de A' paraissent un peu plus grosses et plus
rarement rondes (voir fig. 26) ; la levure A se tassait au
fond du vase sans en salir les parois, tandis que la le-

(1) Pour abréger le langage, nous disons qu'un objet est
« flambé » quand il est passé rapidement dans une flamme de
lampe à alcool, de telle sorte que tout germe vivant qu'il pourrait porter à sa surface soit tué par la chaleur, sans que l'objet
lui-même soit porté à une température assez élevée pour pouvoir
tuer autour de lui les microorganismes par son contact.

vure A' présentait au fond un dépôt floconneux, remontant très haut, et une multitude de petits dépôts du haut en bas de la paroi du tube.

Une seconde levure, très petite (fig. 27, C'), rappelle la levure C.

La troisième est remarquable par la propriété de former un voile qui grimpe de plusieurs centimètres sur les parois du vase au-dessus du liquide. Sur plaque, elle se développe rapidement à la surface en s'étalant, pendant que les colonies qui se trouvent à une certaine profondeur dans l'intérieur de la gelée restent à l'état de petits grains sphériques qui ne s'accroissent presque pas. Au microscope, les cellules prises au fond du liquide de culture sont ordinairement rondes, petites et à contenu homogène pendant la fermentation ; les cellules prises à la surface sont pour la plupart rondes, mais quelques-unes sont très allongées ; elles présentent de petits grains comme on en trouve, en général, dans les *Saccharomyces* qui forment voile (les anciennes *Torula*). C'est bien une levure, car elle provoque la fermentation des moûts sucrés aussi vivement que la précédente, quoique moins vivement que la levure A. Nous la désignerons par la lettre D (fig. 28).

Le levain de la manutention de Besançon, dans lequel on n'introduisait jamais de levure artificiellement, contenait donc diverses espèces de levure, et en assez grande abondance pour qu'une simple piqûre, faite dans la masse avec une pointe fine, en laissât presque à coup sûr à la surface de cette pointe. Mais la pâte n'est pas un milieu homogène comme un liquide, et il peut arri-

ver qu'en un certain point la levure y fasse défaut.
C'est ce qui est arrivé une fois dans mes expériences ;
encore n'est-il pas sûr que la levure fût réellement
absente, car elle peut avoir été étouffée par un autre
organisme qui s'est développé de préférence dans le
moût.

Il existe en Écosse un procédé de panification, qui
sera décrit plus loin, dans lequel on emploie comme levain, sous le nom de *Parisian Barm*, une sorte de moût
laiteux fait avec du malt, de la farine, du sucre et de
l'eau, et ensemencé avec un vieux levain semblable.
Dans ce système, on n'emploie pas du tout de levure ;
du moins on n'en ajoute pas intentionnellement.

Grâce à la complaisance de M. William Jago, qui a
bien voulu me servir d'intermédiaire, j'ai pu examiner
du « Parisian Barm », que m'a gracieusement envoyé un
boulanger de Glascow, M. William Beattie. C'était un
liquide laiteux en fermentation. L'examen microscopique direct y faisait voir de la levure en abondance, en
même temps que des bactéries. Une goutte de ce mélange, semée dans un moût sucré stérilisé, y produisait
une fermentation alcoolique typique, avec développement d'une levure très active. En somme, ce « Parisian
Barm » n'était qu'une culture de levure impure. Cette
constatation me fit même craindre qu'on n'y eût ajouté
de la levure sciemment ; je fis part de mon incertitude
à M. W. Beattie qui me répondit que la fermentation
de son « Parisian Barm » était toujours mise en train
uniquement par une addition de vieux « Parisian
Barm ». C'est donc encore un levain qui, préparé sans

addition artificielle de levure, contient cependant de la levure.

Il est établi par l'ensemble de ces observations, faites sur des pains de farines différentes et en des lieux différents, que la levure est un élément *normal* du levain de pain.

L'examen direct montre que le levain contient toujours aussi des bactéries.

En 1883, M. Chicandard décrivit un *Bacillus glutinis* qu'il considérait comme l'agent de la fermentation panaire. Le même ou un autre bacille fut ensuite décrit par M. Laurent sous le nom de *Bacillus panificans*. Mais ces microbes n'avaient pas été isolés à l'état de pureté et il est impossible de les considérer comme de véritables espèces. Il faut arriver au travail de M. Peters pour trouver une analyse bactériologique exacte du levain. Délayant de la pâte dans de l'eau stérilisée, et ensemençant avec le liquide obtenu des plaques de gélatine nutritive, il a isolé à l'état pur les espèces suivantes :

1° *Bacterium A.* Très petites bactéries, ne formant pas de spores; cette espèce ne solubilise ni l'albumine ni l'amidon.

2° *Bacterium B.* Bactéries mobiles, formant à la surface des liquides de culture une peau plissée. Cette espèce dissout faiblement l'amidon, mais nullement l'albumine. Cultivée dans un bouillon de levure sucrée, elle acidifie la liqueur par une production d'acide lactique. Elle est cependant différente des ferments lactiques antérieurement connus.

3° *Bacterium C.* Cette bactérie se trouve dans le levain frais, mais bien plus abondamment dans le levain ancien devenu très acide. Elle est immobile. Elle forme à la surface des liquides de culture un mince voile grimpant, sans ténacité. Cultivée dans le bouillon de levure additionné de 5 p. 100 d'alcool, elle transforme ce corps en acide acétique.

4° *Bacillus D.* Bâtonnets mobiles, formant des spores. Cette espèce est très voisine du *B. subtilis.* Elle ne liquéfie pas la gélatine (que le *B. subtilis* liquéfie) ; elle dissout l'amidon.

5° *Bacillus E.* Bâtonnets mobiles, formant des spores, qui refusent de se développer dans le milieu usuel gélatine-sucre-peptone-extrait de viande, mais se développent et liquéfient la gélatine quand, dans ce milieu, on remplace le sucre par de l'amidon soluble. Cette espèce n'a produit de fermentation dans aucun des milieux nutritifs essayés, mais elle produit des diastases. Si l'on sème le bacille dans un liquide nutritif contenant de petits fragments de blanc d'œuf cuit, il les dissout, et le liquide présente les réactions de la peptone. Il dissout aussi l'amidon. L'auteur s'en est assuré de la manière suivante : de l'amidon de blé est stérilisé à sec, par la chaleur; après refroidissement, on y ajoute du bouillon de levure stérilisé, et on ensemence le mélange avec le bacille. Au bout de quelques jours, les grains d'amidon présentaient les marques d'une forte corrosion.

On obtient facilement ce bacille en introduisant un peu de farine de blé dans du bouillon de levure stérilisé, et abandonnant le mélange à 30°. Il se développe un grand nombre de bactéries parmi lesquelles se trouve le bacille E. Quand les spores se sont formées, on fait bouillir un instant le liquide : tout meurt excepté les spores du bacille E.

M. Peters n'a pas trouvé dans le levain d'autres bactéries que ces cinq espèces.

J'ai fait également, avant de connaître le travail de ce savant, des recherches sur les bactéries du levain ou de la farine, et j'en ai isolé plusieurs espèces intéressantes. Comme on peut faire du pain, nous le verrons plus bas, en ajoutant de la levure pure à un mélange d'eau stérilisée et de farine, il est évident que, si le levain contient des bactéries utiles, celles-ci préexistent dans la farine ; il suffit donc d'explorer la farine, que l'on se procure plus facilement que le levain.

J'enferme dans un ballon 10 grammes de farine et 200 centimètres cubes d'eau préalablement portée à 75°. Je scelle le ballon à la lampe et je le maintiens pendant trois jours à 72°. Ce ballon est ensuite ouvert, coiffé d'un tube de caoutchouc fermé par un tube de verre bourré de coton, puis maintenu à 35° (1). Le lendemain je trouve dans ce ballon un bacille en longs filaments brisés, immobiles, et aussi en cellules isolées mobiles. Le surlendemain les filaments étaient presque entière-

(1) Bien entendu toutes ces manipulations sont effectuées avec toutes les précautions exigées pour la conservation de la pureté : l'ouverture du ballon a lieu dans l'intérieur de la flamme d'une lampe à alcool, le tube de caoutchouc sort d'un bain d'eau acidulée par l'acide chlorhydrique et bouillant, le tube à coton a été stérilisé à sec.

ment transformées en belles spores oblongues. Appelons ce bacille α. Cultivé dans du moût d'orge germée, il forme une peau blanche tenace, et, en vingt-quatre heures (vers 35°) il y produit des chapelets de spores dans de longs filaments contournés (fig. 20).

L'intérêt que présente ce bacille consiste en ce que, incapable par lui-même de faire fermenter la farine avec dégagement de gaz, il la modifie de manière à la rendre fermentescible pour d'autres microorganismes. En effet il dissout le gluten cuit, saccharifie l'empois d'amidon et n'altère pas le glucose. Si l'on sème ce bacille dans une pâte liquide,

Fig. 20. — Bacille α.

faite avec de la farine et de l'eau, et stérilisée par la chaleur, puis, quelques jours après, une levure pure. on obtient dans la suite une lente fermentation alcoolique, tandis que le même milieu, ensemencé d'emblée avec la levure, ne subit aucune fermentation. Cette espèce me paraît identique avec le *Bacillus* E de M. Peters.

J'ai trouvé dans la farine un second bacille, que j'appellerai β, qui ressemble beaucoup au précédent, mais qui en diffère en ce que, après avoir saccharifié l'amidon cuit, au lieu de respecter le sucre formé, il lui fait au contraire subir une fermentation avec dégagement de gaz. Je n'ai pas encore déterminé d'une manière complète les produits de cette fermentation, mais le point important pour le moment est que, semé dans le mélange de farine et d'eau stérilisé par la chaleur il donne lieu à un dégagement de gaz abondant.

J'ai tiré du son une troisième bactérie, γ, de la manière suivante. On mélange 100 grammes de son avec 200 centimètres cubes d'eau contenant 0gr,2 de thymol. On laisse ce mélange en digestion pendant vingt minutes, puis on exprime le liquide à la presse. Ce liquide, porté à l'étuve à 34°, entre bientôt en fermentation ; il contient une bactérie, qui, semée dans un mélange de bouillon de levure, glucose et craie, s'y développe péniblement en prenant la forme micrococque et provoquant un lent dégagement de gaz. Cette bactérie a produit aussi une faible fermentation dans une pâte très molle faite de farine délayée dans du bouillon de levure, pâte stérilisée par la chaleur.

M. Popoff (1) a extrait de la pâte de pain un bacille anaérobie qui, cultivé dans une solution de sucre et de peptone, y produit une fermentation avec dégagement de gaz et formation d'acide lactique. Ce bacille, d'après l'auteur, se trouve toujours dans la pâte de seigle, aussi bien que dans celle de froment.

Signalons encore, parmi les hôtes de la farine, le *Bacillus mesentericus vulgatus* (Flügge), trouvé par M. Vignal (2) dans la pâte de boulangerie, ainsi qu'à

(1) Popoff, *Ann. de l'Inst. Pasteur*, 25 octobre 1890.
(2) W. Vignal, *Contribution à l'étude des Bactériacées* (*Le Bacille mesentericus vulgatus*). Thèse pour le doctorat ès sciences naturelles. Paris, 1889.

la surface des grains de blé et des grains d'avoine. Ce
bacille est doué de propriétés chimiques à peu près
semblables à celles du bacille E de M. Peters : il sécrète
des diastases, au moyen desquelles il intervertit le sucre
de canne, saccharifie l'amidon cuit en produisant simultanément de l'acide butyrique, coagule le lait, dissout
la caséine, l'albumine cuite, la fibrine et la gélatine, et

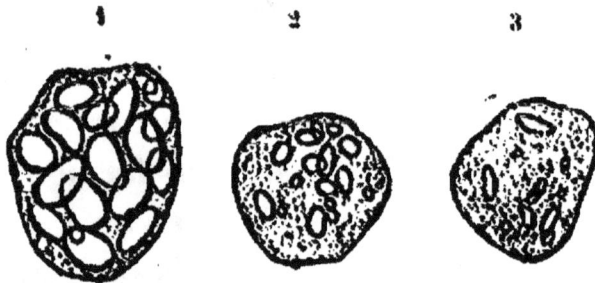

Fig. 30. — Trois cellules d'amidon de la pomme de terre : 1, cellule simplement isolée de ses voisines par la diastase du bacille ; 2 et 3, cellules de la pomme de terre, venant d'une culture
âgée de vingt jours ; dans la cellule 2, les grains d'amidon sont
moins attaqués que dans la cellule 3 (Vignal).

enfin dissocie les cellules végétales, sans pouvoir attaquer les membranes cellulaires. Il est à remarquer que
ce bacille, capable de transformer rapidement l'amidon
cuit en dextrine, maltose et glucose, ne peut, en contact avec l'amidon cru, que le corroder lentement, sans
le saccharifier. La figure 30 montre la disparition progressive des grains d'amidon à l'intérieur des cellules
d'une pomme de terre crue sur laquelle on avait semé
le bacille. Quand l'amidon avait été ainsi presque entièrement dissous, la liqueur de Fehling n'accusait la production d'aucune trace de sucre.

Enfin M. Lehmann (1) signale un bacille, trouvé par M. Wolffin dans le levain de pain bis de Würzbourg, auquel il donne le nom de *Bacillus levans*, mobile, facultativement anaérobie, dépourvu de spores, ne liquéfiant pas la gélatine, déterminant dans le bouillon sucré une fermentation vive avec dégagement d'un mélange d'hydrogène et d'acide carbonique, et production d'une dose considérable d'acide (acide acétique, acide lactique, traces d'acide formique). Ce bacille présente les plus étroites analogies avec le *Bacillus coli communis*, dont il pourrait bien n'être qu'une variété.

L'ensemble de ces données relatives à la flore de la pâte de pain en fermentation peut se résumer ainsi :

La pâte contient normalement : 1° un certain nombre d'espèces de *Saccharomyces* d'inégale activité fermentative, dont une ou deux sont aptes à provoquer des fermentations alcooliques vives ; 2° diverses bactéries, dont les unes, incapables de produire des fermentations avec dégagement de gaz, sécrètent des diastases qui dissolvent le gluten et corrodent l'amidon, tandis que les autres peuvent, agissant sur des matières fermentescibles appropriées, effectuer des fermentations avec dégagement de gaz ; certaines bactéries, appartenant à l'un et à l'autre groupe, engendrent des acides (acides acétique, lactique, butyrique).

Il s'agit maintenant de déterminer les rôles de ces divers microorganismes dans la fermentation panaire

---

(1) Lehmann, *Ueber die Sauerteiggärung und die Beziehungen des Bacillus levans zum Bacillus coli communis* (*Centrabl. f. Bakteriologie u. Parasitenkunde*, 16 mars 1894).

usuelle. Il ne nous suffit pas de savoir quels sont ceux qui pourraient provoquer un dégagement de gaz dans la pâte; il faut savoir quels sont ceux qui remplissent effectivement cette fonction.

La question serait considérablement avancée s'il était possible de faire du pain en mélangeant ensemble de la farine pure, de l'eau pure et un ou plusieurs microbes à l'état pur comme ferment. Après avoir fait l'analyse microbiologique du levain, on en ferait la synthèse; ceux des microbes trouvés qui se prêteraient à cette synthèse resteraient seuls sur les rangs. Mais tout ne serait pas fini : il y aurait encore à passer en revue chacun de ces microbes pour voir s'il est capable de soutenir la concurrence qui s'établit avec les autres espèces dans les conditions usuelles de la panification.

La grande difficulté de cette méthode consiste à mettre en œuvre de la farine pure au point de vue microbiologique. Aucun des moyens connus par lesquels on peut stériliser une substance fermentescible n'est applicable à la farine. Le moyen le plus simple, l'application de la chaleur en présence de l'eau, fait subir, tant au gluten qu'à l'amidon, des modifications considérables qui font d'une pâte stérilisée par la chaleur un substratum absolument différent de la même pâte prise à l'état cru. Nous venons de voir, par exemple, que le *B. mesentericus vulgatus* pouvait produire du sucre dans la première et non dans la seconde.

M. Peters a cependant tenté de réaliser cette synthèse. Pour stériliser la farine en l'altérant le moins possible, il a recours à l'action de la chaleur sèche. Ce

procédé est très incertain. Il y a des spores de bactéries, comme l'a montré Pasteur dès 1877, qui supportent sans périr l'exposition de plusieurs minutes à une
température de 120° à 130°. Il faut aller jusqu'à 150°
à 200° pour les tuer sûrement. On peut, il est vrai,
abaisser la température mortelle en augmentant la
durée du traitement par la chaleur; mais quand on
chauffe un corps sec pulvérulent, sous une certaine épaisseur, il est impossible de savoir au bout de combien de
temps les particules centrales de la masse ont atteint
la température du milieu ambiant. L'expérimentateur,
obligé d'éviter les températures élevées, devait donc
placer la farine en couche mince et prolonger considérablement l'échauffement. M. Peters place la farine,
par portions de 10 grammes, dans des flacons d'Erlen-
meier, et la maintient vingt-quatre heures dans un bain de
paraffine de 115° à 120°. La farine n'a pas paru sensiblement altérée par ce traitement; cependant en y ajoutant
de l'eau stérilisée dans les proportions qui existent dans
le levain, on n'a pas pu obtenir une véritable pâte molle,
ce qui indique une certaine modification de la substance.
On a réussi seulement à humecter uniformément cette
farine. Dans la pâte ainsi obtenue on sème les microorganismes dont il s'agit d'apprécier le rôle dans la fermentation panaire.

Aucune des bactéries isolées par M. Peters n'a produit, dans ces conditions, de fermentation comparable
à celle du pain. Seule la bactérie B a provoqué un faible
dégagement de gaz, en même temps qu'une production
d'acide lactique. Il en a été autrement des levures. La

pâte, ensemencée avec l'une ou l'autre des deux espèces de levure qu'il a essayées, puis maintenue à 30°, entrait en fermentation avec dégagement de gaz. Cette fermentation terminée, on examinait la culture pour savoir si elle était restée pure. De temps en temps on trouvait des organismes étrangers (le procédé de stérilisation de la farine étant forcément imparfait), mais on a obtenu aussi des fermentations alcooliques pures, et on a pu extraire de l'alcool de la pâte.

Il pouvait subsister un doute. Le sucre nécessaire à cette fermentation n'avait-il pas été produit par l'action de la chaleur sur l'amidon pendant la stérilisation de la farine ? L'auteur lève ce doute par une expérience de contrôle. De l'amidon de blé fut stérilisé comme la farine dans l'expérience précédente, puis additionné de bouillon de levure stérilisé, et ensemencé avec le *Saccharomyces minor*. Cette levure se développa bien, mais ne produisit aucune fermentation : donc le procédé de stérilisation n'avait pas saccharifié l'amidon, et la fermentation obtenue avec la farine stérilisée avait bien mis en œuvre les matériaux propres de la farine naturelle.

Ces expériences donnent une grande probabilité à la théorie qui fait de la levure l'agent essentiel de la fermentation panaire. Mais elles ne sont pas absolument concluantes. D'une part la farine n'étant pas rigoureusement stérilisée, on ne peut pas être sûr que les fermentations obtenues étaient causées exclusivement par la levure ; d'autre part, malgré les grandes précautions prises, la farine avait été assez modifiée par la chaleur pour que l'impuissance des bactéries à la faire fermenter pût être attribuée à l'altération de ses matériaux. Enfin il n'est pas établi par ces expériences que quand la levure, au lieu d'être le seul être vivant présent dans la pâte, est associée aux bactéries qui se développent dans les conditions usuelles, elle conserve son activité. Cette constatation serait inutile, puisque la levure est le seul organisme trouvé capable de fournir un levain par synthèse, si l'on pouvait être sûr que *tous* les organismes du levain naturel ont été essayés. Mais il est absolument impossible d'avoir cette certitude. Nous verrons même tout à l'heure qu'il n'en a certainement pas été ainsi, car d'autres expérimentateurs ont pu faire du pain au moyen de bactéries non essayées par M. Peters.

La question de la détermination des rôles des microorganismes du levain naturel n'est donc pas tranchée d'une façon décisive par ces expériences.

J'ai entrepris de résoudre le même problème par une voie moins directe, en renonçant à stériliser la farine.

Cherchons à prendre pour levain chacun des divers microorganismes qu'on peut supposer capables de remplir ce rôle. Si, un certain microorganisme étant ajouté à une pâte de farine naturelle et eau, la pâte lève; si une portion de cette pâte peut servir à faire lever une seconde pâte, et ainsi de suite, et qu'après un grand nombre de semblables passages de pâte en pâte, le microorganisme semé dans la première se retrouve toujours, on n'en pourra certes pas conclure que c'est lui qui est l'agent essentiel de la fermentation panaire; mais, à coup sûr, on devra refuser ce rôle au microorganisme essayé s'il n'en est pas ainsi. En d'autres termes les conditions posées ne sont pas suffisantes, mais elles sont nécessaires : c'est une épreuve éliminatoire que nous allons faire subir à tous les candidats au rôle de ferment panaire.

Commençons par la levure que nous avons nommée plus haut A.

Une culture pure de cette levure dans du moût d'orge germée est mélangée à de la farine dans les proportions suivantes :

Culture de levure étendue de son volume d'eau.   20 c. c.
Farine.................................. .... 40 gr.

On en fait une pâte qu'on place à l'étuve à 34°. Une température si élevée n'est pas nécessaire pour la panification, mais les cultures faites à l'étuve ont l'avantage d'être comparables entre elles pour les durées à cause de la constance de la température. Aussi dans toutes les expériences qui suivent, les pâtes ont-elles été mises à lever à l'étuve. Cette pâte lève parfaitement, et, le lendemain, on s'en sert comme d'un levain pour préparer une seconde pâte de la composition suivante :

Précédente pâte............... ...   20 grammes.
Farine........................... ...   40   —
Eau salée au 1/40.................   20 c. cubes.

J'ai fait ainsi quatorze cultures successives de cette levure de pâte en pâte. Pour apprécier facilement le gonflement des pâtes, je les place dans un tube de verre ouvert aux deux extrémités, et pouvant être bouché par des bouchons de caoutchouc traversés chacun par un tube de verre bourré de coton (fig. 31). La pâte étant pétrie, un pâton de 10 grammes en est séparé et placé au milieu d'un de ces tubes; les deux extrémités du pâton sont bourrées avec une baguette de verre de manière qu'il prenne exactement la forme d'un cylindre, la position des deux bases est marquée sur le tube par deux traits d'encre en A et B. Après fermentation la nouvelle longueur du cylindre de pâte permet de mesurer le gonflement avec une précision suffisante.

Dans ce qui suit nous désignerons ce petit vase sous le nom de *tube à pâton*, et nous appellerons *gonflement* de la pâte à un certain moment le rapport entre la lon-

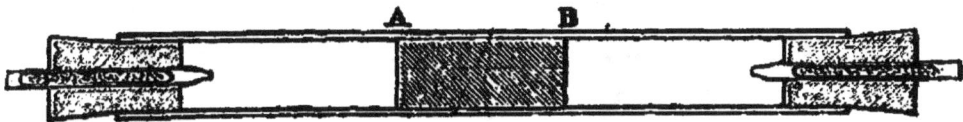

Fig. 31. — Tube à pâton.

gueur du pâton à ce moment et la longueur qu'il avait au moment de la mise en tube.

On constate ainsi que toutes les pâtes lèvent normalement. A la septième et à la quatorzième génération, j'ai ensemencé des moûts sucrés en y trempant un instant un tube de verre effilé qui avait simplement touché la pâte, et chaque fois j'ai obtenu dans chaque moût une fermentation par une levure qui avait bien l'aspect de la levure A. De plus, un pain fait avec la pâte de la quatorzième génération, et cuit au four, avait bien les propriétés générales du pain ordinaire.

Ainsi la levure A se multiplie indéfiniment de pâte en pâte, en restant toujours semblable à elle-même, dans les conditions où se fait le pain.

Une levure de pain moins active, C, a été essayée de

la même manière. Le dépôt d'une culture terminée de cette levure a été incorporé à une pâte composée de 40 grammes de farine et 20 grammes d'eau salée. De cette pâte on prélève un pâton de 10 grammes qu'on met en tube pour la mesure du gonflement. Au bout de seize à dix-huit heures le gonflement était de 1,8. Une seconde pâte, faite avec la première pour levain, n'acquiert en un jour qu'un gonflement de 1,6; les yeux sont très petits : ce n'est pas du pain. Par conséquent cette levure ne fournit pas un levain cultivable de pâte en pâte; mais ce n'est pas une levure active : dans les moûts sucrés elle ne produit de fermentation qu'après une longue incubation.

La même inaptitude à fournir un levain a été constatée de la même manière pour la levure B.

Prenons maintenant une levure qui ne provient pas d'un levain de pain. Avec une levure de brasserie j'ai fait douze cultures de pâte en pâte. La pâte levait toujours parfaitement. Les ensemencements de moûts sucrés pratiqués comme ci-dessus avec la septième et avec la dixième pâte ont donné de la levure.

Par conséquent les espèces ou variétés de levure qui provoquent des fermentations vives dans les moûts sucrés, levure de brasserie ou levure de pain, peuvent servir à mettre en train la fermentation panaire, et se cultivent indéfiniment de pâte en pâte. Au contraire les levures qui ne provoquent dans les moûts sucrés que des fermentations lentes ou tardives, ajoutées à un mélange de farine et eau, n'en font pas un levain dont les propriétés se transmettent de pâte en pâte. On remarquera que ces dernières avaient pourtant été tirées de la pâte de pain, mais elles n'y avaient été trouvées qu'associées à d'autres plus actives. Seules elles ne supportent pas la concurrence avec les bactéries.

Dans les expériences précédentes la levure était toujours ajoutée à la première pâte à dose relativement massive. On pourrait donc craindre que dans les cultures successives, les cellules de levure retrouvées ne soient que des cellules primitivement introduites dans la pâte, qui se seraient conservées sans se multiplier. Bien que cette supposition soit peu admissible pour la quatorzième culture, il a paru utile d'instituer des expériences spéciales qui ne pussent laisser aucun doute sur ce point important et contesté de la prolifération de la levure dans la pâte. Celles-ci diffèrent des précédentes en ce qu'on a pris pour point de départ une trace de levure. Ici des précautions minutieuses sont nécessaires pour que l'on sache exactement quels organismes on fait agir sur la pâte : il s'agit de n'admettre que les germes qui préexistent dans la farine, et une quantité très petite d'une levure déterminée. J'ai opéré d'abord avec la levure A.

On fait une pâte avec :

Farine fraîche.................... 35 grammes.
Eau salée au 1/40, stérilisée...... 20 —
Culture de levure A.............. 1 goutte.

La levure est empruntée à une culture pure en bouillon de levure glucosé, ensemencée de la veille, en pleine fermentation ; ce n'est pas dans le dépôt de levure tassée au fond du vase qu'est faite la prise de semence, mais dans le liquide supérieur, après agitation ; une goutte de ce liquide, prise avec un tube effilé flambé, est ajoutée aux 20 grammes d'eau salée : la quantité de levure ainsi introduite est, pour ainsi dire, impondérable. Le pétrissage est fait dans une capsule de porcelaine stérilisée par la chaleur. Avant de l'exécuter, je me suis lavé les mains à l'eau stérilisée et j'ai couvert mes doigts de doigtiers en caoutchouc sortant de l'eau bouillante acidulée ; j'évite ainsi d'introduire dans la pâte d'autres microorganismes (levures ou bactéries) provenant d'opérations antérieures et demeurés adhérents aux ongles. La pâte faite, j'en prélève comme d'habitude un pâton de 10 grammes que je mets en tube stérilisé pour mesurer le gonflement. Les deux portions de pâte sont placées à l'étuve à 35°. Au bout de 16 heures, le gonflement est 1,94 ; au bout de 21 heures, il est de 2,1. Ainsi cette pâte lève parfaitement. Je la pique avec un fil de platine que je plonge dans un tube à culture contenant du moût de raisin stérilisé, puis je fais une seconde pâte avec une portion de la première comme levain et en prenant les mêmes précautions de pureté. Au bout de 23 heures, le gonflement de cette seconde pâte était seulement de 1,6, et il n'a pas augmenté le lendemain. La pâte était coulante et dégageait une odeur désagréable. J'ai ensemencé encore du moût de raisin avec cette seconde pâte au fil de platine. Les tubes ensemencés avec la première et avec la seconde pâte ont fermenté ; dans tous la levure A primitive a été bien reconnue.

Dans cette expérience la levure s'est multipliée si

abondamment que, dans la seconde pâte, chaque point touché au fil de platine en contenait. C'est là le point important. Cependant je n'avais pas obtenu ainsi un bon levain, ce qui n'est pas surprenant puisque, par la pauvreté de la semence primitive, j'avais placé la levure dans des conditions de résistance défavorables. La défaite de la levure dans la lutte contre les bactéries pouvait s'expliquer soit parce que je n'avais pas rafraîchi la première pâte en temps opportun, soit parce que la levure semence n'était pas assez active.

J'ai alors répété l'expérience en employant une levure plus active et en rafraîchissant la pâte plus promptement. La levure employée est une levure de brasserie, pure. Les opérations ont été faites de la même manière et les résultats obtenus sont les suivants. La première pâte, au bout de quatorze heures, présentait un gonflement de 1,40. Sans plus attendre je la rafraîchis en y ajoutant de la farine et de l'eau salée de manière à en doubler le poids. Cette seconde pâte lève parfaitement :

Gonflement au bout de 6 h. 30............... 2,0
—   —   7 h. 45............... 2,3

Au bout de 6 h. 30, je fais une troisième pâte contenant comme levain la moitié de son poids de la seconde, et le lendemain, au bout de 16 heures, le gonflement de cette troisième pâte était de 2,8. Cette fois j'avais obtenu un excellent levain, cultivable de pâte en pâte. D'ailleurs l'ensemencement d'un tube de moût de raisin, pratiqué au fil de platine avec la troisième pâte, peuple ce tube d'une levure identique avec celle qui avait été introduite dans la première pâte.

Il n'est donc plus permis d'en douter, une trace de levure, délayée avec de la farine saine et de l'eau salée, se multiplie indéfiniment dans ce milieu et fournit ainsi un levain cultivable de pâte en pâte.

Soumettons maintenant diverses bactéries aux épreuves précédentes.

Commençons par le bacille β, capable, comme nous l'avons vu, de produire des fermentations avec dégagement de gaz. Une culture de ce bacille en bouillon de levure additionnée de glucose et craie est prise en pleine fermentation ; je l'étends de son volume d'eau, et, dans ce liquide qui occupe 20 centimètres cubes, je délaie 40 grammes de farine. Cette pâte a bien levé, quoique lentement ; une seconde pâte, faite avec celle-ci comme levain, a levé très médiocrement, et une troisième, faite avec la seconde comme levain, n'a pas levé du tout en vingt-quatre heures. Ainsi la fermentation commencée s'est poursuivie dans la première pâte, mais le bacille β n'a pas fourni un levain cultivable de pâte en pâte.

Le même résultat négatif a été obtenu dans deux essais faits avec la bactérie γ de l'extrait de son thymolisé, les cultures étant prises en pleine fermentation pour être employées comme levain.

Ainsi les bactéries isolées que j'ai essayées n'ont pas pu fournir un levain de pain cultivable. Je n'ai pas eu plus de succès en essayant, sans séparation préalable, l'ensemble des bactéries qui se développent dans la pâte non ensemencée. Bien des fois j'ai exposé à l'étuve à 35° de la pâte sans levain, par exemple pour faire des témoins dans les expériences qui précèdent, plusieurs fois aussi pour en faire une étude spéciale. Quelquefois ces pâtes ne levaient pas en vingt-quatre heures, ni même en plus de temps ; d'autres fois elles se gonflaient assez bien, quoique beaucoup plus lentement que les pâtes ensemencées avec de la levure; mais, prises comme levain, elles étaient impropres à faire lever la pâte nouvelle. Dans deux cas cette sorte de pâte a levé, après un long retard, mais dans les deux cas, la pâte, semée en très petite quantité dans des moûts sucrés, les a peuplés de levure : ces pâtes avaient été évidemment ensemencées à mon insu par de la pâte chargée de levure, provenant d'opérations antérieures, et restée adhérente à mes ongles ou aux vases. Pareil accident ne peut manquer de se produire quand on fait des expériences dans les boulangeries, en se servant de l'outillage ordinaire, et c'est ainsi, je crois, que s'expliquent les observations dans lesquelles on a vu du levain se faire par le pétrissage de la farine avec de l'eau sans addition de levain tout fait ni de levure.

A la vérité M. Popoff a réussi à faire du pain en incorporant à de la pâte le bacille anaérobie qu'il avait extrait du levain, mais il ne dit pas si ce bacille a fourni un levain cultivable de pâte en pâte, et les expériences précédentes suffisent pour faire penser que si l'essai en avait été fait le résultat aurait été négatif.

La même remarque s'applique aux expériences de M. Wolffin. Ce savant a réussi à faire du pain avec le

Bacillus levans employé comme unique levain. Ce pain, dit M. Lehmann, était non seulement très mangeable, mais même d'un goût agréable. Toutefois l'auteur ne dit pas avoir cultivé ce bacille de pâte en pâte. De plus la fermentation de la pâte ensemencée avec la *Bacillus levans* seul était différente de celle de la pâte ensemencée avec le levain de boulangerie : 1° elle était moins rapide ; 2° elle produisait dans la pâte une plus grande acidité ; 3° elle donnait lieu à un dégagement de gaz contenant de l'hydrogène, ce qui n'avait pas lieu avec le levain ordinaire.

M. Wolffin a fait l'expérience de contrôle suivante : il a stérilisé de la farine par la méthode Wollny, c'est-à-dire en l'abandonnant plusieurs semaines sous l'éther, puis distillant l'éther. Cette farine, additionnée d'eau stérilisée, fut ensemencée avec du *Bacillus levans* et de la levure à la fois. Elle fermenta sans dégagement d'hydrogène. Donc dès que la levure est présente dans la pâte, et M. Wolffin constate lui aussi qu'elle est toujours présente dans le levain de boulangerie, la fermentation n'est plus celle que produirait le *Bacillus levans* s'il était seul.

Nous sommes donc conduits à considérer toutes les bactéries du levain comme incapables de faire lever le pain à elles seules, ou au moins, pour tenir compte des récentes expériences de M. Wolffin, de le faire lever de la même manière que le levain de boulangerie. Au contraire les espèces de levure qui sont des ferments alcooliques actifs satisfont à la condition nécessaire que nous avions posée.

Par exclusion nous voyons ainsi que le ferment panaire ne peut être qu'une levure. Mais dans les cultures que nous avons faites de la levure de pâte en pâte il se développait aussi des bactéries : quoique aucune de celles-ci ne puisse être considérée comme le ferment panaire, rien n'empêche jusqu'ici d'admettre qu'une ou plusieurs d'entre elles remplissent un rôle utile, par exemple en élaborant la matière fermentescible pour l'adapter aux besoins de la levure. Pour juger s'il en est ainsi, il faudrait pouvoir essayer l'action de la levure sur la farine en l'absence de toute bactérie. Nous avons déjà vu qu'il n'était pas possible de faire cet essai d'une manière absolument rigoureuse. Nous tournerons la difficulté en modifiant la pâte de façon à en faire un milieu très peu propre à la multiplication de la plupart des bactéries, quoique suffisamment favorable à celle de la levure. C'est ce qu'a fait M. Dünnenberger en ajoutant de l'acide tartrique à la pâte. Il a constaté qu'une dose d'acide tartrique qui empêche absolument la pâte sans levain de se gonfler, permet au contraire à de la pâte additionnée de levain de lever aussi vite qu'une pâte semblable faite sans acide tartrique. Les expériences de ce savant n'étaient pas à l'abri de graves objections. J'ai donc cru devoir reprendre et approfondir l'étude de l'action exercée par l'acide tartrique sur la fermentation panaire.

Fermentation panaire en présence de l'acide tartrique. — Commençons par chercher quelle dose d'acide tartrique la pâte faite sur levain peut supporter sans cesser de lever. J'ai fait des pâtes avec du levain, de la farine et de l'eau additionnée de doses croissantes d'acide tartrique, dans les proportions suivantes :

Levain.........................	100 grammes.
Eau acidulée....................	75 —
Farine.........................	110 —

En même temps, avec le même levain, je faisais chaque fois une pâte témoin sans acide.

Les doses de

$0^{gr},09$ d'acide tartrique dans 100 grammes de pâte.
$0^{gr},20$ —   —
$0^{gr},40$ —   —

ont été supportées. La troisième dose, 0,40 p. 100, n'a pas empêché la pâte de lever, mais dans cette expérience il y avait, au bout d'un certain temps, une grande différence de consistance entre la pâte acide et la pâte témoin. Cette dernière devenait presque coulante, tandis que la pâte acide restait ferme et bombée, ce qui tient évidemment à la différence de nature des microbes qui se développaient dans les deux pâtes. Quoi qu'il en soit la pâte acide levait parfaitement.

Or l'expérience suivante montre qu'il suffit d'une dose d'acide moins forte pour supprimer tout gonflement dans une pâte sans levain.

Deux pâtes, A et B, contiennent :

A	Farine.......................	150 gr.
	Sel...........	1 gr. 5
	Eau..........................	75 c. c.
B	Farine.......................	150 gr.
	Sel.........................	1 gr. 5
	Eau contenant $0^{gr},9$ d'acide tartrique.	75 c. c.

La dose d'acide en B est de 0,39 p. 100 ; elle serait supportable pour la pâte sur levain. Le lendemain, la pâte A était bien gonflée, tandis que la pâte B ne l'était nullement, et ne s'est pas gonflée les jours suivants. Avec la pâte A pour levain, j'ai fait deux pâtes, l'une sans acide, Aα, l'autre avec acide, Aβ :

Aα {
Pâte A.. 50 gr.
Farine .... 50 —
Eau.. 30 —
Sel.. Une pincée.

Aβ {
Pâte A.. 50 gr.
Farine.. 50 gr.
Eau contenant 0gr,52 d'acide tartrique. 30 c. c.
Sel.. Une pincée.

La teneur en acide de Aβ était de 0,39 p. 100, comme pour B. Au bout de deux jours passés à l'étuve, la pâte Aβ n'était pas levée du tout ; la pâte Aα ne l'était que peu.

Cette expérience a été complétée de manière à expliquer pourquoi la pâte gonflée spontanément ne fournit pas un levain cultivable de pâte en pâte. La pâte A ayant été conservée pendant un jour à l'étuve et s'étant gonflée, une petite portion de cette pâte est délayée dans de l'eau bouillie, et l'eau trouble est semée dans deux tubes à culture contenant, l'un, du moût d'orge germée neutre, l'autre le même moût acidulé par 0,4 p. 100 d'acide tartrique. Aucun développement ne se produisit dans le moût acide. Au contraire le moût neutre se peupla de bactéries qui le rendirent trouble et le couvrirent d'un voile épais ; il ne se dégagea pas de gaz, mais la liqueur devint franchement acide.

Ainsi la pâte gonflée spontanément contient des bactéries qui acidifient le moût d'orge germée neutre, mais qui ne vivent pas en milieu acide. Une première pâte faite de farine et d'eau lève bien, mais devient acide par l'action de ces bactéries. Quand on l'incorpore à la pâte neuve, l'acidité qu'elle apporte rend la seconde culture des bactéries plus pénible que la première, en sorte que, loin de constituer un levain, la pâte aigrie empêche la pâte neuve de lever autant qu'elle aurait fait si elle était restée seule.

Revenons à la pâte sur levain additionnée d'acide tartrique. Cette pâte a levé, tandis qu'une pâte un peu moins acide, sans levain, n'a pas levé. Les microbes qui l'ont fait lever provenaient donc nécessairement du levain. Mais ce dernier avait été préparé lui-même avec une pâte sans acide ; quand on l'a incorporé à la pâte acide, on a obtenu un mélange qui, malgré le pétrissage le plus soigné, n'était pas homogène à la façon d'un liquide. Nous ne savons pas exactement à quelle acidité étaient soumises les cellules particulières qui ont produit la fermentation, ni quelle était la nature des parties de la pâte qui ont fermenté. Car on pourrait parfaitement supposer, et cette hypothèse sera justifiée tout à l'heure, que les particules de levain disséminées dans la pâte neuve ont continué à fermenter pour leur compte, sans participation de la farine nouvelle, et alors l'expérience ne fournirait pas de conclusion utile.

Allons donc plus loin, et cherchons si du levain pourrait se cultiver indéfiniment de pâte acide en pâte acide.

J'ai pris pour point de départ une levure de brasserie délayée avec de la farine et de l'eau salée. Désignons cette pâte par le numéro 1. Quand elle a levé, on l'emploie comme levain pour les deux pâtes suivantes :

Pâte n° 2 $\begin{cases} \text{Pâte n° 1.............} & 30 \text{ gr.} \\ \text{Farine.................} & 150 \text{ gr.} \\ \text{Sel marin.............} & 1 \text{ gr.} 5 \\ \text{Eau........ ....} & \text{Q. S.} \end{cases}$ $\begin{cases} \\ \text{Volume de la solu-} \\ \text{tion : 75 c. c.} \end{cases}$

Pâte n° 2' : Même composition, sauf que l'eau salée contient en outre 1 gramme d'acide tartrique.

Les pâtes n° 2 et n° 2', une fois gonflées, sont prises à leur tour comme levains pour faire deux autres pâtes, n° 3 et n° 3', selon la même formule, la pâte n° 2 servant de levain pour la pâte n° 3, et la pâte n° 2' pour la pâte n° 3'. En continuant ainsi on obtient deux séries de pâtes, les unes neutres (1), n° 1, 2, 3....., les autres acides, n° 2', 3'..... Dans ces pâtes acides, dont chacune contient 30 grammes de la pâte qui précède, l'acidité n'est pas tout à fait constante.

La pâte n° 2 a reçu 1 gr. d'acide tartrique.

$$\text{—} \quad 3 \quad \text{—} \quad 1 + \frac{30}{255}$$

$$\text{—} \quad 4 \quad \text{—} \quad 1 + \frac{30}{255} + \left(\frac{30}{255}\right)^2$$

$$\text{—} \quad n \quad \text{—} \quad 1 + \frac{30}{255} + \left(\frac{30}{255}\right)^2 + \left(\frac{30}{255}\right)^3 + \dots + \left(\frac{30}{255}\right)^{n-2}$$

La somme de tous les termes de cette progression géométrique décroissante tend vers la limite 1,13. Par conséquent dans toutes les expériences, le poids d'acide

(1) J'entends ici par *pâtes neutres*, pour abréger le langage, des pâtes qui n'ont pas été acidulées artificiellement, quelle que soit d'ailleurs leur réaction.

reçu par 255 grammes de pâte varie entre 1,00 et 1,13. L'acidité varie donc entre 0,39 et 0,44 p. 100.

Voici les résultats obtenus. Le n° 2' se gonfla un peu moins que le n° 2, la différence entre les n°s 3 et 3' fut plus grande ; puis, de génération en génération, j'observai toujours à peu près la même différence entre la pâte acide et la pâte neutre : toutes deux levaient, mais la pâte neutre augmentait davantage de volume ; il s'y formait une croûte lisse, soulevée et séparée du reste de la pâte par le gaz, tandis que la croûte de la pâte acide restait adhérente à la pâte et se fendait toujours. Aucune différence nouvelle ne se produisant, l'expérience a été arrêtée aux pâtes 9 et 9' (1).

Nous avons donc obtenu 8 cultures successives du levain, de pâte acide en pâte acide, sans diminution dans le pouvoir de faire gonfler la pâte. On peut donc dire que le levain préparé en mélangeant de la levure, de la farine et de l'eau, se cultive indéfiniment de pâte acide en pâte acide. Dans la dernière culture, il n'est plus possible d'attribuer le gonflement de la pâte à la fermentation du levain primitif se continuant au milieu d'une masse de farine neuve non attaquée, car il ne reste plus rien du levain primitif.

Mais cette prolongation de la fermentation du levain au sein de la pâte, tandis que la partie neuve ne fermenterait pas, est-elle possible ?

(1) Il y a eu une petite irrégularité, en ce que la pâte n° 7', destinée à une autre expérience, n'avait qu'une acidité de 0,24 p. 100. Quand même on voudrait, pour cette raison, limiter l'expérience aux pâtes de 1 à 6 et 6', il resterait encore assez de générations pour qu'elle fût concluante.

Avec les pâtes 8 et 8' de l'expérience précédente on fait quatre pâtes comme précédemment, chacune des deux étant incorporée comme levain à une pâte neutre et à une pâte acide ; nous avons ainsi les pâtes :

No 9 { Levain neutre (1).
       Pâte neuve neutre.

No 9' { Levain acide.
        Pâte neuve acide.

No 9" { Levain neutre.
         Pâte neuve acide.

No 9'" { Levain acide.
          Pâte neuve neutre.

Au bout de 6 heures passées à l'étuve, les quatre pâtes sont inégalement gonflées, et dans l'ordre suivant, en commençant par la plus gonflée :

Nos 9, 9", 9'", 9'

(La différence entre les nos 9" et 9'" est faible.)
Le lendemain l'ordre est devenu le suivant :

Nos 9, 9'", 9", 9'

On voit qu'au début la pâte no 9" (levain neutre, pâte neuve acide) a levé un peu plus vite que la pâte 9'" (levain acide, pâte neuve neutre) bien que son acidité fût dix fois plus forte (l'acidité du no 9" est 0,39 p. 100, celle du no 9'" est 0,039 p. 100). Il est donc bien vrai que le levain neutre incorporé à une pâte neuve acide continue à fermenter pour son propre compte, sans être beaucoup gêné par l'acidité de la pâte neuve. Et quant

(1) J'appelle toujours, pour abréger, *levain neutre*, quelle qu'en soit d'ailleurs la réaction, celui qui n'a pas été additionné d'acide tartrique.

8.

au levain acide incorporé à la pâte neuve neutre (n° 9‴) il était d'abord paralysé par son acidité propre, mais avec le temps, agissant sur une masse totale très peu acide, il a repris de l'activité ; c'est pourquoi, le lendemain, l'ordre de gonflement décroissant est devenu l'ordre d'acidité croissante des pâtes complètes.

Ces faits montrent que les expériences faites par addition de levain de pâte neutre à de la pâte acide ne sont pas probantes. C'était le cas des expériences de M. Dünnenberger. On ne saurait adresser le même reproche à celle où du levain de neuvième culture en pâte acide a encore fait lever une pâte à 0,4 p. 100 d'acide tartrique.

Il y a d'ailleurs un autre moyen d'éviter la cause d'erreur mise en évidence par l'expérience précédente, c'est d'ensemencer la pâte acide, non avec du levain, mais avec de la levure. J'ai fait, de la même manière, trois pâtes, l'une neutre, comme témoin, et les deux autres contenant respectivement 0,14 p. 100 et 0,28 p. 100 d'acide tartrique. La composition de ces pâtes était la suivante :

Levure de brasserie pressée.....	6 grammes.
Farine	300 —
Eau plus ou moins acidulée......	150 c. cubes.

Pour apprécier le gonflement on a placé ces pâtes dans des vases cylindriques de verre ; on notait le niveau avant et après la fermentation.

Après 16 heures de conservation à l'étuve, la pâte neutre s'était répandue hors de son vase ; les deux pâtes acides étaient arrivées jusqu'au bord, occupant ainsi deux fois et demie leur volume primitif. Les deux doses essayées étaient donc parfaitement supportées.

On a fait ensuite une pâte comme les précédentes, mais avec 0,44 p. 100 d'acide tartrique, en même temps qu'une pâte neutre comme témoin.

Au bout de 13 heures le volume de la pâte neutre avait triplé, celui de la pâte acide avait augmenté seulement dans le rapport de 3/2. A travers le verre on voyait la pâte neutre criblée d'yeux réguliers, tandis que la pâte acide ne présentait que quelques grandes cavités au milieu d'une masse compacte.

Ainsi cette dose de 0,44 p. 100 d'acide tartrique avait supprimé la fermentation panaire.

Au lieu de levure de brasserie, j'ai employé dans une autre expérience ma levure de pain A. Cette levure a été incorporée à deux pâtes, dont l'une contenait 0,3 p. 100 d'acide tartrique, et l'autre était neutre. Le gonflement a été mesuré au moyen d'un tube à pâton : au bout de 15 heures il était de 2,88 pour la pâte acide et de 2,78 pour la pâte neutre.

J'ai encore comparé la pâte acide à la pâte neutre en faisant avec ces deux pâtes deux pains que j'ai fait cuire. Ces pâtes étaient faites avec de la levure de brasserie ; la pâte acide contenait 0,22 p. 100 d'acide tartrique. Les deux pâtes levèrent bien, mais la neutre, au moment de l'enfournement, était plus plate. Au contraire, après la cuisson, le pain neutre était le plus bombé des deux. Ouvert il présentait des yeux plus gros, sa mie était moins collante. Quand ces deux pains furent rassis,

la mie de pain acide était devenue plus friable. Cette
différence s'explique par la propriété que possède
l'acide tartrique, à la dose employée, de liquéfier totalement le gluten, ainsi que je m'en suis assuré avec
une pâte acide sans levain, conservée pendant cinq
heures et demie, temps pendant lequel l'altération du
gluten par fermentation n'avait pas lieu. La disparition
du gluten solide a pour effet d'empêcher les yeux formés pendant la fermentation de résister à la cuisson.
Quoi qu'il en soit, le pain acide, moins bon que le pain
neutre, était cependant du pain.

Il résulte de ces expériences qu'à la dose de 0,3 p. 100
et aux doses inférieures, l'acide tartrique n'empêche
pas la pâte sur levure de subir une véritable fermentation panaire, mais qu'il l'empêche à la dose de
0,44 p. 100. La dose gênante d'acide tartrique est ici bien
inférieure à une dose trouvée favorable par M. Dünnenberger (ce savant faisait une pâte sur levain ordinaire,
avec 1 p. 100 d'acide tartrique). Cette différence est
trop grande pour qu'on puisse l'expliquer en admettant que les levures mises en œuvre appartenaient à des
espèces ou variétés différentes; elle est au contraire
complètement expliquée par les expériences qui viennent d'être rapportées. Dans la pâte très acide
de M. Dünnenberger, le levain fait avec de la pâte
sans acide tartrique, continuait à fermenter pour son
propre compte sans attaquer la partie neuve de la
pâte.

Résumons les résultats obtenus dans cette étude
microbiologique du levain de pain.

1° La levure alcoolique est toujours présente dans le levain de pain.

2° Elle s'y cultive de pâte en pâte en s'y multipliant assez pour qu'on puisse prendre pour semence primitive une trace impondérable de levure, et, après culture de pâte en pâte, retrouver cette levure en tout point d'une masse quelconque de pâte ensemencée.

3° Les autres microorganismes trouvés dans la pâte, et auxquels on pourrait attribuer hypothétiquement le pouvoir de la faire lever, cultivés de pâte en pâte, cessent de faire lever la pâte dès le second ou le troisième passage.

4° L'acide tartrique, employé à dose tolérable pour la levure, mais suffisante pour rendre impossible le gonflement de la pâte sous l'influence des microbes que contient naturellement la farine, n'empêche pas de lever la pâte additionnée de levure, ni la pâte additionnée de levain, soit que celui-ci ait été préparé avec de la pâte neutre, soit qu'il ait été préalablement cultivé de pâte acide en pâte acide.

Nous avons maintenant les éléments d'un raisonnement rigoureux. Le simple mélange d'eau et de farine contient des microorganismes qui peuvent le faire gonfler, mais si le mélange devient acide, ces mêmes microorganismes ne peuvent le faire lever qu'à la condition que l'acidité n'y dépasse pas une certaine limite. Au contraire, le mélange d'eau, de farine et de levure lève même en présence d'une proportion d'acide qui dépasse de beaucoup cette limite. Donc en pâte acide, *ensemencée avec de la levure*, c'est cette levure, et non aucun des microorganismes de la farine, qui produit la fermentation. Quand la pâte n'est pas acide, le pouvoir de la levure n'en est pas diminué, seulement d'autres microorganismes se développent en même temps qu'elle ; mais ces derniers sont incapables de fournir un levain cultivable de pâte en pâte, tandis que la levure en est capable. Donc dans la pâte neutre, aussi bien que dans la pâte acide, c'est uniquement la levure qui produit la fermentation.

Et il en est de même quand la pâte, soit neutre, soit acide, est *ensemencée avec du levain*, puisque ce levain peut être obtenu en mélangeant uniquement de l'eau, de la farine et de la levure.

A vrai dire les expériences précédentes ne démontrent pas qu'il est impossible à aucun microorganisme autre que la levure de faire lever la pâte (nous savons même que les bacilles de M. Popoff et de M. Wolffin le peuvent) ; elles démontrent que, dans un levain obtenu à l'origine par un mélange de levure, farine et eau, la levure est l'agent essentiel et unique de la fermentation proprement dite. Si quelque bactérie peut y exercer un rôle utile, ce ne pourrait être que dans la préparation de la matière fermentescible, par exemple dans la production du sucre. Mais encore faudrait-il admettre que cette bactérie supporte les fortes acidités expérimentées ci-dessus, supposition qui n'est jusqu'ici autorisée par aucune donnée expérimentale.

Il reste à voir si la conclusion à laquelle nous conduit cette étude microbiologique sera compatible avec les résultats de l'étude chimique.

§ 2. — Étude chimique de la pâte.

Dans l'étude précédente nous avons cherché quel était le ferment; nous allons maintenant chercher quelle est la matière fermentescible, et quels sont les corps produits pendant la fermentation.

Recherche de la matière fermentescible. — La matière fermentescible ne peut être que le gluten, ou l'amidon, ou la partie soluble de la farine.

1. Commençons par le gluten. Je fais un levain en délayant de la levure A dans de la farine et de l'eau. Après avoir fait deux pâtes successives, à un jour d'intervalle, avec ce levain, j'en fais une troisième pâte ainsi composée :

Levain.......................... 15 grammes.
Eau salée....................... 10   —
Farine.......................... 20   —

Je fais en même temps deux autres pâtes, sans levain, avec :

Farine...   .... 30 grammes.
Eau salée....................... 15   —

Les trois pâtes contiennent la même quantité totale d'une même farine. Dès qu'elles sont pétries, l'une des pâtes sans levain est malaxée sous un filet l'eau; on en tire un gluten doué de toutes les propriétés du gluten de farine fraîche. Les deux autres pâtes sont maintenues pendant six heures dans l'étuve à 35°. A ce moment la pâte sur levain a à peu près doublé de volume. Ces deux pâtes sont alors malaxées sous le filet d'eau. La deuxième pâte sans levain abandonne encore un gluten qui s'agglomère sans peine et qui est tout à fait semblable à celui de la première.

Au contraire la pâte additionnée de levain ne fournit qu'un gluten grumeleux qui refuse de s'agglomérer et se laisse entraîner par le filet d'eau, tellement qu'à la fin il ne me reste rien dans la main. La même expérience, répétée plusieurs fois, a toujours donné le même résultat.

Ainsi dans ces fermentations panaires le gluten a été considérablement modifié dans toute sa masse. Mais peut-être n'était-ce qu'un accident; mon levain pouvait être mauvais faute d'avoir été rafraîchi assez fréquemment. Aussi, au lieu de me borner à des expériences de laboratoire, ai-je tenu à faire la même recherche dans la pâte de boulangerie. Un boulanger de Besançon m'a obligeamment permis de faire chez lui les prélèvements nécessaires. Je prends de la pâte au moment même où le boulanger la met au four, et, en même temps, je prélève une certaine quantité de farine empruntée à la provision d'où est tirée celle qui a servi à faire la fournée. Je dose immédiatement le gluten dans la pâte et dans la farine. La pâte, malaxée sous le filet d'eau, ne me laisse pas trace de gluten agglomérable; il se sépare bien d'abord, grâce à des soins minutieux, une masse floconneuse, jaunâtre, qui provient du gluten; mais cette masse, comprimée ou frottée sous l'eau, se délaie entièrement en moussant comme du savon, et se laisse entraîner par l'eau jusqu'au dernier grumeau. Au contraire la farine donne 28,8 p. 100 de gluten parfaitement normal, pesé humide.

La même expérience, exécutée avec la pâte de la manutention, a donné le même résultat.

Ainsi, au moment de la mise au four, la pâte peut ne plus contenir du tout de gluten normal. Il ne faudrait pas généraliser ce fait d'une manière absolue. M. Adrien Boutroux (expériences inédites) a fait un grand nombre de dosages de gluten dans des pâtes prêtes à être enfournées ; il a trouvé des proportions de gluten agglomérable extrêmement variables, depuis zéro jusqu'à des valeurs voisines de celles que fournissait la même farine non panifiée. On peut cependant dire que l'attaque, au moins partielle, du gluten dans la fermentation panaire est un fait général. Mais est-ce un phénomène essentiel, qu'on ne pourrait supprimer sans empêcher la pâte de lever, ou n'est-ce qu'un phénomène accessoire dû à des circonstances ordinaires, mais non nécessaires?

Pour le rechercher, partons de l'hypothèse que la fermentation panaire est, dans sa partie essentielle, causée uniquement par la levure. Attachons-nous dès lors à réaliser des conditions qui permettent à la levure de se développer facilement, mais qui excluent autant que possible les bactéries. L'acide tartrique ne peut être ici d'aucun secours, puisque par lui-même il modifie le gluten. Pour favoriser la prépondérance de la levure nous sèmerons dans la pâte une levure pure, et en quantité assez grande pour assurer la supériorité numérique aux cellules de levure sur celles des bactéries, et nous doserons le gluten dans la pâte le plus tôt possible après qu'elle aura levé.

C'est ce que j'ai réalisé dans quatre expériences, où j'ensemençais la pâte tour à tour avec ma levure A (deux fois), de la levure pressée prise à la brasserie (une fois), et une levure de bière pure que je cultivais depuis des années dans mon laboratoire (une fois). Les résultats de ces quatre expériences étant les mêmes, nous n'en décrirons qu'une.

On sème, trois jours à l'avance, une trace de levure de bière dans 120 centimètres cubes de bouillon de levure glucosé, pour n'avoir que de la levure de nouvelle formation, en pleine activité ; une fois la fermentation tumultueuse terminée, on décante la partie liquide, de telle sorte que le dépôt de levure qui reste n'occupe que 2 centimètres cubes : c'est ce dépôt qui va servir à ensemencer la pâte. On fait, avec toutes les précautions relatives à la pureté déjà indiquées (vases flambés, doigts gantés de caoutchouc stérilisé, etc.), les deux pâtes suivantes :

N° 1 {	Farine.........................	35 grammes.
	Eau salée stérilisée............	20 c. cubes.
N° 2 {	Même farine....................	35 grammes.
	Dépôt de levure et eau salée stérilisée.....................	20 c. cubes.

Des deux pâtes on prélève des pâtons de 10 grammes que l'on met en tubes.

Les deux restes, exactement pesés, sont placés dans des capsules de porcelaine sans bec, disposées de façon à faire chambre humide pour éviter la formation d'une croûte, qui nuirait au dosage du gluten. A cet effet chaque capsule (fig. 32) repose sur trois fils de cuivre recourbés en U et posés sur le bord d'un cristallisoir

au fond duquel se trouve un peu d'eau. Un second cristallisoir, renversé, sert de couvercle à la capsule. Les
pâtes sont mises à l'étuve à 11ʰ 55 minutes; les gonflements sont mesurés au moyen des pâtons en tube :

	Gonflement	
	à 3 h.	à 3 h. 35.
Pâte ensemencée................	2,11	2,36
Pâte non ensemencée..........	1,00	1,00

La pâte ensemencée est donc en pleine fermentation
panaire à 3ʰ 35 minutes. Si c'était du pain à cuire, le
moment de l'enfourner serait déjà dépassé. A ce moment le dosage du gluten
est effectué dans les deux
pâtes par malaxation sous
le filet d'eau, en commençant par celle qui est ensemencée. On obtient dans
les deux cas un gluten
normal, parfaitement ag-
glomérable. On le pèse à

Fig. 32. — Chambre humide pour
fermentation.

l'état humide, puis après dessiccation par un séjour
de dix-neuf heures dans une étuve à 113°.

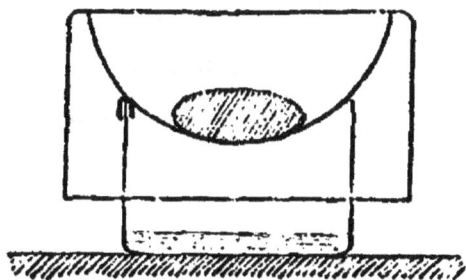

100 parties de farine ont donné les poids suivants de
gluten :

	Gluten humide.	Gluten sec.
Farine panifiée..............	32,69	8,997
Farine non panifiée..........	34,46	9,319
Perte..........	1,77	0,322

Les deux masses de gluten humide ont perdu, par
la dessiccation à 113°, à peu près la même proportion

d'eau (72 p. 100 et 73 p. 100), ce qui prouve que le gluten de la pâte levée n'était pas altéré dans sa nature.

On voit qu'une véritable fermentation panaire, effectuée dans des conditions favorables au développement de la levure, peut avoir lieu *sans altération du gluten*, mais avec une légère consommation de ce corps, sans doute attribuable à la nutrition de la levure. Il est donc certain que le gluten ne participe pas à la fermentation panaire comme matière fermentescible essentielle.

2. L'amidon est-il attaqué dans la fermentation panaire ? Pour le savoir nous allons doser l'amidon dans deux quantités égales de farine, dont l'une aura été préalablement soumise à la fermentation panaire.

Une première pâte est faite avec :

Farine .... 35 gr.
Levure pure et eau salée............... 20 c.c.

La levure est le dépôt d'une culture pure de levure de brasserie. Ce dépôt a été séparé par décantation, puis lavé à l'eau distillée jusqu'à ce que l'eau de lavage ne réduise plus la liqueur de Fehling.

De cette pâte on prélève un pâton de 10 grammes pour la mesure du gonflement. Le reste, pesé, est placé en chambre humide comme ci-dessus, et porté à l'étuve en même temps que le pâton en tube. Au bout de quatre heures le gonflement est 2,5 : la pâte est donc bien levée. Il s'agit d'y doser l'amidon. Pour cela nous allons le saccharifier par l'acide sulfurique; et nous doserons le sucre réducteur formé. Mais la présence du gluten rendrait incertain le dosage du sucre par la liqueur de Fehling; nous allons donc éliminer le gluten par épuisement de la pâte au moyen de l'acide tartrique. On pèse 2 grammes de cette pâte et on les dépose dans un vase avec 50 centimètres cubes d'une solution d'acide tartrique à 100 grammes par litre.

A ce moment on fait une seconde pâte, la pâte témoin, sans levain, avec :

Même farine...................................... 35 gr.
Eau salée.. 20 c.c.

Le pétrissage terminé on en prélève 2 grammes et on y ajoute 50 centimètres cubes de la même solution d'acide tartrique. Les deux pâtes sont délayées le mieux possible par agitation fréquemment réitérée. Le lendemain les deux vases contiennent un dépôt d'amidon et un liquide laiteux qui, examiné au microscope, ne présente pas d'amidon. Les parties liquides sont décantées sans agitation et remplacées par une nouvelle dose de solution d'acide tartrique. Ces lavages par décantation sont renouvelés toutes les vingt-quatre heures, tant que le liquide se trouble; puis l'acide tartrique est remplacé par de l'acide chlorhydrique très dilué, et celui-ci finalement par de l'eau distillée. Les deux lots d'amidon ainsi débarrassés des matières albuminoïdes et autres matières solubles qui auraient pu nuire au dosage sont ensuite introduits chacun dans un ballon à col étiré avec 200 centimètres cubes d'acide sulfurique étendu. Les ballons, encore ouverts, sont portés au bain-marie à 100° et agités, de manière que l'amidon qu'ils renferment se convertisse en empois; puis ils sont scellés à la lampe et maintenus deux heures à 108°, à l'autoclave. L'amidon se dissout entièrement. Dans le liquide, convenablement étendu et filtré, le sucre est dosé par la liqueur de Fehling. Des nombres trouvés on déduit la quantité d'amidon qui était contenue dans les 2 grammes de chaque pâte. Des pesées effectuées après chaque pétrissage et après la fermentation de la pâte levée ont permis d'évaluer les pertes diverses éprouvées par les pâtes pendant les manipulations qu'elles ont subies, et par suite il est possible de calculer, avec une approximation suffisante, quelle quantité de farine contenaient primitivement ces 2 grammes de pâte. On en déduit les résultats suivants :

Poids d'amidon pour 100 de farine :

Avant fermentation...................... 72,01
Après fermentation...................... 70,65

La différence, 1,36 p. 100, soit un centième et demi de la quantité totale d'amidon contenue dans la pâte, est à peine supérieure à l'erreur expérimentale probable. On peut donc dire que, dans la fermentation panaire, l'amidon n'est pas sensiblement attaqué.

3. La partie soluble de la farine est-elle attaquée?

D'après toutes les analyses cette partie consiste en sucre et divers hydrates de carbone, albumine et sels. Avec une telle composition elle ne peut manquer d'être attaquée, tant par les diverses bactéries que par la levure. Il est donc inutile de faire des expériences particulières pour le savoir, et les expériences qui précèdent prouvent par exclusion que cette partie est à peu près seule le siège de la fermentation panaire.

Recherche des substances produites pendant la fermentation panaire. — Après avoir recherché quelle est la substance qui fermente, il est naturel de demander aussi à l'analyse chimique de faire connaître quels sont les produits de la fermentation. S'il s'agit d'une fermentation alcoolique, on doit trouver de l'alcool. S'il s'agit d'une fermentation peptonique, on doit trouver de la peptone.

La question de la présence de l'alcool dans la pâte levée a été l'objet de controverses. En réalité cette question est beaucoup moins utile à résoudre qu'elle ne paraît. Les résultats que peut donner cette recherche ne sauraient être bien démonstratifs au point de vue de la théorie de la fermentation panaire. En effet si l'on trouve de l'alcool, on n'en pourra pas conclure qu'il y a eu fermentation alcoolique normale, car les progrès de l'étude des fermentations ont fait connaître plusieurs bactéries qui transforment divers hydrates de carbone en alcool. Si au contraire on n'en trouve pas, il n'en faudra pas conclure qu'il n'y a pas eu fermentation alcoolique normale, car, en admettant même que cette fermentation soit le phénomène essentiel qui fait lever le pain, il est certain que le levain contient des bactéries capables d'acétifier ou de brûler l'alcool à mesure qu'il se forme. On devra donc en trouver une proportion variable suivant que la fermentation principale aura été plus ou moins modifiée par les fermentations accessoires.

En fait différents expérimentateurs ont obtenu des

résultats contradictoires. M. Duclaux (1) n'a pas trouvé trace d'alcool dans le levain ni dans le pain. D'un autre côté M. Moussette (2), ayant condensé les vapeurs qui s'échappaient du four pendant la cuisson du pain, a obtenu un liquide contenant 1,60 p. 100 d'alcool en volume.

Pour ma part j'ai obtenu des résultats différents suivant les conditions de la fermentation. De la pâte prise chez le boulanger au moment de la mise au four a été délayée dans son volume de solution de sel marin saturée, de façon que toute fermentation fût arrêtée. Puis, une fois la matière solide déposée, le liquide clair a été décanté, et distillé en présence de l'acide sulfurique ; le liquide acide qui avait passé à la distillation a été neutralisé par la baryte et redistillé. Enfin une troisième distillation, effectuée de manière que tout l'alcool supposé présent occupât un volume égal au $\frac{1}{25}$ du volume du liquide primitif, a fourni une liqueur qui produisait de l'iodoforme par la réaction de Lieben, mais qui n'avait ni l'odeur ni la saveur de l'alcool. Le résultat était donc négatif. Mais la pâte, au moment où on l'enfourne, n'est encore qu'au début de sa fermentation. Le moment n'était donc pas favorable pour trouver une quantité notable d'alcool.

Au contraire, une pâte, faite au laboratoire avec de la farine et de la levure, et abandonnée à l'étuve pen-

(1) Duclaux, *Microbiologie.*
(2) Moussette, *Observations sur la fermentation panaire (Compl. rend. Ac. des sc.*, t. XCVI, p. 1865).

dant un jour, de manière que sa fermentation ait été poussée jusqu'au bout, puis délayée dans 4 volumes d'eau et distillée, a laissé voir immédiatement le long du tube de verre où s'effectuait la condensation les stries caractéristiques de l'alcool.

M. Aimé Girard (1) a fait sur ce sujet des mesures très précises.

5 kilogrammes de pâte ont été pétris sur levure ; on a vérifié que cette levure ne contenait pas trace appréciable d'alcool ; les pains obtenus, arrivés au point de fermentation où ils auraient été bons à enfourner, ont été rapidement malaxés dans l'eau pour l'élimination du gluten. Les eaux amylacées, traitées par un grand excès de sous-acétate de plomb, ont été filtrées sur toile, le résidu pressé et les eaux claires recueillies. De ces eaux un volume correspond à 2 kilogrammes de pain (4¹,400) a été distillé doucement, de manière à donner 1 litre de phlegme. Par des distillations successives ce phlegme a été amené au volume de 30 centimètres cubes, et dans ces 30 centimètres cubes M. A. Girard a reconnu la présence de 6 centimètres cubes d'alcool, qu'il en a pu, par fractionnement, extraire en partie à l'état de pureté, retenant cependant une essence très volatile, jaunâtre, qui lui communique une odeur rappelant celle de l'alcool de grains.

La même expérience a été faite avec de la pâte pétrie sur levain : de 2 kilogrammes de pâte on a pu tirer, dans les mêmes conditions, 6ᶜᶜ,6 d'alcool.

(1) Aimé Girard, *Sur la fermentation panaire* (*Compt. rend. Ac. des Sc.*, t. CI, p. 601).

M. A. Girard a fait plus : il a analysé aussi les gaz produits par la fermentation.

La pâte ayant été pétrie, on en a fait de petits pains, qui, pour pouvoir être maniés facilement, ont été logés dans des cylindres en toile métallique. Puis, à différents moments de leur fermentation, ces pains ont été glissés avec leur enveloppe dans des flacons remplis d'eau bouillie, les flacons reliés à une trompe de Schlœsing, et les gaz extraits et analysés. Les résultats ont été les suivants :

	Poids du pain. gr.		Gaz recueilli. c.c.	100 parties de gaz contenant			Rapport de l'oxygène à l'azote.
				Ac. carbon.	Oxygène.	Azote.	
Sur levure	33,5	A point *.	44	86,10	3,00	10,90	$\frac{21,5}{78,5}$
	40,0	Poussé.	52	89,00	2,60	8,40	$\frac{23,6}{76,4}$
	40,0	Très poussé.	58	93,00	1,49	5,50	$\frac{20,1}{79,9}$
Sur levain	40,9	Très jeune *.	30	91,90	1,66	6,34	$\frac{20,7}{79,3}$
	40,0	A point *.	42	94,40	0,88	4,98	$\frac{15,0}{85,0}$
	40,0	Un peu poussé.	53,5	94,50	1,12	4,29	$\frac{20,7}{79,3}$
Sur levure	40,0	Jeune *.	25,7	89,00	1,80	9,20	$\frac{16,0}{84,0}$
	40,0	A point.	52,5	94,00	0,95	5,14	$\frac{16,7}{83,3}$
	40,0	Poussé.	51,0	95,30	0,59	4,04	$\frac{12,7}{87,3}$

Dans les essais marqués d'un * la récolte des gaz a été, intentionnellement, arrêtée avant qu'elle fût terminée.

Ce tableau montre que les gaz sont essentiellement

formés d'acide carbonique, mélangé de l'air primitivement contenu dans la farine, cet air ayant parfois
perdu une partie de son oxygène sous l'influence de
fermentations accessoires. Le poids d'acide carbonique
formé peut s'élever, d'après ces données, jusqu'à
environ $2^{gr},5$ par kilogramme de pain ; d'un autre
côté la détermination de l'alcool fournit en moyenne
environ $3^{cc},15$ d'alcool par kilogramme de pain, soit,
en poids, $2^{gr},5$. Il y a donc à peu près égalité entre le
poids d'acide carbonique dégagé et le poids d'alcool
formé : c'est précisément ce qui arrive dans la fermentation alcoolique normale, où, d'après M. Pasteur, le
rapport exact des poids d'acide carbonique et d'alcool
est de $\dfrac{48,89}{51,11}$.

Ces résultats montrent, pour le moins, qu'on ne peut
pas arguer de l'absence d'alcool dans la pâte levée pour
déclarer que la fermentation panaire n'est pas une
fermentation alcoolique.

Cherchons maintenant si le pain contient des substances provenant d'une fermentation du gluten. Ici
encore on doit s'attendre à des résultats variables, car
nous avons vu que le gluten pouvait être plus ou moins
attaqué.

L'altération du gluten peut donner des composés non
azotés et des composés azotés ; ces derniers sont seuls
caractéristiques, puisque les premiers pourraient être
aussi bien fournis par l'altération des hydrates de carbone. Cherchons donc simplement s'il se forme des composés azotés solubles pendant la fermentation panaire.

M. Chicandard a préparé à froid des macérations avec la farine pure, la pâte sur levain, la pâte sur levure et le pain. (Les pâtes étaient prises au moment de la mise au four.)

A. *Macération de farine.* — Le liquide se trouble légèrement par la chaleur, ce qui caractérise l'albumine proprement dite. Débarrassé de l'albumine par une ébullition prolongée, et filtré à nouveau, il donne un léger précipité par le ferrocyanure de potassium acétique, l'acide nitrique, le réactif acéto-picrique : ce sont les caractères de la légumine. La liqueur précipitée par le ferrocyanure ne contient plus trace de matières albuminoïdes, ce qui indique l'absence de peptone, car les peptones ne sont pas précipitées par ce réactif.

B. *Macération de la pâte sur levain.* — Le liquide ne précipite pas par la chaleur, même en présence d'acide acétique : il ne contient donc pas d'albumine proprement dite. Il précipite abondamment par l'acide nitrique à froid, par le ferrocyanure acétique, par le réactif acéto-picrique, ce qui indique la présence d'une quantité notable d'une albumine modifiée se rapprochant de la légumine. La liqueur, précipitée par un excès de ferrocyanure acétique et filtrée soigneusement, précipite de nouveau par l'addition de tannin. Or les peptones et la gélatine sont les seules substances albuminoïdes connues qui restent dissoutes en présence d'un excès de ferrocyanure acétique. La gélatine étant hors de cause, le précipité obtenu avec le tannin ne peut être fourni que par de la peptone.

C. *Macération de la pâte sur levure.* — Les réactions

ont été exactement les mêmes que pour la macération de la pâte sur levain.

D. *Macération du pain.* — Le liquide ne se coagulait pas par la chaleur, ne précipitait ni par l'acide nitrique, ni par le ferrocyanure acétique, ni par le réactif acéto-picrique ; mais il précipitait par le tannin, le sublimé, l'acide phospho-molybdique. Il contenait donc, comme unique substance azotée soluble dans l'eau à froid, de la peptone.

Tels sont les résultats obtenus par M. Chicandard. Nous ferons remarquer que l'auteur n'a pris aucune précaution pour que pendant la macération des pâtes avec l'eau toute fermentation fût arrêtée. Dès lors il est impossible de savoir si la peptone qu'il trouve s'était produite pendant la fermentation panaire, ou si elle n'a pas pris naissance pendant la macération.

J'ai cherché moi-même, dans les conditions où j'avais constaté que le gluten était attaqué pendant la fermentation panaire, à déterminer à peu près dans quelle mesure il était modifié.

Je prélève, à la même boulangerie que ci-dessus, de la pâte de pain au moment où on l'enfourne. J'en pèse immédiatement 100 grammes, que je délaie dans 100 centimètres cubes de solution saturée de sel marin, ce sel étant destiné à arrêter la fermentation. Connaissant approximativement la proportion de farine que contient la pâte, soit 64 p. 100, je délaie 64 grammes de farine (de la même que celle qui a servi à faire la pâte) dans le liquide ainsi composé :

Eau salée à 2,5 p. 100.................. 36 c.c.
Eau salée saturée.................... 100 —

Les deux mélanges, placés dans des éprouvettes graduées, occupent sensiblement le même volume (178 centimètres cubes pour le premier, 176 centimètres cubes pour le second), ce qui indique l'exactitude des proportions supposées pour la pâte de pain. Les deux éprouvettes sont abandonnées dans un lieu froid. Les matières solides se déposent avec des vitesses très inégales dans les deux éprouvettes : au bout de vingt-deux heures la couche liquide de la macération de farine n'occupe que 3 centimètres cubes, alors que, dans la macération de pâte, la partie liquide occupe 18 centimètres cubes. Au bout de deux jours on décante les parties liquides, on les filtre, et à 2 centimètres cubes de chaque liqueur on ajoute une goutte de solution de sulfate de cuivre et 2 centimètres cubes de solution de potasse. Dans chaque tube on obtient une coloration violette (réaction du biuret). Les réactions sont faites dans deux tubes provenant de la même canne, pour qu'on puisse comparer les colorations. Elles ont à peu près la même intensité, mais la comparaison ne peut pas être très précise, parce qu'elles n'ont pas tout à fait la même nuance : le liquide provenant de la farine donne une couleur un peu plus rose. Ainsi la farine, avant et après la fermentation panaire, contient toujours approximativement la même proportion de matière albuminoïde soluble dans la solution aqueuse saturée de sel marin.

Recherchons maintenant plus spécialement la pep-

tone. Les deux liqueurs sont soumises au traitement
indiqué par E. Salkowski pour la séparation de ce corps.
15 centimètres cubes de chaque liqueur sont addi-
tionnés de 0cc,5 d'acide acétique cristallisable. Les deux
liquides se troublent et deviennent laiteux. On chauffe
à l'ébullition : des grumeaux se forment ; on ajoute des
cristaux de sel marin jusqu'à refus de dissolution et on
filtre. A ce moment on a précipité et éliminé toute
matière albuminoïde autre que la peptone. Après
refroidissement on ajoute, comme précédemment, du
sulfate de cuivre et de la potasse, ce qui doit donner
une coloration violette s'il y a de la peptone. Or, dans
les deux tubes, il se produit une très légère coloration
bleue, nullement violette, de la même intensité, intensité beaucoup moindre que celle des couleurs obtenues
avant l'ébullition avec l'acide acétique et le sel marin
en excès. Par conséquent, après comme avant la fermentation panaire, la pâte ne contenait pas de peptone.

On voit par cette expérience que, même dans les
conditions ordinaires, la fermentation panaire modifie
très peu le gluten. Elle ne produit pas de peptone et ne
fait pas varier sensiblement la proportion de matière
albuminoïde soluble dans la solution saturée de sel
marin. Le gluten n'est donc pas solubilisé : il est seulement modifié de telle sorte qu'il se comporte autrement
que le gluten normal avec l'eau : il s'en sépare beaucoup
plus facilement quand on le met en macération, et n'est
pas agglomérable quand on le malaxe sous le filet
d'eau. Il est ainsi moins propre à soutenir la pâte. Cette
altération, importante au point de vue du rôle méca-

nique du gluten dans la panification, est peu considérable au point de vue chimique.

Il est bien entendu que dans certains cas l'altération du gluten peut être poussée plus loin, et qu'il peut bien se produire parfois de la peptone, mais il suffit de montrer un seul exemple de pâte bien levée, propre à devenir par la cuisson un pain de bonne qualité, et cependant exempte de peptone, pour pouvoir affirmer que la peptonification du gluten n'est pas la transformation caractéristique de la fermentation panaire.

Si l'on voulait faire une étude complète des substances qui prennent naissance pendant la fermentation panaire, il y en aurait encore plusieurs à signaler, notamment les acides acétique, butyrique, lactique ; mais la formation de ces corps n'a rien de caractéristique au point de vue de la nature de la fermentation qui fait lever la pâte, car on les trouve aussi bien dans les pâtes mal levées ou nullement levées que dans les pâtes bien levées ; ce n'est donc pas le lieu de nous en occuper. Leur présence prouve seulement une chose évidente *a priori*, c'est que la fermentation panaire n'est pas simple, mais se compose de plusieurs fermentations simultanées.

Origine du sucre qui est consommé dans la fermentation panaire. — Les faits expérimentaux que nous venons de recueillir nous conduisant à regarder la fermentation panaire comme une fermentation alcoolique par levure, un nouveau problème se trouve par là même posé, c'est celui de l'origine du sucre qu'exige cette fermentation.

Faisons remarquer d'abord que la quantité de sucre exigée est très faible. Dumas, par la seule considération de l'augmentation de volume de la pâte pendant la panification, avait déjà calculé qu'il faut un poids de sucre inférieur au $\frac{1}{100}$ du poids de la farine pour engendrer le gaz carbonique nécessaire à la production d'un pain bien levé. Les mesures exactes de M. A. Girard nous conduisent à la même évaluation. Nous avons vu, en effet, qu'il se produit environ $2^{gr},5$ d'acide carbonique par kilogramme de pain. Cette quantité exige, d'après la formule chimique de la fermentation alcoolique, 5 grammes de glucose par kilogramme de pain, soit 5 grammes de glucose dans 640 grammes de farine, c'est-à-dire moins de 1 p. 100.

La fermentation panaire est d'ailleurs de courte durée et modifie très peu la farine. La pâte, maintenue à l'étuve à 35° dans mes expériences, ne lève que pendant quelques heures, ensuite sa saveur s'altère, son acidité augmente, mais son volume n'augmente plus. C'est encore une preuve qu'il n'y a pas à chercher une source capable de produire une grande quantité de sucre, mais encore faut-il qu'il y en ait quelque peu.

Il faut donc, ou que le sucre préexiste dans la farine, ou qu'il prenne naissance à partir du moment du pétrissage, par une transformation d'un des principes contenus dans la farine.

Dans l'étude que nous avons faite plus haut, nous avons établi que la farine mouillée contient une trace de saccharose et de raffinose, un peu de maltose, un peu de substance saccharifiable soluble et une petite quantité d'une amylase peu active. L'ensemble de ces petites doses de sucre tout fait ou possible suffit pour expliquer la fermentation alcoolique par levure : Pœhl a trouvé que la farine humide contenait une quantité de maltose voisine de 1 p. 100 ; il n'en faut pas davantage. Cependant divers auteurs considèrent l'amidon comme étant la matière fermentescible mise en œuvre dans la fermentation panaire. Nous avons déjà prouvé par l'analyse que la teneur de la pâte en amidon ne diminue pas sensiblement par la panification ; mais les dosages n'ayant pas pu être effectués avec une grande précision, il est bon de contrôler ce résultat par d'autres considérations.

Existe-t-il dans le levain des agents capables de saccharifier l'amidon en grain, à la température où se fait la panification ? Ces agents pourraient être ou des diastases provenant de la farine même, ou des bactéries cultivées dans le levain.

La farine contient certainement un peu d'amylase, et, depuis les travaux de Mège-Mouriès, on a attribué un rôle considérable à cette amylase pendant la fermentation panaire. Voyons ce qu'il en faut penser.

D'abord, d'après M. Mège-Mouriès lui-même, ce n'est pas la fleur de farine, mais seulement le son, qui contient sa céréaline, et comme on peut faire du pain parfaitement levé en employant uniquement de la fleur de farine, cela suffit pour montrer que la fermentation panaire peut parfaitement se passer de la céréaline.

De plus nous avons vu, dans les expériences de

Peters, de la farine stérilisée par l'action de la chaleur sèche dans des conditions telles que l'amidon ne fût pas saccharifié, subir ensuite, en présence de l'eau, une fermentation alcoolique sous l'influence de la levure; or, si l'action de la chaleur avait été suffisante pour détruire les germes de bactéries, elle avait dû aussi, à plus forte raison, détruire toute amylase. Comme d'ailleurs on sait que la levure ne peut pas, par elle-même, saccharifier l'amidon, il a bien fallu que cette levure trouvât du sucre tout fait dans la farine, et en quantité suffisante pour fournir une fermentation manifeste.

Mais quand on admet la céréaline dans la pâte, peut-elle y jouer un rôle utile ? Le son contient réellement une amylase qui saccharifie l'amidon réduit à l'état d'empois, mais cette amylase pourrait-elle saccharifier les grains d'amidon non gonflés ? Cette question a déjà été posée dans la science pour la diastase de l'orge germée elle-même. On sait bien que pendant la germination les grains d'amidon sont peu à peu dissous par les sucs digestifs que sécrète l'embryon, mais pendant longtemps on n'a pas pu reproduire la même solubilisation en employant de l'amidon cru isolé et de l'extrait de malt. Les expériences de Guérin-Vary, de Schlossberger, de O'Sullivan, et de divers autres auteurs aboutissaient à cette conclusion que, en dehors de la germination, l'amidon cru n'est pas attaqué par la diastase que nous pouvons extraire du malt. M. Bara-netzky a montré, en 1878, que les résultats négatifs obtenus jusqu'alors par les expérimentateurs étaient dus à une cause tout à fait accidentelle, c'est que tous avaient, par hasard, employé dans leurs essais la fécule de pomme de terre. Or, les grains d'amidon opposent à l'amylase une résistance qui varie suivant leur origine. De toutes les variétés d'amidon essayées par M. Bara-netzky, ce sont celles de la pomme de terre et du riz qui résistent le plus, et il se trouve que ces variétés sont justement celles que le commerce met le plus commu-nément à notre disposition. L'amidon de blé est au contraire attaqué, à l'état cru, par l'amylase du malt, et cet auteur a montré que la corrosion des grains d'ami-don, observée dans ces conditions, passe exactement par les mêmes phases que celles qu'on observe dans la graine pendant la germination. Cependant cette solubi-lisation est lente : à la température ordinaire il faut attendre près de vingt-quatre heures pour en trouver des marques bien visibles. Il n'y a aucune raison pour supposer que l'amylase du son serait plus active. Il n'y a donc pas lieu de tenir compte de cette solubilisation dans une fermentation panaire qui, avec de la levure pour levain, peut être effectuée en deux ou trois heures.

Ce rôle que nous refusons à l'amylase de la farine, faut-il l'accorder à des bactéries cultivées dans le levain? Il ne manque pas de bactéries capables de dissoudre l'amidon. Nous en avons signalé plusieurs dans l'étude que nous avons faite plus haut de la flore du levain. Mais c'est toujours en les faisant agir sur de l'empois que l'on a constaté leur pouvoir saccharifiant. M. Pril-lieux a le premier, en 1879 (1), fait connaître un *Micro-*

(1) Prillieux, *Bull. de la Société botanique*, 1879.

coccus qui corrode les grains d'amidon du blé en même temps qu'il colore le grain de blé en rose. Il a montré que ce microcoque, au lieu d'attaquer immédiatement le grain d'amidon dans toute son épaisseur, comme le fait l'amylase du malt d'après les expériences de M. Baranetzky, l'attaque seulement par la périphérie et le ronge ainsi beaucoup plus lentement. M. Vignal a observé le même phénomène dans l'attaque de l'amidon de pomme de terre par le *Bacillus mesentericus vulgatus*, et a vu de plus qu'il n'y avait pas saccharification, mais combustion lente. Dans les expériences de M. Peters les bacilles D et E ont attaqué les grains d'amidon de blé, mais l'auteur n'a constaté qu'une corrosion, sensible seulement au bout d'un ou de plusieurs jours; il n'a pas signalé la formation de sucre dans le milieu de culture.

Jusqu'à présent on ne connaît pas de bactéries chez lesquelles on ait constaté le pouvoir de transformer l'amidon cru en sucre fermentescible. Il est impossible d'affirmer qu'il n'en existe pas, mais il est encore moins possible d'affirmer que dans la fermentation panaire le sucre qui fermente est fourni, aux dépens des grains d'amidon, par des bactéries.

Nous arrivons donc à la conclusion que dans la fermentation panaire il n'y a pas production de sucre nouveau, en quantité appréciable, aux dépens de l'amidon. La petite quantité de sucre mise en œuvre se compose de celui qui préexistait dans la farine, et de celui qui a pu prendre naissance au contact de l'eau par saccharification de quelque hydrate de carbone plus attaquable que l'amidon.

§ 4. — Théorie de la fermentation panaire.

Il s'agit maintenant d'utiliser les matériaux que nous avons empruntés à l'expérience, pour édifier une théorie de la fermentation panaire.

D'une part, nous avons reconnu que la levure alcoolique est l'agent essentiel et unique de la fermentation qui fait gonfler la pâte du pain dans les conditions usuelles ; d'autre part, nous avons vu que, dans des conditions particulières, favorables d'ailleurs au gonflement de la pâte, il peut arriver que la partie soluble de la farine soit seule attaquée pendant la fermentation panaire, le gluten et l'amidon n'intervenant que pour une très petite proportion.

Il en résulte que la *fermentation panaire consiste essentiellement en une fermentation alcoolique, par levure, du sucre préexistant dans la farine*, auquel s'adjoint peut-être un peu de sucre formé par saccharification d'une trace d'hydrate de carbone.

Dès lors les microbes, autres que la levure, que l'on trouve dans le levain ou dans la pâte, ne peuvent être, en ce qui concerne la levée du pain, qu'inutiles ou nuisibles.

Voici des expériences de contrôle qui vont nous permettre d'en juger.

Trois petits flacons à culture reçoivent chacun : 1º le gluten de 10 grammes de farine ; 2º 5 centimètres cubes d'eau tenant en dissolution 0^{gr},4 de glucose. C'est à peu près la composition d'une pâte à pain dont on aurait supprimé l'amidon. Le gluten est cru, aucune stérilisation n'est pratiquée. L'un de ces flacons est ensemencé abondamment avec ma levure A, le second avec une levure beaucoup moins active, celle que j'ai appelée plus haut B; le troisième, servant de témoin, ne reçoit aucune semence. Les trois flacons sont placés à l'étuve, à 32°. Au bout de six heures et demie, le flacon à levure A fermente visiblement, les autres ne donnent pas signe de vie. Le lendemain, les trois flacons présentent un dégagement de gaz, mais l'aspect du flacon à levure A est tout différent des deux autres, le gluten y est soulevé en colonnes verticales qui partent de la base du flacon; dans les deux autres, il n'y a plus de gluten solide au fond; le gluten y forme une peau gluante à la surface. Au microscope le premier ne montre que de la levure, le second présente beaucoup de bacilles et très peu de levure, le troisième présente seulement des bacilles en abondance. Le troisième jour, les flacons sont ouverts : l'odeur et la saveur du flacon à levure A indiquent une franche fermentation alcoolique, le liquide témoin a une odeur butyrique et une saveur qui rappelle le vinaigre. L'acidité du liquide du premier flacon, mesurée avec l'eau de baryte en présence de la phénolphtaléine, équivaut à 4^{cc},86 d'acide décinormal par 10 centimètres cubes de liquide; celle du témoin à 11^{cc}, 34.

On voit, par cette expérience, que la levure, outre qu'elle gonfle la pâte par le gaz qu'elle produit, empêche aussi la pâte d'aigrir et de prendre l'odeur butyrique. Une levure suffisamment active, ajoutée en quantité suffisante, devance les bacilles dans leur dé-

veloppement ; ceux-ci ne deviennent abondants qu'une
fois la fermentation alcoolique terminée. Voilà pourquoi
les boulangers « rafraîchissent » le levain comme nous
l'indiquerons bientôt. Par des cultures successives, ils
rendent à la levure la prédominance qu'elle avait perdue
dans le levain vieux et arrêtent la fermentation acide
qui s'y établissait.

L'expérience suivante contribuera encore à mettre
en évidence les rôles respectifs des divers microorganismes. Je fais avec de la farine et de l'eau salée
trois pâtes semblables, sauf que la première est ensemencée avec la levure A, la seconde avec un peu de
liquide du flacon témoin de l'expérience précédente, et
la troisième reste sans aucune addition de semence.
La semence incorporée à la seconde pâte est âgée de
cinq jours. C'est une culture en pleine activité de bactéries aptes à produire la fermentation du gluten. Ces
trois pâtes sont mises à l'étuve à 33°. Le lendemain les
gonflements sont respectivement :

Pour la pâte à levure...................... **3,1**
   —   à bactéries du gluten......... **1,2**
   —   non ensemencée.......... ... **1,6**

J'extrais alors le gluten de chaque pâte. La pâte à levure donne du gluten à peu près normal en qualité et en
quantité (environ les $\frac{8}{10}$ de la quantité normale).

La pâte à bactéries du gluten ne laisse pas du tout
de gluten entre les doigts après malaxation sous le
filet d'eau.

La pâte sans aucune semence laisse un gluten très collant, mou, en quantité égale à un peu plus du $\frac{1}{3}$ de la quantité normale.

On voit donc :

1° Que les bactéries qui dissolvent le gluten dans l'expérience précédente, loin de faire lever le pain, l'empêchent de lever, puisque, des trois pâtes, la moins gonflée est celle qui a été ensemencée avec ces bactéries.

2° Que la levure protège le gluten contre l'attaque des bactéries que contient naturellement la pâte, puisque la pâte à levure contient plus de gluten agglomérable que la pâte non ensemencée.

Ces deux expériences montrent bien que les bactéries de la pâte remplissent un rôle nuisible ; elles altèrent le gluten et acidifient la pâte, et plus l'activité de la levure est grande, plus ce rôle est atténué.

Or, nous avons vu plus haut que du pain acidulé par de l'acide tartrique, c'est-à-dire du pain où le gluten est dissous ou désagrégé, perd de la légèreté à la cuisson, tandis que le pain neutre en gagne. La préservation du gluten par la levure est donc un fait important. Dans une pâte où le gluten n'a pas été altéré pendant la fermentation, celui-ci forme, autour des bulles de gaz, des poches qui, par la cuisson, deviennent presque imperméables ; ainsi le gaz est retenu, et chaque bulle, en se dilatant et s'augmentant de la vapeur d'eau que produit l'échauffement, accroît le volume de la cellule qui le contient, tandis que, si le gluten a perdu sa cohésion, le gaz, en se dilatant, traverse les parois de pâte qui le renfermaient, et s'accumule dans de grandes cavernes écartées les unes des autres.

La levure et les bactéries sont donc, à ce point de vue, antagonistes. Il n'y a pas lieu, d'ailleurs, d'admettre une association de la levure avec une bactérie, avec le bacille α, par exemple. Car, d'une part, les expériences faites sur la fermentation de la pâte acide excluent toute intervention de microbes incapables de vivre en milieu très acide, et le bacille α, comme tous ceux qu'on a isolés jusqu'ici dans le levain, est du nombre, d'autre part les bactéries n'ont aucun rôle utile à remplir, puisque ni le gluten, ni l'amidon ne participent sensiblement à la fermentation.

Il est bien entendu qu'il ne s'agit ici que du rôle des microorganismes dans la *levée* du pain; car au point de vue de la saveur et de la digestibilité il se pourrait qu'un commencement d'altération du gluten et d'acidification des hydrates de carbone par les bactéries, maintenu dans des limites convenables, donnât à la pâte des qualités recherchées par le consommateur.

Nous pouvons maintenant répondre à une objection qui pourrait nous être faite. Si la levure alcoolique est, comme nous l'avons établi, l'organe essentiel du levain de pain, comment se fait-il que des observateurs aient pu manquer d'apercevoir cette levure dans la pâte en formation, et aller jusqu'à affirmer que la levure, semée dans la pâte, ne s'y cultive pas? Pourquoi avons-nous eu recours nous-même, pour constater la présence de la levure, à l'ensemencement au lieu de la

simple observation microcospique? C'est que, même
en admettant que la levure se cultive d'une manière
florissante, il est impossible de s'en apercevoir par
l'observation directe.

En effet, considérons une pâte faite avec 100 grammes de farine et 50 grammes d'eau. Les 100 grammes
de farine contiennent environ 10 grammes de gluten sec,
qui, en présence de l'eau, deviennent environ 34 grammes de gluten humide. Il y a donc 24 grammes d'eau
fixés sur le gluten. Mais la farine contient environ
10 p. 100 d'eau. Le gluten ne fixe donc que 14 grammes d'eau étrangère. Restent 36 grammes d'eau, sur
lesquels l'amidon fait encore un prélèvement. La farine contient environ 70 p. 100 d'amidon. D'après les
expériences de Payen, 100 grammes d'amidon séché
à l'air saturé d'humidité retiennent 36 grammes d'eau.
70 grammes retiennent donc 25 grammes d'eau.
Restent 11 grammes d'eau libre sur les 50 grammes
qui ont été incorporés à la pâte. Ainsi, dans 150 grammes de pâte, il n'y a guère plus d'une dizaine de
centimètres cubes d'eau non engagée dans des matières
solides, disponible pour servir de milieu de culture aux
microorganismes. Dès lors il faudrait, pour que ceux-ci
se développassent abondamment, qu'ils attaquassent
ces matières solides; mais la levure n'attaque pas
du tout l'amidon et n'attaque le gluten que très faiblement, puisqu'elle n'en détruit pas plus de 1 à
2 p. 100. Par conséquent il ne peut se produire qu'une
quantité de levure égale à celle qu'on récolterait dans
un milieu nutritif liquide du volume de 10 centimètres

cubes environ. Cette petite quantité, répartie dans
150 grammes de pâte, ne peut pas être facile à apercevoir sous le microscope, où l'on est gêné par la multitude des grains d'amidon.

Ce que nous disons pour la levure s'applique aussi
aux bactéries tant qu'elles n'ont pas liquéfié le gluten.
Aussi me suis-je assuré qu'on ne trouve également que
de très rares bactéries dans la pâte tant qu'elle n'est
pas gâtée. Exemple : une pâte est faite avec un levain
issu d'une trace de levure pure et rafraîchi plusieurs
fois. Seize heures plus tard, le gonflement étant 2,8,
c'est-à-dire la fermentation panaire ayant eu lieu d'une
façon normale, une parcelle de cette pâte est préle-
vée avec un fil de platine et délayée dans une goutte
d'eau sur le porte-objet du microscope. Un examen superficiel ne montre dans la préparation aucune cellule
vivante. Mais, à force de chercher, je finis par découvrir quelques très rares bactéries, et, enfin, je trouve
deux cellules nettement caractérisées comme levure de
bière, en état de bourgeonnement.

Dans cette expérience, la levure n'était pas en
excès; la pâte ne contenait que les cellules de levure
issues d'une goutte de semence, puis multipliées par
culture de pâte en pâte; les bactéries avaient pu se
multiplier en même temps.

Plaçons-nous maintenant dans des conditions spécialement favorables à la levure. De la pâte est faite avec
35 grammes de farine, un dépôt de levure pure occupant 2 centimètres cubes après décantation de son
liquide de culture, et de l'eau salée; elle contient ainsi

un excès de levure. Elle est terminée et mise à l'étuve à midi ; elle fermente parfaitement ; à 3ʰ40 le gonflement est de 2,30, et un dosage de gluten effectué sur une portion de la pâte montre que le gluten n'a pas été sensiblement attaqué. A 6ʰ 30 je pique cette pâte avec un fil de platine, de manière à emporter un peu de pâte, que je délaie dans une goutte d'eau sur une lame de verre ; j'obtiens ainsi un liquide laiteux dont je fais l'examen microscopique : je compte les cellules de levure et les bactéries dans plusieurs champs pris loin les uns des autres dans la même préparation ; voici les nombres trouvés :

	Cellules de levure.	Bactéries.
1er champ......................	2	0
2e —	1	0
3e —	0	0
4e —	2	0
5e —	0	0
6e —	1(?)	0
7e —	1	0

Ainsi, dans cette fermentation panaire où, grâce à un copieux ensemencement avec une levure pure, le gluten a été respecté, les bactéries en forme de bâtonnet, les seules que j'aurais pu reconnaître dans ce genre d'examen, sont absolument introuvables. Quant à la levure, le nombre des cellules observées était ici exceptionnel, parce qu'il en avait été introduit d'avance dans la pâte plus qu'il ne pouvait s'en développer pendant la fermentation.

Ces deux expériences montrent que le simple examen microscopique de la pâte ne peut pas servir à faire connaître la nature des organismes qui s'y développent ;

et la seconde montre que, si la rareté des cellules de levure devait faire refuser le rôle essentiel à cet organisme dans la fermentation, la rareté, encore bien plus grande, des bactéries devrait *a fortiori* rendre inadmissible l'intervention de ces dernières.

C'est à partir du moment où la fermentation panaire est terminée que les bactéries travaillent activement à liquéfier le gluten ; alors la proportion de liquide propre à servir de milieu de culture se trouve augmentée, et les bactéries se multiplient assez pour devenir facilement visibles ; c'est le cas qui se présente quand, au lieu d'examiner de la pâte de pain, on examine du levain.

Examinons maintenant les expériences qui ont conduit certains auteurs à nier la multiplication de la levure dans la pâte de pain. M. Jago fait une pâte molle avec de la farine, de la levure et de l'eau distillée ; puis dans cette pâte il compte, au moyen de l'hématimètre, le nombre des cellules de levure immédiatement après le pétrissage et ensuite toutes les deux heures. Il trouve que ce nombre diminue progressivement.

Je ne conteste en aucune façon ce résultat : il est dû à ce que le nombre initial de cellules de levure présentes est de beaucoup supérieur à celui que peut faire vivre le milieu de culture. Plantez de jeunes sapins tout près les uns des autres dans une terre parfaitement propre à leur végétation, et vous en verrez mourir d'abord un certain nombre, après quoi les survivants

(1) Jago, *Bread-Making*, p. 343.

pourront se développer. C'est ce qui arrive quand on ajoute la levure à dose massive dans la pâte de pain comme le font d'ordinaire les boulangers qui travaillent sur levure. Ainsi que l'a montré M. Adrian Brown, l'encombrement des cellules de levures dans un milieu nutritif quelconque peut leur laisser le pouvoir de mettre le sucre en fermentation, mais les prive du pouvoir de se reproduire.

Le raisonnement par lequel nous avons trouvé approximativement quelle est dans la pâte la proportion de liquide libre permet aussi de voir que la petite quantité de sucre contenue dans la farine avant le pétrissage suffit bien pour fournir un milieu de culture approprié à la fermentation alcoolique. Supposons, d'après les analyses les plus autorisées, qu'une farine contienne seulement 2 p. 100 de matière sucrée. Quand cette farine est pétrie avec de l'eau, il est impossible de savoir comment ce sucre se répartit dans la masse : une partie peut être fixée par la matière solide comme dans une laque ; mais il en restera toujours assez de libre pour faire avec 11 centimètres cubes seulement de liquide, une solution convenablement sucrée. Il est donc inutile de supposer une saccharification ultérieure de l'amidon ; il n'y aurait pas assez d'eau pour permettre à la levure d'utiliser le sucre nouveau. C'est, du reste, un fait connu que, quand on ajoute du sucre à la pâte, elle n'en lève pas mieux.

On voit que l'examen approfondi des faits que fournit l'expérimentation moderne nous a conduit à revenir purement et simplement à la théorie exposée par Du-

mus en 1843. Bien entendu nous n'appliquons cette
théorie qu'à la fermentation panaire produite par le levain des boulangers. On peut produire un gonflement
semblable dans la pâte par d'autres moyens, par exemple
par l'action du bacille de M. Popoff ou du *Bacillus levans*
de M. Wolffin, ou même par des moyens purement
chimiques, sans ferment, par exemple en décomposant
un carbonate au sein de la pâte par un acide. Ce sont
là des procédés de panification spéciaux, mais la fermentation panaire usuelle, telle qu'elle est pratiquée
en France, a lieu conformément à la théorie que nous
venons d'expliquer.

§ 5. — Circonstances dont dépend la production du pain blanc ou du pain bis.

On sait que le pain fait avec les farines de première
qualité est blanc, tandis que celui qui est fait avec les
farines inférieures est bis. Mais on n'a pas jusqu'à présent fait connaître d'une manière certaine par quelles
réactions se produit la coloration du pain bis. Les notions qui ont cours sur ce sujet sont empruntées aux
travaux de Mège-Mouriès, travaux dans lesquels les
assertions les plus erronées se trouvent mêlées à des
observations exactes, et dont il est impossible de dégager la vérité. Selon lui la couleur brune du pain bis est
produite par la *céréaline*, substance azotée soluble
contenue dans le son, et douée, comme nous avons
déjà eu l'occasion de le dire, de propriétés multiples,
parmi lesquelles se trouverait celle de décomposer

le gluten en produisant de l'ammoniaque et une matière brune, et de déterminer rapidement la transformation de la matière extractive en une matière brune analogue à l'acide ulmique. Cette transformation serait plus rapide à l'air et à la chaleur. On pourrait aussi, suivant Mège-Mouriès, obtenir du pain bis même avec de la farine de première qualité, en employant un levain trop fermenté, trop acide. Ce dernier agirait à l'instar de la céréaline.

Le caractère vague de ces explications suffit pour montrer qu'un nouvel examen expérimental de la question n'était pas inutile. J'ai entrepris cet examen, et voici les premiers résultats que j'ai obtenus :

J'ai cherché à déterminer séparément quel pouvait être le rôle du gluten et celui du son dans la production de la couleur du pain.

a. Rôle du gluten. — Le gluten peut changer de couleur soit par dessiccation, soit par fermentation.

Tout le monde sait que le gluten humide est blanc grisâtre et qu'il brunit en se desséchant. Si après avoir abandonné quelque temps à la dessiccation une masse de gluten de manière qu'elle ait pris une couleur foncée, on la coupe en deux, et que l'on conserve une des moitiés sous l'eau, l'autre à sec, la moitié immergée devient peu à peu moins brune que la moitié sèche ; au bout de six à sept jours elle a repris à peu près sa couleur initiale.

L'expérience suivante a été faite en vue de rechercher si pendant la dessiccation du gluten humide le changement peut être dû à quelque action de diastase.

Du gluten de farine de gruau supérieure extrait par l'eau avec le plus grand soin, est réparti en huit parts. Les parts A,B,C,D sont conservées à l'état cru ; les parts A′,B′,C′,D′ sont cuites dans l'eau au bain-marie pendant 10 minutes.

A et A′ sont posés sur des morceaux de papier buvard posés eux-mêmes sur une plaque poreuse de porcelaine ;

B et B′ sont à moitié immergés dans de l'eau sur des capsules de porcelaine ;

C et C′ sont complètement recouverts d'eau ;

D et D′ sont placés à l'étuve à 100°.

Les morceaux de gluten placés sous l'eau, C et C′, presque blancs, sont restés tels pendant toute la durée de l'expérience (plusieurs jours).

A et A′, exposés à l'air, ont pris peu à peu une couleur gris verdâtre un peu différente d'abord de l'un à l'autre, puis identique. L'identité finale de couleur de A et de A′ prouve que la coloration n'est pas produite par une action de diastase, puisque toute diastase a été détruite en A′. De plus, en A comme en A′, la couleur est la même à l'extérieur et sur la tranche fraîche, ce qui prouve qu'elle n'est pas produite par une oxydation ; car si cela était, la couleur serait moins foncée à l'intérieur.

B et B′, à demi immergés, se sont comportés d'une manière différente. D'abord la partie émergeante de B′ paraissait un peu plus foncée, mais cette coloration ne s'est pas accentuée : B′ est resté presque blanc pendant toute la durée de l'expérience ; B a pris, au contraire,

la même couleur que le gluten sec A. Mais, en même
temps que B prenait une couleur de plus en plus foncée,
il prenait aussi une consistance de plus en plus compacte et dure, bien qu'il restât de l'eau au fond de
la capsule. B' était au contraire demeuré spongieux et
complètement imbibé d'eau, aussi bien dans la partie
émergeante que dans la partie immergée. Ceci prouve
que la cuisson avait modifié la structure du gluten, de
manière à le rendre spongieux et incapable de se dessécher en présence d'un peu d'eau ; c'est encore uniquement la dessiccation qui a produit la coloration
en B.

Enfin D et D' ont pris la même couleur que A et A',
sur la tranche comme à la surface extérieure, ce qui
montre que la température à laquelle a lieu la dessiccation est sans influence.

En somme cette expérience, jointe à la précédente,
prouve que quand le gluten est bien exempt de débris
d'enveloppes, le changement de couleur qu'il peut subir
ne dépend ni d'une matière coagulable par la chaleur,
ni de l'action de l'oxygène de l'air ; il ne dépend que
de la dessiccation, et ne provient pas de la formation
d'une matière colorante nouvelle, mais seulement de la
contraction que subit la matière en se déshydratant. Le
gluten sec a sa couleur propre ; le gluten imbibé d'eau
est rendu blanc par l'état de division de la matière.

Le brunissement du gluten peut se produire aussi par
dessiccation dans la farine sans que celle-ci ait été pétrie avec de l'eau, comme le montre l'expérience suivante :

Du blé de bonne qualité est moulu dans un moulin à café, le produit du broyage est bluté par trois passages successifs de la farine à travers des tamis de plus en plus fins. On obtient ainsi une farine qui n'est pas bien blanche, qui contient même une notable proportion de débris de son pulvérisés, mais qui a l'avantage de pouvoir toujours être reproduite dans des conditions identiques, et d'être parfaitement connue en ce qui concerne son âge et son exposition antérieure à l'air humide ou sec. On place 100 grammes de cette farine sous une cloche au-dessus de l'acide sulfurique, et 100 grammes de la même sous une autre cloche au-dessus d'un cristallisoir contenant de l'eau. Au bout de dix-huit jours, la farine maintenue dans l'air sec a subi une perte de poids de 12 grammes; celle qui a été maintenue dans l'air humide a gagné 6 grammes. A ce moment on moud de nouveau du même blé de la même manière. On obtient ainsi une troisième farine. On pétrit ces trois farines séparément avec de l'eau salée et de la levure de manière à les convertir en pains. Pendant le pétrissage la pâte de farine séchée est plus grise que les deux autres. Les trois pains sont cuits au four. On constate ensuite que les pains de farine fraîche et de farine conservée dans l'air humide ont la même couleur, légèrement bise. Le pain de farine conservé dans l'air sec est beaucoup plus foncé, d'un gris moins blond, tirant sur le gris ardoise.

Dans cette expérience, le gluten n'ayant pas été traité à part, on ne voit pas directement quelle partie de la farine a bruni; mais il n'est pas admissible que ce soit autre chose que le gluten. L'explication du fait observé me paraît donc être la suivante : Pendant la dessiccation parfaite de la farine, son gluten s'est racorni et a pris ainsi la teinte qui lui est propre ; ensuite, pendant le pétrissage, ce gluten, devenu impénétrable pour l'eau comme l'échantillon B de l'expérience précédente, n'a pas pu s'imbiber d'eau et par suite se décolorer.

Voyons maintenant si le gluten peut changer de couleur par fermentation. Il n'y a pas lieu de soumettre le gluten à toutes les fermentations possibles, mais seulement à celles qui se rencontrent dans la panification. Or, dans le travail des levains le gluten peut être exposé à l'action de la levure alcoolique et à celle des bactéries qui se développent spontanément dans la pâte qu'on obtient en pétrissant de la farine avec de l'eau seule.

Soumettons donc du gluten à ces fermentations particulières. J'ai d'abord constaté que du gluten baigné dans une solution sucrée nutritive incolore, ensemencé, après stérilisation par la chaleur, soit avec de la levure, soit avec un peu de pâte de farine et d'eau en fermentation spontanée, ne changeait pas de couleur pendant la fermentation.

Mais ce gluten avait été cuit pour la stérilisation, et par suite dénaturé. Il importait de faire la même étude sur le gluten cru, en renonçant à la stérilisation. L'expérience fut donc recommencée, de la manière suivante :

Trois tubes reçurent chacun le gluten de 20 grammes de farine, et 10 centimètres cubes d'eau contenant 0gr,75 de saccharose. C'est à peu près la composition d'une pâte de pain dont on aurait supprimé l'amidon. Aucune opération de stérilisation n'est pratiquée. Le premier tube est ensemencé avec une levure bien blanche, qui a été cultivée en moût incolore; le deuxième est ensemencé avec un peu de pâte spontanément fermentée ; le troisième n'est pas ensemencé du tout.

Les trois tubes, conservés à l'étuve vers 33°, entrent bientôt en fermentation vive. Le lendemain, le gluten du tube à levure est resté au fond ; dans les deux autres tubes le gluten est soulevé à la partie supérieure. La comparaison des couleurs est difficile parce que la consistance du gluten est différente. D'ailleurs, ce qui importe pour avoir un renseignement applicable au pain, c'est d'observer la couleur de chaque mélange tout entier. Le contenu de chacun des trois tubes est donc trituré avec une baguette de verre de manière à être converti en une masse homogène. Ces trois masses ne présentent pas de différence de couleur. Mais dans le pain la mie a été cuite aux environs de 100°. Je porte donc les trois tubes au bain-marie pendant 20 minutes ; après refroidissement les trois masses ont la même couleur, d'un blanc un peu sale.

Par conséquent, les fermentations qui se produisent dans la panification n'altèrent pas la couleur du gluten.

Dans cette expérience les conditions réalisées reproduisaient celles qui existent pour le pain. Mais il m'a paru intéressant de pousser plus loin les fermentations pour voir si à la longue il se produirait des changements de couleur.

Du gluten cru est donc immergé dans de l'eau sucrée

à l'intérieur de trois flacons Miquel (fig. 33). Un flacon est conservé comme témoin au froid ; un autre est ensemencé avec de la levure ; un troisième avec de la pâte spontanément fermentée ; ces deux derniers sont placés à l'étuve à 30° de manière qu'ils subissent des fermentations vives. Au bout de cinq heures les deux flacons ensemencés sont en pleine fermentation ; la couleur du gluten y est la même que dans le témoin. Le lendemain le gluten soumis aux bactéries de la pâte est entièrement désagrégé et émulsionné dans le liquide qui est un peu gris. Au fond du flacon à levure il reste une couche de gluten solide de même couleur que le gluten témoin, lequel ne présente aucune marque d'altération. A partir de ce moment les flacons ensemencés sont retirés de l'étuve et conservés à côté du témoin dans la salle de travail (en hiver) ; treize jours après l'ensemencement il reste encore du gluten solide dans le flacon à levure et dans le témoin. Celui du flacon à levure

Fig. 33. — Flacon Miquel pour culture.

est plus blanc ; celui du témoin est jaune brunâtre ainsi que le liquide qui le surnage. Dans le flacon à bactéries de la pâte il y a toujours une émulsion opaque couleur de gluten frais. La réaction des trois liquides au tournesol est la suivante :

	Réaction.
Témoin......................	Neutre.
Flacon à levure..................	Neutre.
Flacon à bactéries de la pâte.......	Franchement acide.

Les mêmes couleurs persistent encore pendant bien des jours, jusqu'à ce qu'on mette fin à l'expérience.

On voit par là que sans stérilisation le gluten abandonné à la fermentation spontanée dans l'eau sucrée reste très longtemps sans changer de couleur, mais finit par s'altérer sans production d'acide libre ; sa couleur devient alors brune. Au contraire dans la fermentation panaire, où la réaction de la matière est toujours acide, le gluten ne change pas de couleur ; seulement il se désagrège ou conserve sa ténacité selon que prédomine la fermentation bactérienne ou la fermentation par levure.

b. Rôle du son. — Le son peut influer sur la couleur du pain en vertu de sa couleur propre. S'il se trouve en assez grande proportion dans la pâte en état de division assez fine pour qu'on ne le distingue pas à l'œil, on peut le retrouver à la loupe sous forme de petites pellicules distinctes colorées en jaune orangé.

Mais ce n'est pas la seule influence qui puisse lui être attribuée : il peut encore agir par sa partie soluble répandue dans toute la masse.

Si l'on met à macérer du son avec deux fois son poids d'eau pendant une demi-heure, et qu'on soumette rapidement le mélange à l'action de la presse, on obtient un liquide blond trouble. Pour le soustraire à l'action des bactéries, filtrons-le au moyen du filtre Chamberland et transvasons-le dans des flacons Miquel stérilisés.

Le liquide, d'abord blond et limpide, abandonne peu à peu un précipité blanchâtre ; en même temps il brunit de jour en jour, et, au bout de plusieurs semaines, il est

devenu presque noir, sans avoir d'ailleurs subi aucune
fermentation bactérienne. Ce changement de couleur
est dû à une oxydation, comme le montre l'expérience
suivante :

De l'extrait aqueux de son est préparé comme ci-
dessus, mais à l'abri de l'air : toutes les opérations,
macération, filtration, sont faites dans une atmosphère
de gaz carbonique. Le liquide limpide, blond clair, est
introduit dans des tubes qu'on scelle à la lampe après y
avoir fait le vide avec la pompe à mercure. Tant que le
liquide reste dans ces tubes sans oxygène, il ne change
pas de couleur ; si dans l'un des tubes on laisse rentrer
l'air, le liquide qu'il renferme brunit peu à peu à partir
de ce moment. C'est donc bien l'action de l'air qui produit ce changement de couleur. Or M. G. Bertrand a
découvert (1) dans le latex de l'arbre à laque du Tonkin
une substance qui jouit de la propriété de déterminer
le transport de l'oxygène sur un principe oxydable, le
laccol, et de le transformer ainsi en un vernis noir. Il a
considéré cette substance comme une diastase et lui
a donné le nom de « laccase ». Il a de plus annoncé que
ce même principe, capable de provoquer l'oxydation
de divers polyphénols, se rencontre dans un grand
nombre de plantes. Le brunissement de l'extrait aqueux
de son n'est-il pas produit de la même manière ?

On sait que les substances diastatiques ou analogues
aux diastases perdent leur activité à 100°. Chauffons
donc au bain-marie à 100° un des tubes contenant de

(1) G. Bertrand, *C. R. Ac. des sc.*, 1895, CXX, p. 266.

l'extrait de son, dans le vide ou dans le gaz carbonique. Un coagulum abondant se produit. La pointe est ensuite brisée et l'air introduit dans le tube. La liqueur reste blonde indéfiniment pendant que dans les tubes traités de même, sauf qu'il n'ont pas été chauffés, la liqueur brunit. Donc la température de 100° rend l'extrait de son inaltérable à l'air à l'abri des bactéries.

Si maintenant on traite par l'alcool l'extrait de son récent, filtré au filtre Chamberland et non chauffé, on obtient un précipité et une liqueur. La liqueur, séparée par filtration, est évaporée dans le vide à froid; le précipité, bien lavé à l'alcool, est de même séché dans le vide à froid. On a ainsi divisé l'extrait de son en deux matières à l'état solide. Ajoutons à chacune de ces deux matières un volume d'eau égal à la moitié du volume d'extrait aqueux de son d'où elles proviennent. La substance provenant de la liqueur alcoolique se dissout très bien dans l'eau et donne une solution blonde. La substance qui a été précipitée par l'alcool ne se dissout au contraire qu'en très petite quantité. La solution est presque incolore. On filtre les deux solutions; on les mélange en partie à volumes égaux, et on garde comme témoins les deux restes. On abandonne ces liquides dans de petits flacons débouchés en un lieu froid pour éviter le développement des bactéries. Le lendemain le mélange est de couleur un peu plus foncée que les deux solutions séparées; le surlendemain la différence est encore plus accentuée. Les solutions séparées n'ont pas changé de couleur à l'air.

Cette expérience prouve que le brunissement de l'extrait aqueux de son à l'air se produit par le même mécanisme que la laque : cet extrait contient une substance oxydable qui, seule, n'est pas attaquée par l'oxygène libre, et une substance azotée, coagulable par la chaleur, précipitable par l'alcool, qui, ajoutée à la première, en détermine l'oxydation par l'oxygène libre. Comme la laccase isolée par M. G. Bertrand, cette substance détermine aussi l'oxydation de l'hydroquinone en solution aqueuse avec production d'une coloration rouge brun qui augmente peu à peu jusqu'à l'opacité complète.

Nous ne croyons pourtant pas devoir appliquer à cette substance le nom de laccase, d'abord parce qu'il n'est pas certain que la substance fixatrice d'oxygène trouvée dans le son soit la même que celle de l'arbre à laque, et ensuite parce que dans la nomenclature chimique actuellement en usage la désinence *ase* est appliquée aux substances qui produisent des phénomènes d'*hydrolyse* (c'est-à-dire séparation d'une molécule en plusieurs par fixation d'eau). La seule propriété reconnue à la substance en question n'étant pas le pouvoir hydrolytique, nous préférons lui appliquer le nom empirique d'*oxydine*, destiné simplement à rappeler la propriété par laquelle elle nous intéresse dans la question présente (1).

Quant à la substance oxydable du son, je n'ai pas encore réussi à l'isoler.

(1) Nous n'adoptons pas non plus le nom d'*oxydase*, proposé depuis par M. G. Bertrand pour un autre agent d'oxydation, parce que la formation de ce mot est contraire à la règle de nomenclature des diastases, d'après laquelle le radical du mot employé désigne la substance sur laquelle la diastase exerce son action.

Le traitement précédent de l'extrait de son, tout en permettant de mettre en évidence l'existence de l'*oxydine* et de la substance oxydable, a donné un mauvais rendement : en mélangeant dans l'eau et exposant à l'air les deux substances ainsi séparées, on n'a obtenu qu'une coloration brune beaucoup moins intense que celle qui se produisait dans l'extrait de son naturel à la même dilution. On obtient de meilleurs résultats en opérant de la manière suivante :

Comme substance oxydable on emploie de l'extrait aqueux de son filtré sur porcelaine sous une atmosphère de gaz carbonique (la filtration est extrêmement lente), puis porté au bain-marie et maintenu à 100° pendant 20 minutes. Le liquide ainsi obtenu se conserve indéfiniment à l'air sans brunir.

Pour obtenir l'oxydine, on prépare de même un extrait aqueux de son filtré sur porcelaine sous une atmosphère de gaz carbonique ; on y ajoute trois volumes d'alcool à 95° centésimaux. Le précipité est jeté sur un filtre et lavé avec de l'alcool à 82° centésimaux. Puis on le laisse sécher à l'air ; il ne reste alors sur le filtre qu'un enduit gris peu épais. On découpe de petites bandes dans ce filtre ; ce sont ces petites bandes qui seront employées comme oxydine. On les dépose dans le liquide oxydable contenu dans un vase non bouché où l'on ajoute un peu de chloroforme qu'on renouvelle tous les deux jours pour réparer les pertes produites par l'évaporation, et l'on constate qu'au bout d'une dizaine de jours il s'est développé dans le liquide une coloration brune presque aussi intense que celle de l'extrait de son naturel abandonné à l'air. On s'assure d'ailleurs que les bandes ne colorent pas par elles-mêmes la liqueur en déposant de ces bandes dans de l'eau pure chloroformée : il ne s'y produit aucune coloration.

J'ai essayé de séparer l'oxydine de l'extrait de son par un autre moyen. Le sel marin précipite la plupart des matières albuminoïdes. Si à un extrait aqueux de son filtré sur porcelaine on ajoute un poids de sel marin cristallisé un peu supérieur à celui que la liqueur peut dissoudre, et qu'on agite pour obtenir une dissolution rapide, cette liqueur conserve indéfiniment sa couleur blonde, pendant qu'un peu du même liquide sans sel devient brun noir. Je n'ai cependant pas réussi à isoler l'oxydine en la précipitant par le sel. Le précipité obtenu ainsi, puis dessalé par dialyse, n'a pu faire brunir ni l'extrait aqueux de son bouilli, ni la solution d'hydroquinone.

Jusqu'à présent nous avons étudié les changements de couleur de l'extrait aqueux de son soustrait à l'action de tout microorganisme. Faisons maintenant comme pour le gluten : soumettons cet extrait aux fermentations qui se présentent dans la panification.

Plaçons de l'extrait aqueux de son stérilisé par filtration sur porcelaine, de couleur blonde, dans six flacons Miquel stérilisés. Les flacons n° 1 et n° 2 sont ensemencés avec une trace de levure (deux races différentes de *Saccharomyces* toutes deux très actives). Le flacon n° 3 est ensemencé avec des bactéries qui se sont développées spontanément dans un autre extrait de son, non stérilisé, abandonné à l'air ; les flacons n°ˢ 4, 5 et 6 sont conservés sans semence, comme témoins ; mais tandis que les n° 5 et 6 sont conservés debout comme tous les autres et communiquent, comme eux, avec l'air extérieur par un tube bourré de coton, le n° 4, empli jusqu'au haut, est fermé par un bouchon de liège et conservé couché. Il est donc tenu à l'abri de l'air.

Tous ces flacons sont portés à l'étuve à 30°.

Le lendemain et les jours suivants, un dépôt blanc se forme au fond des flacons non ensemencés, aussi bien à l'abri de l'air qu'à l'air, laissant un liquide parfaitement limpide. Dans le flacon n° 4, sans air, le liquide reste toujours de la même couleur, blond très clair. Dans les témoins n° 5 et 6, qui sont exposés à l'air, le liquide devient peu à peu brun rouge.

Dans le flacon n° 3, dès le deuxième jour, un abondant développement de bactéries rendait le liquide trouble, mais le quatrième jour ce liquide s'éclaircit, et l'on put en comparer la couleur à celle du témoin sans air n° 4 : la couleur était exactement la même dans ces deux flacons; elle n'a pas varié dans la suite.

Dans les flacons à levure n° 1 et 2, la fermentation ne s'établit que le troisième jour. Aussi le deuxième jour la couleur était-elle la même dans ces flacons que que dans les deux témoins à air n° 5 et 6, c'est-à-dire brun clair. Le troisième jour une différence de couleur devenait visible : les liquides n° 1 et 2 étaient moins foncés que les liquides n° 5 et 6. Les jours suivants la couleur des flacons à levure resta stationnaire, tandis que celle des témoins à air devenait toujours plus foncée. Enfin la fermentation alcoolique étant terminée, les liquides n° 1 et 2 recommencèrent à devenir de plus en plus foncés, et le dix-septième jour la couleur en était devenue presque aussi foncée que celle des témoins n°s 5 et 6.

Cette expérience montre que la végétation, même à l'air, de la levure ou des bactéries qui se développent naturellement dans l'eau de son, empêche la coloration brune de se produire. Mais il y a une différence entre l'influence de la levure et celle des bactéries. L'influence de la levure ne se fait sentir que pendant la durée de la fermentation, elle est manifestement due à la production de l'acide carbonique qui se substitue à l'oxygène dissous dans l'eau. L'influence des bactéries persiste même après la période de développement actif.

L'expérience suivante va nous faire pénétrer plus avant dans l'explication du rôle des bactéries.

Un extrait aqueux de son est préparé comme ci-dessus, sauf que l'on opère constamment à l'air au lieu d'opérer dans une atmosphère de gaz carbonique. Le liquide stérilisé, déjà brun, est réparti dans des flacons Miquel stérilisés, et l'expérience précédente est recomcée : deux flacons sont ensemencés avec de la levure, deux autres avec des bactéries de l'eau de son; deux autres restent comme témoins sans semence et communiquant avec l'air, tandis qu'un troisième témoin sans semence et rempli entièrement est maintenu à l'abri de l'air.

Le lendemain tous les flacons ensemencés étant en pleine fermentation, les couleurs des liquides présentent des différences marquées. La coloration la plus intense est celle des témoins à air, puis vient celle des flacons à

levure et celle du témoin sans air, où la coloration est
à peu près la même ; enfin le liquide des flacons à bactéries est beaucoup moins foncé : il n'est que blond très
clair.

Ainsi la fermentation alcoolique, plus rapidement
établie que dans l'expérience précédente, a simplement maintenu la couleur comme a fait la privation
d'air ; tandis que les bactéries *ont décoloré* le liquide.

J'essaie alors la réaction des liquides au tournesol.
Dans les flacons à levure elle est neutre tirant sur l'al-
calinité. Elle est acide dans les flacons à bactéries. Pour
savoir quel peut être le rôle de l'acide qui s'est développé, j'introduis un peu d'acide acétique dans un des
flacons témoins exposés à l'air. Le liquide devient tout
trouble. Le lendemain un abondant dépôt s'en est séparé et il est redevenu limpide. L'ordre des colorations
est alors le suivant, en commençant par le plus foncé :

1° Témoin à air, brun très foncé ;

2° Flacons à levure, brun notablement plus clair ;

3° Témoin sans air, brun un peu plus clair que dans
les flacons à levure ;

4° Témoin à air avec acide acétique, brun un peu plus
clair que le précédent ;

5° Flacons à bactéries, blond clair.

Cette expérience montre que la décoloration par les
bactéries est due, pour une part, à l'acidité qu'elles produisent ; mais puisque cette décoloration est poussée
plus loin que dans le témoin à air avec acide, qui a reçu
une dose d'acide acétique supérieure à celle que contiennent les flacons à bactéries, il faut qu'il y ait en

outre une action, réductrice sans doute, qui s'ajoute à celle de l'acide. Si à un vieil extrait de son noirci à l'air on ajoute une solution désoxydante d'hydro-sulfite de soude, la liqueur revient à la couleur blonde de l'extrait récent. La fermentation bactérienne a produit le même effet que l'hydrosulfite.

Les résultats fournis par ces deux expériences sont en complet désaccord avec les assertions de Mège-Mouriès, qui regarde la production des acides par fermentation comme la cause de la coloration brune.

c. Rôle du gluten et du son à la fois. — Après avoir étudié séparément le rôle du gluten et celui du son, j'ai cherché à déterminer expérimentalement ce qu'il pourrait y avoir de fondé dans la théorie de Mège-Mouriès, suivant laquelle la céréaline attaquerait le gluten en le faisant brunir.

On a préparé par les procédés indiqués plus haut une solution aqueuse d'oxydine. On l'a stérilisée par filtration au filtre Chamberland. On a recouvert de ce liquide une petite masse de gluten frais dans une capsule de porcelaine. Une masse égale du même gluten fut recouverte d'eau, comme témoin. En même temps un peu de la même solution d'oxydine était mélangée à une solution d'hydroquinone au centième. Le lendemain l'hydroquinone avait rougi, mais le gluten des deux capsules avait la même couleur. Les jours suivants la couleur rouge de l'hydroquinone s'accentue, celle du gluten sous la solution d'oxydine ne varie pas.

Je n'ai donc observé aucune action de l'oxydine sur le gluten en présence de l'air.

d. Rôle de la cuisson. — Les expériences qui précèdent sont relatives seulement à l'influence du son sur la couleur que prend la pâte avant la cuisson. Pendant cette dernière opération, qui transforme la pâte en pain, le son remplit un nouveau rôle.

Le son contient en effet, outre l'oxydine, de l'amylase; c'est l'ensemble de ces deux principes qu'on peut regarder comme constituant la *céréaline.*

L'amylase, comme nous le verrons dans la suite de cet ouvrage, liquéfie une partie de l'amidon pendant la cuisson. Cette liquéfaction ne peut manquer d'avoir une influence sur la couleur du pain. La couleur d'une matière mixte contenant un liquide et de fines particules solides ou liquides en suspension peut être presque indépendante de la couleur du liquide : le lait est blanc, bien que le petit-lait soit jaune verdâtre; on peut faire une pâte blanche en délayant du carbonate de chaux en fines particules dans de l'eau colorée par du caramel. Mais si la matière solide se dissout, la couleur du liquide devient visible. Ajoutons, par exemple, un peu d'acide chlorhydrique concentré à notre pâte blanche de carbonate de chaux et caramel, et nous aurons un liquide brun. C'est ainsi que du glucose cristallisé humide et incomplètement purifié est en masses solides blanches; mais si l'on vient à le dissoudre dans l'eau, on obtient une solution brune. De la même manière une pâte contenant du son, presque blanche lorsque l'amidon y est à l'état solide, brunira quand, sous l'influence de la température élevée et de l'amylase, l'amidon se liquéfiera partiellement.

J'ai vérifié le fait expérimentalement. Une pâte faite avec du levain et une farine obtenue par mouture au moulin à café a été divisée en deux pâtons. Quand ceux-ci eurent pris l'apprêt convenable, l'un des deux a été cuit au four. La cuisson terminée, le pain a été coupé en deux et la couleur de la tranche a été comparée à celle de l'intérieur du pâton non cuit : elle était notablement plus foncée.

Il ne faudrait pas croire que c'est la perte d'eau qui a augmenté l'intensité de la couleur par concentration, car (nous l'établirons plus loin) à la cuisson la mie ne perd pas d'eau, la croûte seule en perd. Le changement de couleur est certainement dû à ce que les particules solides, au lieu d'être en suspension dans un liquide distinct, sont, les unes, liquéfiées, les autres, soudées ensemble d'une manière continue.

On voit donc que l'influence du son sur la couleur du pain s'exerce en deux temps : une teinte brune se développe pendant la préparation de la pâte, par production de matière colorante, et cette teinte devient plus foncée après la cuisson, par changement de structure.

Cette étude nous conduit aux conclusions suivantes :

La farine dépourvue de son peut donner du pain bis, par coloration du gluten, si elle est soumise à une dessiccation énergique soit avant la panification, soit, peut-être, pendant le travail des levains, si les portions superficielles viennent à former croûte. Ces cas n'ont pas d'importance pratique.

La farine contenant du son donne du pain bis par deux phénomènes successifs :

1° Formation d'une matière colorante brune par suite de l'action de l'oxygène de l'air sur la partie soluble du son, action qui s'exerce quand le son, étant mouillé, n'est pas encore soumis à la fermentation panaire, c'est-à-dire pendant la période d'incubation des ferments du levain. Le pain sera d'autant plus bis que la fermentation aura été moins active. L'acidité du levain, loin d'être à craindre à ce point de vue, est une protection contre le brunissement.

2° Augmentation de l'intensité de la teinte à la cuisson, par suite de la liquéfaction partielle de l'amidon.

Le premier phénomène est déterminé par *l'oxydine* du son, et le second par son *amylase*.

Ces conclusions se trouvent déjà en grande partie dans les explications données par Mège-Mouriès. Nous espérons, sinon avoir apporté des résultats nouveaux importants, du moins avoir établi les faits plus rigoureusement et avoir éliminé les erreurs.

CHAPITRE IV

DESCRIPTION PARTICULIÈRE DE CHACUNE DES OPÉRATIONS.

Les notions théoriques qui viennent d'être exposées vont nous permettre de suivre maintenant le détail des opérations en nous rendant compte de leur raison d'être.

§ 1. — Choix de la farine.

Les boulangers ne font pas usage d'ordinaire d'une

farine provenant de la mouture d'une seule sorte de blé. Il est rare qu'une telle farine présente à la fois toutes les qualités requises pour la production économique d'un bon pain. Nous avons vu que la composition chimique des diverses farines, surtout en ce qui concerne la proportion des matières azotées, est extrêmement variable. Elle dépend non seulement de la variété du blé d'où sort la farine, mais encore, pour une même variété de blé, des conditions de la culture, richesse du sol, humidité, température. Si donc le boulanger employait au hasard la première farine venue, il obtiendrait un pain très variable. Or le consommateur exige du commerce un pain conforme à un certain type, assez variable d'un pays à un autre, mais fixe dans un pays déterminé. Ce résultat ne peut être atteint que par l'emploi de farines provenant de grains judicieusement mélangés.

Il arrive aussi que, par raison d'économie, au lieu de se borner à mélanger diverses sortes de blé, on associe à la farine de blé certaines farines étrangères, telles que celles des autres céréales, seigle, orge, avoine, maïs, riz, ou même des farines ou fécules de pomme de terre, de pois, de haricot, etc.; de pareilles additions nuisent toujours à la qualité du pain, et, selon la désignation sous laquelle le pain obtenu est vendu, ces mélanges peuvent être considérés comme légitimés ou comme frauduleux. Dans certains pays l'addition de la farine de seigle est de règle.

Nous ne nous occupons pour le moment que du pain fait exclusivement avec de la farine de froment. Il faut distinguer deux sortes de mélanges : le mélange des grains avant la mouture, et celui des farines. Le premier est fait par le meunier. C'est une opération délicate, très compliquée (dix ou douze variétés de blé entrent parfois dans la composition d'une farine). Les considérations principales qui guident le meunier sont : la teneur en gluten, la dureté du grain et son rendement en farine (les blés durs donnent un plus grand rendement), la couleur de la farine à obtenir, etc. La farine de blé tendre est celle qui se laisse travailler le plus facilement ; le pain qu'elle fournit est bien blanc, si le taux de blutage est suffisamment élevé ; la farine de blé dur, employée seule, exige beaucoup plus de force pour la confection des levains ; elle donne un plus grand rendement en pain ; ce pain présente une nuance tirant sur le jaune et est d'ordinaire moins léger. La farine des blés mitadins fournit des résultats intermédiaires.

Une fois le blé réduit en farine et livré à cet état au boulanger, il y a encore différents mélanges possibles. Le boulanger peut associer des farines de diverses provenances, comme a fait le meunier pour les grains ; il peut aussi associer des farines de divers âges de mouture. La farine s'altère toujours en vieillissant. Si pour une raison quelconque une farine a été conservée trop longtemps, elle peut être devenue absolument impropre à la panification, à cause de l'altération de son gluten, et cependant il peut suffire d'y ajouter une certaine proportion de farine fraîche très riche en gluten pour en obtenir un pain parfaitement salubre et satisfaisant pour le goût. Mais le mélange que les boulangers praliquent le plus est celui des produits séparés de mouture dans des proportions différentes de celles où le moulin les donne. La mouture par cylindres retire d'un même blé des produits très variés; en les associant dans des proportions convenables, on obtient des types de farine particuliers à peu près comme un peintre obtient les teintes qu'il veut sur sa palette par le mélange des couleurs naturelles.

Proposons-nous maintenant d'apprécier la qualité d'une farine. On peut, sans le secours de l'analyse chimique, obtenir de précieuses indications par le seul examen des caractères extérieurs de la farine, savoir la couleur, le toucher, l'odeur et la saveur.

La *couleur* de la farine doit être d'un blanc jaunâtre. Pour comparer la couleur de plusieurs échantillons de farine, on peut avantageusement employer l'appareil dû à l'ingénieur autrichien Peckar. Sur une planchette en bois noirci on place un premier échantillon de farine. Au moyen d'une spatule de verre on presse doucement la farine par un mouvement de va-et-vient horizontal, de manière à obtenir une couche compacte de 6 à 8 millimètres d'épaisseur, uniformément tassée à l'intérieur et parfaitement unie à la surface. Ensuite, au moyen d'un bord de la spatule disposé en lame de couteau, on coupe nettement les bords de la couche, de façon à obtenir une tablette rectangulaire à arêtes bien droites. On pousse doucement cette tablette vers une extrémité de la planchette, en évitant de la briser. On procède de la même façon pour les autres échantillons, que l'on range les uns à côté des autres en les serrant le plus possible de manière à ne laisser subsister aucun intervalle entre eux. On peut placer ainsi cinq échantillons sur cette planchette. Le « nécessaire Peckar » contient deux autres planchettes identiques, ce qui permet d'établir la comparaison entre quinze échantillons.

Les échantillons placés sur la planchette sont ensuite comprimés au moyen d'un polissoir en verre, de façon que leur surface soit parfaitement unie; ce résultat obtenu on coupe les bords de la couche pour lui donner une forme régulière. On peut alors examiner les farines, dont les différentes nuances ressortent très nettement.

On peut encore accentuer davantage les différences en immergeant les couches dans l'eau. On plonge avec précaution la planchette dans un baquet d'eau en l'enfonçant bien normalement et lentement. Une fois la planchette entièrement recouverte par l'eau, on attend quelques instants, pour laisser échapper les bulles d'air, puis on la retire et on la laisse s'égoutter en la plaçant obliquement. L'examen des farines ainsi humectées fournit de nouveaux renseignements, plus précis que ceux qu'avait donnés l'examen à sec.

Les indications du *toucher* ont une grande importance. La farine ne doit pas s'agglomérer spontanément en grumeaux d'une certaine consistance. Frottée entre les doigts, elle ne doit pas être trop douce, trop glissante. Elle doit être légèrement granuleuse ; pressée dans la main elle doit s'agglomérer mollement en pelote, et non échapper entièrement. Les farines dites *revêches* sont celles qui contiennent le plus de gluten.

L'*odeur* ne saurait être décrite, mais fournit des renseignements précieux : elle doit être agréable.

La *saveur* doit être douce, sans amertume ni goût de moisi. Introduite dans la bouche, la farine doit se mêler facilement à la salive ; elle ne doit pas croquer sous la dent.

Si le boulanger veut être renseigné le plus parfaitement possible, cet examen superficiel doit être complété par l'examen chimique. Nous avons donné plus haut, dans le chapitre consacré à la *composition de la farine*, les méthodes d'analyse employées. Nous revenons maintenant sur ce sujet, mais à un autre de point de vue : au lieu d'étudier la composition chimique de la farine en général, il s'agit cette fois d'appliquer l'examen chimique à la détermination de la valeur boulangère relative d'une farine donnée. Cet examen exige les opérations suivantes :

1° *Détermination de l'eau hygrométrique.* — Nous avons vu que la farine est très hygrométrique. La quantité d'eau qu'elle retient est donc en rapport avec l'humidité de l'atmosphère. De plus certains meuniers, pour faciliter l'opération de la mouture, sont dans l'usage de mouiller le blé avant de le faire passer entre les cylindres. Pour ces deux raisons la farine offerte au boulanger peut retenir des quantités d'eau extrêmement variables, et ce fait a une grande importance, car plus la farine est riche en eau, plus elle est altérable, et moins elle absorbera d'eau au pétrissage, c'est-à-dire moins sera grand le rendement en pain.

D'après Rivot, la belle farine de froment, conservée

pendant plusieurs jours dans une chambre sèche à la température de 20° à 25°, ne retient que de 9 à 10 p. 100 d'eau. Celles que vendent les boulangers de Paris en contiennent de 16 à 17, quelquefois même 18 p. 100. On peut admettre de 15 à 17 p. 100 d'eau en moyenne dans les bonnes farines de froment, moulues et conservées dans les conditions atmosphériques ordinaires. Une proportion d'eau plus élevée nuit à la conservation du produit en rendant plus faciles les fermentations.

La détermination de l'eau se fait en pesant une certaine quantité de farine, et la desséchant dans une étuve réglée à 110° jusqu'à poids constant. La perte de poids représente exactement l'eau hygrométrique que contenait la farine.

2° *Préparation et dosage du gluten.* — La préparation du gluten par la méthode ordinaire (malaxer la farine sous un filet d'eau) faite dans des conditions toujours identiques, par le même opérateur, permet de se rendre compte aisément de la bonne ou de la mauvaise conservation de la farine, et de sa qualité pour la fabrication du pain, par la rapidité avec laquelle le gluten se rassemble, et par ses caractères physiques. Avec l'habitude de cette opération on peut classer les farines d'après leur qualité, aussi sûrement que les dégustateurs reconnaissent et classent les vins par leur goût.

Dans les farines altérées par fermentation le gluten ne commence à se réunir qu'au bout d'un temps relativement assez long. Il tend sans cesse à se diviser en grumeaux qui ont peu d'adhérence entre eux. On ne parvient qu'avec peine à le réunir en une seule masse, et celle-ci est beaucoup moins consistante et élastique que ne serait le gluten normal. La différence est d'autant plus grande que la farine examinée est plus altérée. Rivot, opérant toujours sur 100 grammes de farine, a constaté qu'avec les belles farines la préparation du gluten était terminée en moins d'une demi-heure. Elle exigeait une heure et plus pour les farines avariées.

Quant au poids de gluten trouvé à l'analyse, il fournit un renseignement important sur la valeur de la farine supposée en bon état, mais ne permet pas d'en apprécier l'état de conservation.

Le gluten peut être pesé à l'état sec et à l'état humide. Les résultats trouvés ainsi ne sont pas proportionnels entre eux. Dans la pratique ordinaire il est beaucoup plus commode de se dispenser de la dessiccation, opération longue et difficile. Mais les chimistes n'accordent guère de confiance qu'à la détermination du gluten sec. La proportion d'eau que retient le gluten varie avec diverses conditions. Elle varie d'abord avec le temps pendant lequel on a laissé reposer les pâtons avant d'en retirer le gluten, comme l'a montré M. Balland. Il serait facile de s'affranchir de cette cause d'indétermination en fixant ce temps d'une manière conventionnelle. Mais elle varie aussi avec la nature des blés et avec l'état de conservation de la farine. Dans les analyses faites par M. Thubert (1), sur 21 échantillons de farine contenant entre 23,50 et 31,20 de gluten humide p. 100, ce gluten humide contenait entre 42 et 32,4 de

(1) Thubert, *Journal de pharmacie et de chimie*, 15 juillet 1893.

gluten sec p. 100, et retenait par conséquent entre 58 et
67,6 d'eau p. 100. Dans un échantillon de farine qui
ne contenait que 14,1 p. 100 de gluten humide, ce
gluten était beaucoup moins hydraté que d'habitude :
il n'avait retenu que 54,8 p. 100 d'eau. Sur 2500 échantillons de farines analysés sous la direction de M. Balland au laboratoire de l'Administration de la guerre,
des écarts plus grands encore ont été observés : le
gluten le plus hydraté retenait 71,13 p. 100 d'eau, et le
moins hydraté 52 p. 100.

Dans les farines de premier choix du commerce,
l'hydratation est voisine de 70 p. 100. Les meilleures
farines, au point de vue de la panification, sont celles
dont le gluten retient la plus forte quantité d'eau.

Nous avons dit que l'hydratation du gluten varie
avec l'état de conservation : plus le gluten est avarié,
moins il retient d'eau.

On voit d'après cela qu'il y a intérêt, dans l'examen
d'une farine, à doser à la fois le gluten humide et le
gluten sec. L'hydratation du gluten ne doit pas des-
cendre au-dessous de 62 p. 100.

Les praticiens emploient fréquemment, pour apprécier la qualité du gluten, un appareil connu sous le
nom d'*Aleuromètre* de Boland, et qui a pour but de
mesurer l'extensibilité du gluten à la cuisson. En voici
le principe : dans un cylindre (fig. 34), on place
7 grammes du gluten humide à examiner; le cylindre est
plongé dans un bain d'huile à 150° que l'on continue à
chauffer pendant dix minutes. Le gluten se boursoufle
par la chaleur, et soulève une rondelle de cuivre placée

au milieu du cylindre. La hauteur à laquelle arrive cette rondelle est prise pour mesure de l'extensibilité du gluten. Cette hauteur est elle-même mesurée au moyen d'une tige verticale, graduée de haut en bas, de 25 à 50, fixée sur la rondelle. Quand cette dernière est soulevée

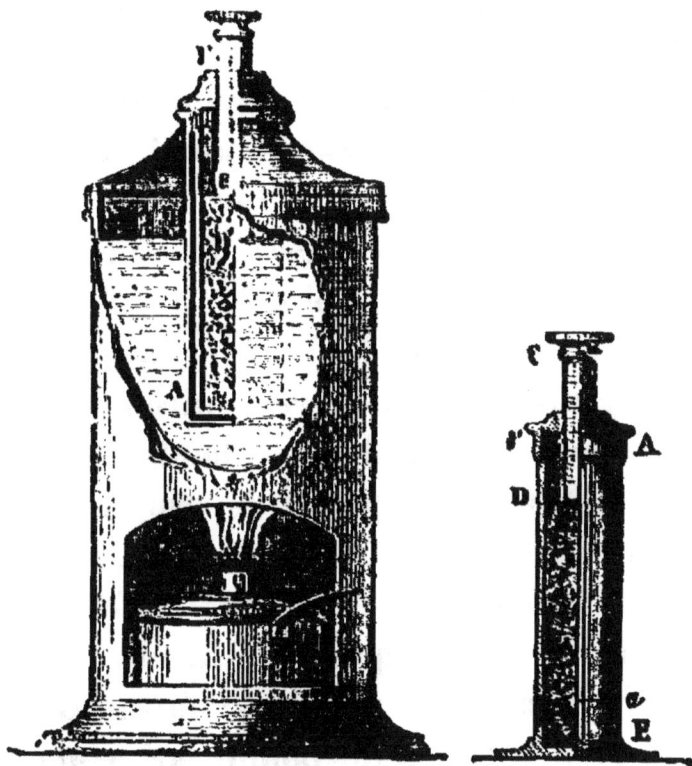

Fig. 34. — Aleuromètre Boland.

par la dilatation du gluten, la tige s'élève et sort du cylindre. On lit le nombre de divisions dont la tige dépasse le bord du cylindre. Ce nombre n'excède jamais 50, et on admet que s'il est inférieur à 25, la farine d'où provenait le gluten essayé n'est pas propre à la panification.

Dans la pensée de son inventeur, le degré marqué à

l'aleuromètre par une farine en mesure la valeur au
point de vue de la panification. La comparaison faite
entre les indications de cet instrument et les données
de l'analyse chimique ne justifie pas cette affirmation.
On rencontre des farines de qualité médiocre, qu'un
examen chimique approfondi fait éloigner des appro-
visionnements militaires, et qui marquent cependant
50 degrés à l'aleuromètre, tandis que de bonnes farines,
fraîches et provenant de bonnes moutures, marquent
quelquefois un degré très faible. Les analyses de
M. Balland, ainsi que celles de M. Thubert, conduisent
à rejeter complètement l'emploi de l'aleuromètre.

3° Examen de l'amidon. — Dans la préparation précédente du gluten, les matières entraînées par l'eau
doivent être reçues d'abord sur un tamis, puis dans une
grande capsule. C'est là que se dépose l'amidon, avec
plus ou moins de lenteur. Cet amidon doit être examiné
attentivement. Quand il provient de farine de froment pure et de bonne qualité, il a un aspect satiné
tout spécial. Quand il provient de farine de froment
altérée, ou d'un mélange de bonne farine de froment
avec des farines de seigle, de maïs, de millet, etc..., il
est gluant sous les doigts et présente pour chaque cas
spécial un caractère particulier. Un œil très exercé
peut seul tirer de cet examen tout le profit possible.

4° Examen des autres matières solides. — Le tamis
au-dessus duquel on a malaxé la pâte retient le son,
les débris de tissu cellulaire, les matières étrangères et
de petites portions de gluten. Ces dernières, faciles à
séparer, ont dû être réunies à la masse du gluten qui

était restée dans la main. La quantité comparative des autres matières permet d'évaluer approximativement le soin avec lequel le son a été séparé, et la propreté de la farine.

5° *Dosage de l'acidité.* — Ce dosage fournit d'excellentes indications sur l'état de conservation des farines, indications qui s'accordent avec celles que fournit le dosage et l'examen du gluten : à une forte acidité correspondent une faible teneur en gluten sec et une faible hydratation de ce gluten. Nous avons donné plus haut la méthode qui permet de comparer l'acidité des farines. M. Balland a constaté que dans les farines propres à la panification et en bon état l'acidité mesurée par cette méthode oscille entre 0,013 et 0,040 p. 100 (en acide sulfurique). Des acidités notablement supérieures à celles-ci indiquent des farines avariées, à moins que la farine ne contienne une proportion considérable d'issues, auquel cas elle ne serait pas panifiable.

6° *Examen microscopique.* — Il est utile de soumettre au microscope, séparément : 1° la farine elle-même ; 2° l'amidon, classé, par agitations avec l'eau et décantations successives, en deux, trois ou quatre grosseurs ; 3° les débris d'enveloppes et fragments de tissu cellulaire.

C'est l'examen de l'amidon, examen fait dans la lumière naturelle et la lumière polarisée, qui fournit les renseignements les plus utiles, relativement aux mélanges de farines étrangères. Nous n'entrerons pas dans le détail de cet examen, qui appartiendrait plutôt à un Traité des farines. Nous nous bornerons à repro-

duire les figures des diverses sortes d'amidon qu'on peut
rencontrer (fig. 35 à 40).

L'examen microscopique des débris d'enveloppes
permet aussi de reconnaître les adultérations, mais,
en dehors de toute recherche de fraude, cet examen a
une importance spéciale pour permettre de prévoir les

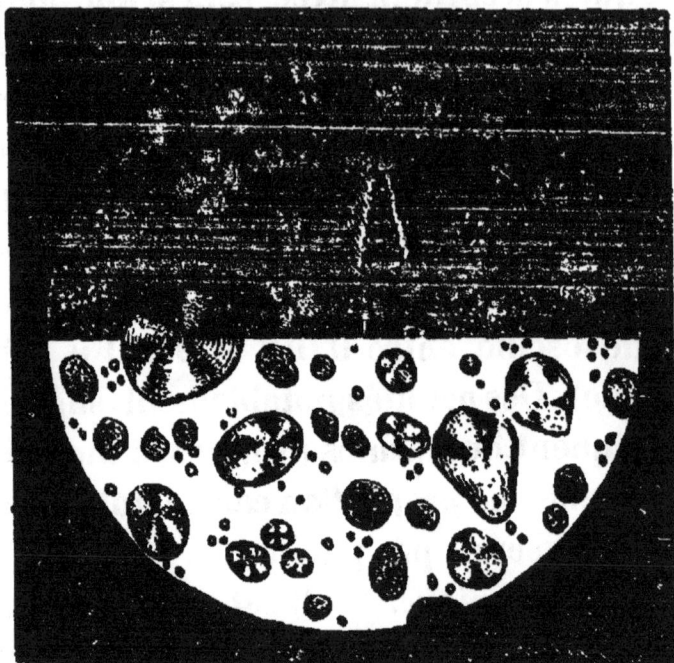

Fig. 35. — Fécule de pomme de terre et amidon de blé
en lumière polarisée.

qualités du pain que pourra fournir une farine donnée.
On sait que les parties qui influent d'une manière défavorable sur la couleur et la qualité du pain sont la membrane interne du tégument séminal et les germes : ce
sont en effet ces parties qui renferment les diastases ;
au contraire les barbes qui hérissent le sommet du
grain, les débris du péricarpe et du testa se comportent
simplement comme des substances inertes qui ne nui-

Pomme de terre.

Fig. 36.

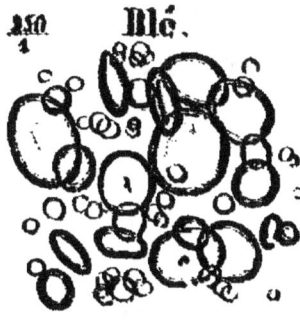

Blé.

Fig. 37.

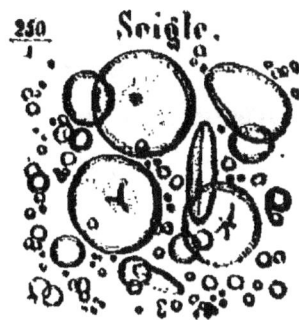

Seigle.

Fig. 38.

Orge.

Fig. 39.

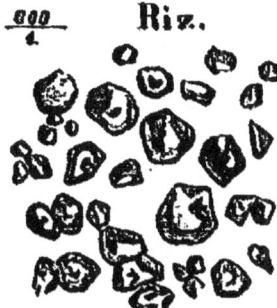

Riz.

Fig. 40.

Maïs.

Fig. 41.

Sarrasin.

Fig. 42.

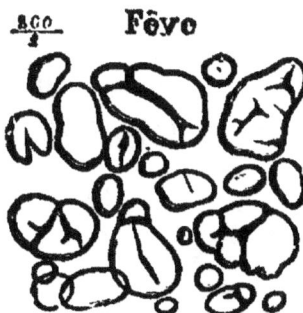

Fève.

Fig. 43.

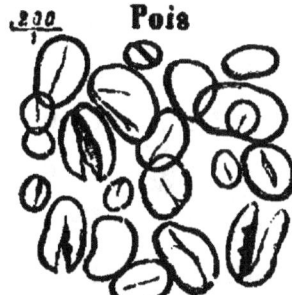

Pois.

Fig. 44.

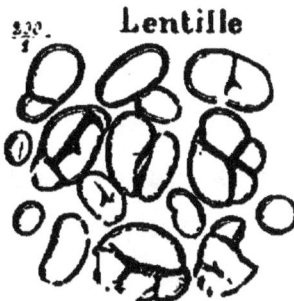

Lentille.

Fig. 45.

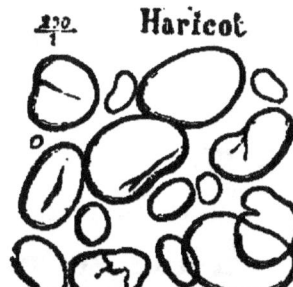

Haricot.

Fig. 46.

Fig. 36 à 46. — Amidon de diverses graines.

12.

raient que si elles intervenaient en proportion considérable. Il importe donc de doser l'ensemble des débris
étrangers, et surtout ceux de ces débris qui proviennent du germe et du tégument séminal. On doit à
M. A. Girard une méthode qui permet de faire ce dosage
rigoureusement (1). Les débris provenant d'un poids
connu de farine, soit 10 grammes, et séparés comme
nous l'avons dit plus haut, du gluten et de l'amidon,
pourraient être pesés, mais on n'aurait ainsi que leur
proportion totale, sans séparation en débris nuisibles
et débris indifférents. M. A. Girard a recours au
dénombrement. On met tous ces débris en suspension
dans un liquide visqueux d'une densité telle qu'ils puissent y rester en équilibre : ce liquide est un mélange,
par parties égales, de glycérine et de sirop cristal
(glucose et dextrine) : le volume total est mesuré ;
après avoir obtenu, par une agitation convenable, une
répartition uniforme de ces débris dans tout le liquide,
on en remplit une cellule de verre à fond quadrillé,
analogue à celle que les physiologistes emploient pour
la numération des globules du sang. Les dimensions
sont telles que chaque carré gravé sur le fond est la
projection horizontale de $\frac{1}{10}$ de millimètre cube. La
cellule est examinée au microscope sous un grossissement de 60 à 80 diamètres. Dans chaque carré on
compte tous les débris qui s'y rencontrent, en les clas-
sant par catégories suivant leur nature. L'expérience

_____

(1) A. Girard, *Compt. rend. Ac. des sc.*, 1895, CXXI, p. 858.

montre que les résultats sont identiques, à quelques unités près sur plusieurs centaines, d'un carré à l'autre ; on obtient donc des résultats d'une précision remarquable en prenant la moyenne des observations faites sur dix carrés. Il est facile de calculer ainsi le nombre des débris de diverses sortes que contenaient les 10 grammes de farine.

Voici quelques résultats parmi ceux qu'a obtenus M. A. Girard avec un blé tendre examiné en 1895 :

	Mouture aux cylindres.				Mouture par meules.	
Taux d'extraction.	45 %	60 %	70 %	80 %	65 à 70 %	65 à 70 %
Farines......... {	Fleur supér.	Farine 1re	Farine 2e	Farine 3e	Ardèche.	Nièvre.
Débris inactifs.						
Péricarpes.......	1.800	3.700	6.900	10.000	4.900	4.700
Testa....	300	1.700	2.400	3.500	900	1.400
Barbes..........	400	900	4.500	5.600	4.400	6.600
Total.	2.500	6.300	13.800	19.100	10.200	12.700
Débris actifs.						
Sons entiers.....	néant	néant	6.100	6.500	700	2.600
Membranes......	700	3.600	8.200	10.900	4.900	4.600
Germes.........	200	800	4.200	7.600	2.900	2.400
Total......	900	4.400	18.500	25.000	8.500	9.600
Total général dans 1 gr. de farine.	3.400	10.700	32.300	44.100	18.700	22.300

On voit combien cette méthode peut fournir de renseignements précieux ; mais c'est au meunier plutôt qu'au boulanger qu'il en faut recommander l'emploi ; le meunier a par là le moyen de se rendre exactement compte de la valeur des opérations par lesquelles il classe les diverses sortes de farine que donne un même blé.

7° On peut encore doser l'azote total, ainsi que les cendres et les sels particuliers qui les composent. Mais à vrai dire ces dernières données analytiques sont loin d'avoir, au point de vue de la boulangerie, la valeur de celles que fournit l'examen du gluten, de l'amidon et des débris d'enveloppes.

8° Enfin l'examen d'une farine ne peut être complet que si l'on connaît en même temps la qualité du pain qu'elle produit dans de bonnes conditions de fabrication, ainsi que son rendement en pain. Mais ces caractères seront examinés plus bas.

La farine qui vient d'être moulue doit être conservée un certain temps avant d'être employée. Elle s'améliore pendant ce temps. Au bout d'une huitaine de jours on commence à pouvoir remarquer une amélioration qui va en s'accentuant dans la suite pendant une période qu'on ne saurait fixer avec précision. C'est entre quinze jours et un mois à peu près qu'elle a acquis toute la valeur dont elle est susceptible. On commence ordinairement à l'employer deux ou trois mois après la mouture. Au delà elle ne se bonifie plus, mais peut conserver encore longtemps ses qualités. Les altérations surviennent au bout d'un temps très variable suivant les conditions de conservation. Une farine moulue depuis deux ans peut être encore apte à fournir un excellent pain.

§ 2. — Pétrissage.

Le pétrissage a pour but de mélanger intimement

le levain avec de la farine, de l'eau et du sel, de façon à faire une pâte aussi homogène que possible. Il peut être exécuté à bras ou confié à des pétrins mécaniques. Décrivons d'abord le pétrissage à bras, tel qu'il est pratiqué dans les boulangeries de France.

Le *pétrin* est une auge en bois ayant à peu près la forme d'un demi-cylindre à axe horizontal. On y introduit la farine destinée à une fournée. A l'une des extrémités du pétrin on creuse dans la farine une cavité dont on renforce le contour avec de la farine comprimée. Cette cavité s'appelle la *fontaine*. Le levain est placé dans la fontaine. On y ajoute, en deux fois, l'eau qui doit être employée ; celle-ci doit être tiède, et en quantité égale à un peu plus du poids de la farine ; on ne saurait fixer cette quantité d'une manière plus précise, car la proportion d'eau à employer est variable. Elle dépend surtout de la qualité de la farine : les farines qui absorbent le plus d'eau sont les meilleures. Elle dépend aussi de la fermeté qu'on doit donner à la pâte. On délaie le levain avec cette eau de manière que la masse ne contienne aucun grumeau et soit aussi liquide que possible. Cette masse s'appelle la *délayure*.

A la délayure on ajoute, par portions successives, le reste de la farine. On opère rapidement le mélange, sans retirer les mains. On n'obtient pas encore ainsi une pâte élastique, mais une masse peu liée, remplie d'inégalités, ayant une consistance voulue. Cette opération s'appelle la *frase*.

Elle est suivie de la *contre-frase*, qui s'exécute ainsi : on ratisse le pétrin de manière à tout rassembler en une seule masse, que l'on retourne d'avant en arrière et de droite à gauche et inversement. Ces déplacements de la pâte, extrêmement pénibles, doivent être exécutés avec célérité.

Ensuite, les mains placées sous la pâte, on travaille celle-ci en la tirant, la rapprochant, la retournant par gros pâtons, qu'on jette dans le pétrin de droite à gauche et de gauche à droite. Ces déplacements s'appellent les *tours à pâte*.

Cette opération terminée, on ratisse encore le pétrin, et on retire la moitié de la pâte, que l'on met dans une corbeille pour en faire un levain.

La moitié qui reste dans le pétrin subit alors l'opération du *bassinage* : on fait dans la pâte des enfoncements, dans lesquels on verse de l'eau salée. La proportion du sel à employer est d'environ 0 kil. 75 de sel pour 100 kilos de farine. Elle varie beaucoup d'un pays à un autre.

L'emploi du sel ne se fait pas partout comme nous venons de l'indiquer. Dans les manutentions militaires, par exemple, au lieu d'incorporer l'eau salée vers la fin du pétrissage, on introduit tout le sel dans l'eau dans laquelle on délaie le levain. Il y a même des localités où le sel est ajouté à l'état solide par poignées sur le levain avant que l'on coule l'eau dans laquelle on va le délayer. Cette dernière pratique est à blâmer, parce que le sel peut ainsi ne pas se dissoudre entièrement pendant le délayage. On peut craindre aussi, quand le sel, même en solution parfaite, est ajouté tout entier au levain, qu'il ne retarde la fermentation s'il est en proportion un peu forte. Ceci n'est plus à craindre à la fin du pétrissage ; il suffit pour s'en rendre compte de se reporter à l'expérience de la page 137, où, du levain ordinaire ayant été incorporé à une pâte acidulée par de l'acide tartrique, la pâte a levé plus vite qu'une autre qui contenait dix fois moins d'acide tartrique, mais qui contenait cet acide dans son levain. Le sel doit agir de la même manière que l'acide tartrique.

Dès que l'eau salée est bien incorporée, on donne à la pâte plusieurs tours, puis on procède à la dernière opération du pétrissage, nommée le *battement* ou *soufflage*.

On prend la pâte les mains serrées, on l'enlève et on la laisse retomber violemment, en la retournant de manière à placer en dessus la partie qui était au fond du pétrin. Ces mouvements sont réitérés plusieurs fois aussi promptement que possible. Ils donnent à la pâte de la blancheur, du volume et de l'élasticité.

Les boulangers distinguent trois sortes de pâte, la pâte *ferme*, la pâte *mi-ferme* ou *bâtarde*, et la pâte *douce*. Ces pâtes diffèrent par leur teneur en eau, et aussi par quelques détails dans le travail nécessaire pour les obtenir. La pâte ferme n'est plus en usage dans les grandes villes. C'est la pâte bâtarde qui est employée à Paris pour les pains ordinaires. La pâte douce, d'un travail plus difficile, est employée pour certains pains de luxe.

Le pétrissage à la main est un travail extrêmement pénible, auquel les ouvriers les plus robustes ne peuvent résister bien longtemps. De plus il entraîne inévitablement des malpropretés répugnantes. L'ouvrier ayant constamment les mains dans la pâte ne peut prendre aucune précaution pour éviter que la sueur qui lui coule du front d'une manière continue ne se mélange au pain. Aussi depuis longtemps a-t-on fait de nombreuses tentatives pour substituer dans le pétrissage le travail d'une machine à celui de l'homme. Les résultats obtenus jusqu'à présent ne sont pas absolument satisfaisants. On a réussi à construire des pétrins mécaniques au moyen desquels un même nombre d'ouvriers fait dans un même temps plus de pain qu'à la main. Mais le travail imposé à ces ouvriers par la machine est encore très pénible, au moins avec certains modèles des plus usités ; la sueur continue à aveugler le pétrisseur et à ruisseler sans interruption dans le pétrin mécanique aussi bien que dans l'ancien pétrin à bras.

Un très grand nombre de pétrins mécaniques de formes diverses ont été proposés et employés. Le lecteur trouvera dans le *Manuel Roret* la description de plus de trente-quatre modèles. Les uns peuvent être mis en mouvement à bras d'homme, les autres exigent une force motrice plus puissante.

Nous décrirons seulement l'un des plus employés, le pétrin Deliry. Construit pour la première fois en 1855, il a reçu des perfectionnements successifs. Ce pétrin (fig. 47) est constitué par un bassin en fonte à bords évasés, tournant autour d'un axe vertical. A l'intérieur de ce bassin se meuvent : 1° un *pétrisseur* en forme de lyre pour fraser la pâte et ensuite la découper pendant toute la durée du travail ; 2° deux *allongeurs* de forme héliçoïdale pour souffler et allonger la pâte, ainsi que cela se pratique dans le pétrissage à bras.

Les opérations se font de la manière suivante. On verse dans le bassin l'eau et le levain, puis on met le

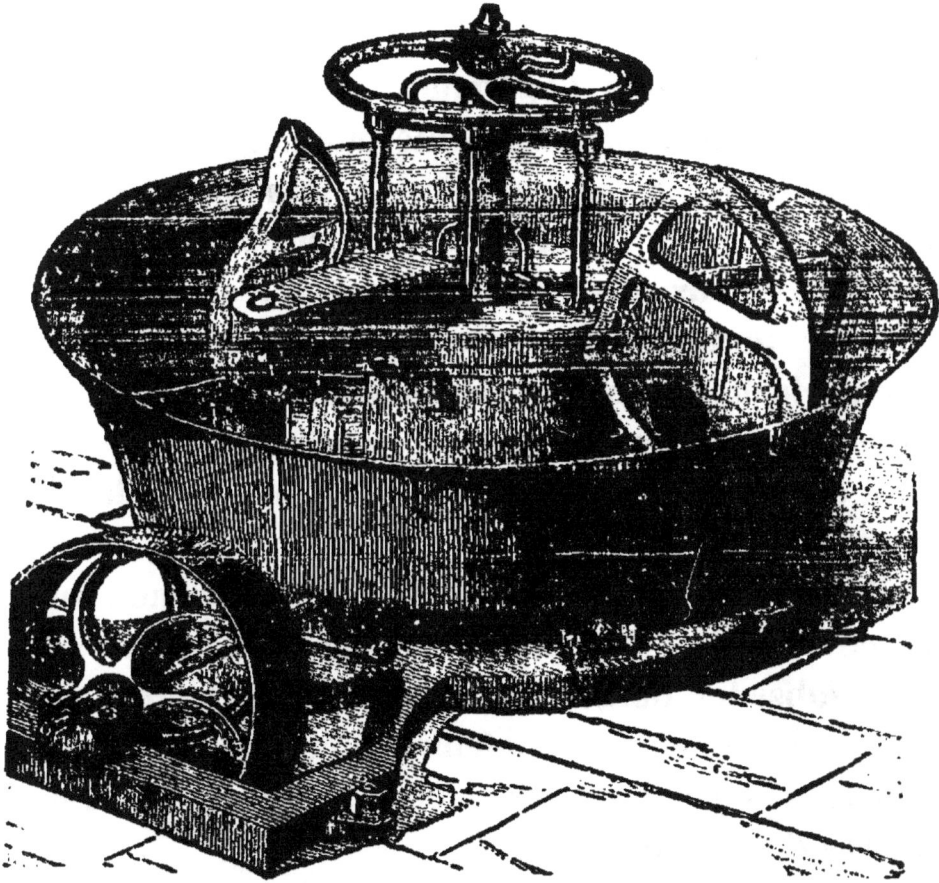

Fig. 47. — Pétrin mécanique Deliry, pour pâte à pain, roulant sur six galets avec ses poulies de commande.

pétrin en marche. On embraie alors le pétrisseur, et lorsque le levain est bien délayé dans l'eau on verse la farine et on embraie les deux allongeurs. Le pétrissage exige de 12 à 15 minutes s'il s'agit de pâtes douces ou bâtardes, de 15 à 25 minutes si l'on veut faire des pâtes plus fermes. Pendant le travail le pétrin se nettoie lui-même et continuellement au moyen d'un coupe-pâte qui y est adapté. Aussitôt le pétrissage terminé, on peut remplacer le coupe-pâte par un porte-balance; la pesée se fait alors sans qu'on soit obligé de retirer la pâte du pétrin. Ce dernier perfectionnement supprime l'opération la plus pénible que laissait subsister le pétrissage mécanique.

Comparaison entre le pétrissage à la main et le pétrissage mécanique. — Malgré les perfectionnements les plus ingénieux, les machines à pétrir n'arrivent pas à exécuter toutes les opérations du pétrissage avec la même perfection que les bras humains.

On leur reproche encore de refroidir la pâte quand ils sont en fonte, d'être d'un nettoyage très difficile, de trop multiplier les contacts de la pâte avec l'air, ce qui lui fait prendre, par dessiccation, une trop grande consistance avant qu'elle ait été suffisamment battue; de laisser subsister dans la pâte les corps étrangers que peut accidentellement contenir la farine, et qui seraient retirés par l'ouvrier dans le pétrissage à bras; et autres défauts de détail.

D'un autre côté, les pétrins mécaniques rendent de grands services dans la fabrication du pain sur une grande échelle, comme pour les prisons, les hôpitaux, les armées. Dans ces cas, si le travail est moins parfait que celui qu'exécuterait un bon boulanger de ville, stimulé par la concurrence commerciale, il est en revanche, plus régulier que celui qu'on pourrait attendre d'ouvriers agissant seulement sous l'empire de la discipline. La qualité du pain dépend ainsi beaucoup moins du caprice de l'homme. Le rendement, avec une farine donnée, peut être à peu près constant; la fermeté de la pâte peut être fixée d'une manière plus précise. Le travail continu peut être obtenu plus facilement. Enfin l'emploi des pétrins mécaniques économise la main-d'œuvre et le temps : un homme suffit là où il faudrait deux ou trois pétrisseurs, et le pétrissage complet exige de 15 à 20 minutes de moins que le pétrissage à bras dans les mêmes conditions.

La tendance irrésistible de la civilisation moderne vers la suppression de la petite industrie au profit de la grande permet de prévoir que l'avenir appartient au pétrin mécanique, mais de grands progrès sont encore à réaliser pour que le travail à bras puisse être abandonné sans laisser trop de regrets.

§ 3. — Apprêt de la pâte et préparation des pains.

Une fois le pétrissage terminé, la pâte est recouverte d'une toile et abandonnée à elle-même pour fermenter. Ce repos de la pâte est appelé par les boulangers la *mise au tour*. Il a lieu soit dans le pétrin même, soit dans un autre récipient appelé tour. Il dure un temps variable selon l'état de la pâte et les conditions qui accélèrent ou retardent la fermentation. On donne le nom d'*apprêt* à la modification que la fermentation fait subir à la pâte. Ce même mot désigne aussi le temps que dure cette fermentation.

Les principales conditions qui influent sur le temps d'apprêt sont les suivantes :

1º **Relativement au levain.** Plus le levain incorporé à la pâte est fort, c'est-à-dire en état de fermentation avancée, plus l'apprêt doit être court.

2º **Relativement à la pâte.** Plus la pâte est douce, plus l'apprêt doit être court, parce que la fermentation prolongée en diminuerait trop la consistance. L'apprêt doit être aussi d'autant plus court que la masse de pâte est plus considérable, parce que la fermentation en est d'autant plus vive.

3º **Relativement au milieu extérieur.** Plus la température est élevée, plus l'apprêt doit être court. En hiver des précautions sont nécessaires pour éviter le refroidissement pendant l'apprêt ; on couvre la pâte d'étoffes de laine, on chauffe, s'il y a lieu, le local.

Dans les conditions moyennes, l'apprêt de la pâte au pétrin dure une vingtaine de minutes ; la pratique seule permet d'apprécier le moment où l'apprêt est convenable.

Quand ce moment est arrivé, on divise la pâte en portions dont chacune devra être un pain. Ces portions sont pesées : elles doivent avoir un poids supérieur à celui des pains qu'on veut obtenir, à cause de la perte de poids à la cuisson. Ensuite on leur donne la forme voulue, on les saupoudre de farine grossière, qu'on appelle *fleurage*, et on les dépose soit sur des *couches*, soit dans des *panetons*. Les couches sont des toiles, saupoudrées de farine ou de petit son, posées sur une surface horizontale, et qu'on replie sur les pains de manière à les envelopper de tous côtés. Les panetons sont des corbeilles doublées de toile. Un de leur principaux avantages est qu'on peut les déplacer à volonté pour les mettre plus au frais ou plus au chaud suivant qu'il est utile de ralentir ou d'accélérer la fermentation.

Les pâtons subissent, soit sur les couches, soit dans les panetons, un nouvel apprêt, plus long que l'apprêt au pétrin, et qu'on peut évaluer en moyenne à environ 35 minutes, après quoi les pains sont prêts à être enfournés.

§ 4. — Préparation des levains.

Nous avons vu que le levain, quelle qu'en soit l'origine, doit son activité à de la levure, c'est-à-dire à une ou plusieurs espèces de *Saccharomyces*. Il s'agit d'utiliser le pouvoir que possèdent ces microorganismes de produire du gaz carbonique, pour faire gonfler la pâte dans toutes ses parties. On y arrive par des procédés divers qui peuvent être rapportés à deux principaux : le *pétrissage sur levure* et le *pétrissage sur levain*, entre lesquels se placent des procédés mixtes.

Le procédé le plus simple est le travail sur levure. On trouve ce microorganisme dans le commerce. Il est cultivé en grand pour l'usage spécial des boulangers. Dans les pays de brasserie on peut aussi se servir de levure de bière, mais celle-ci est moins blanche et colore un peu le pain. Elle est aussi moins active que la levure spéciale. Cependant elle est parfois préférée comme donnant au pain plus d'arome. En Allemagne le pétrissage sur levure est le seul employé pour la fabrication du pain blanc. Voici comment on le pratique.

Pour trois fournées on emploie :

Farine de froment (1re qualité)...... 230 kilog.
Farine de sarrasin.................. 2 —
Lait............................... 120 litres.
Levure............................. 3 kilog.
Sel................................ 3 —

Avec un tiers de la farine, 50 litres de lait tiède et toute
la levure on fait une pâte molle, qu'on laisse reposer
2 heures et demie. Si la fermentation s'est déclarée,
on délaie cette pâte dans le reste du lait. On incorpore le reste de la farine et le sel, on pétrit grossièrement à la main, puis on confie la masse au pétrin mécanique.

Le même procédé est employé en France pour divers
pains de luxe. Nous exposerons plus loin les procédés
suivant lesquels la levure est employée en Angleterre.

Si l'on considère la grande économie de temps et de
main-d'œuvre que procure le travail sur levure, on est
tenté d'étendre l'emploi de la levure à la fabrication du
pain ordinaire. Mais ici se présentent des difficultés.
La levure pressée que fournissent les fabricants est
un produit extrêmement altérable. Il en résulte une
incertitude perpétuelle sur le dosage de la quantité de levure à employer pour chaque fournée. En
effet, si le produit ne contient que des cellules vivantes et en état d'activité parfaite, il en faut beaucoup
moins que s'il contient une forte proportion de cellules
mortes ou languissantes. On ne peut donc obtenir de
bons résultats qu'à la condition d'employer de la levure parfaitement fraîche pour chaque fournée, et

alors le procédé devient coûteux, et même impraticable dans les localités très éloignées des centres de production de la levure.

L'industrie cherche depuis plusieurs années à supprimer cet inconvénient en fournissant à la boulangerie de la levure préparée de manière à être parfaitement conservable pendant des mois. Pasteur a démontré que de la levure pressée, mélangée au mortier avec cinq fois son poids de plâtre, et ainsi parfaitement desséchée, conservait sa vitalité pendant plus de sept mois. Il suffit donc de dessécher la levure soit par le contact avec une substance inerte déshydratante, soit par l'action d'un courant d'air sec, ou par tout autre moyen reconnu inoffensif pour la vie des cellules, pour obtenir un produit qui conservera très longtemps le pouvoir de déterminer la fermentation du sucre et qui, par conséquent, pourra être employé à la panification. De là l'industrie des *levures sèches*.

A vrai dire, cette industrie est « renouvelée des Grecs », car le levain qu'ils obtenaient en séchant au soleil une pâte faite avec du moût de raisin en fermentation et du son, et qu'ils employaient pendant un an à la panification (Voir ci-dessus p. 92) était une véritable *levure sèche*. Cependant les résultats obtenus récemment dans l'industrie des levures sèches, tout en étant encourageants, ne sont pas encore pleinement satisfaisants. Au reste on ne doit pas, a priori, s'attendre à pouvoir produire une levure sèche qui ait exactement la valeur d'une bonne levure fraîche. Dans l'expérience de Pasteur sur la levure desséchée par le plâtre, la levure, tout en conservant la puissance fermentative, subissait une diminution progressive dans son activité. Pasteur semait cette poudre de plâtre et levure à diverses époques dans un moût de bière stérilisé toujours semblable, maintenu toujours à la même température de 20° dans une étuve, et notait le temps qui s'écoulait entre l'ensemencement et la première apparition de petits îlots de mousse à la surface du moût, indice du début de la fermentation. J'appellerai ce temps l'incubation. L'ensemencement ayant toujours été pratiqué avec la même quantité de poudre et la même quantité de moût, le tableau suivant montre comment a varié la durée d'incubation avec l'ancienneté de la levure.

Ancienneté du mélange.	Incubation.
2 jours.	3 jours.
2 mois 19 jours.	4 —
7 — 9 —	8 —
10 — et demi.	Levure morte.

Ainsi la levure sèche perd peu à peu son activité jusqu'à devenir complètement inerte. Mais la variation est lente et régulière, tandis qu'une levure fraiche qui s'altère peut subir en 24 heures un abaissement énorme d'activité et devenir tout à fait impropre à la panification.

Nous citerons comme levures sèches pouvant être employées à la panification la *levure Vagniez* (à Montières-lez-Amiens), que nous avons trouvée très active, la *levure Collette*, moins active d'après nos comparaisons, et le *Levain Royal*, mélange de levure et d'amidon, de fabrication anglaise qui, dans nos essais, s'est montré beaucoup moins actif à poids égal, mais, employé sous un poids suffisant, a fourni des résultats satisfaisants. Nous devons dire toutefois qu'après essai l'Administration militaire a rejeté l'emploi de toutes ces levures sèches.

Le travail sur levain se fait de deux manières différentes qu'on appelle le pétrissage *sur levain naturel* et le pétrissage *sur pâte*.

Le pétrissage *sur pâte* est très simple : il consiste à prélever sur la première fournée la moitié de la pâte au moment où elle est complètement pétrie ; on lui laisse prendre un apprêt convenable, puis on l'utilise immédiatement comme levain pour la seconde fournée. Le même prélèvement, fait sur la seconde fournée, fournit le levain destiné à la troisième, et ainsi de suite.

Ce procédé ne peut pas être appliqué indéfiniment. Il suppose des opérations absolument continues.

Le pétrissage sur *levain naturel* se fait, dans les boulangeries françaises, en plusieurs temps. On commence par prélever une portion d'une pâte complètement pétrie ; on la repétrit avec de l'eau et de la farine, de manière à en faire une pâte ferme ; on met celle-ci au frais dans une corbeille revêtue, à l'intérieur, d'une toile qui se replie sur la pâte. Cette pâte est appelée le *levain chef*. On le laisse fermenter jusqu'à ce qu'il ait doublé de volume. A ce moment il doit présenter une surface bombée, lisse ; il doit être élastique et tenace, et répandre une odeur vineuse agréable. Cette fer-

mentation dure de quatre à cinq heures suivant la
saison. Pendant ce temps il se produit une grande
multiplication de levure, mais en même temps il
se développe des bactéries qui désagrègent le gluten et rendent la pâte acide. Évaluée en acide
sulfurique normal, l'acidité peut ainsi s'élever, d'a-
près les expériences de M. Balland, jusqu'à 0,350
p. 100 dans le levain humide, soit environ 0,6 pour
100 parties de levain desséché, la farine employée
contenant, à l'état sec, 0,1 d'acide p. 100. Si dans
un levain chef dont l'apprêt est terminé on dose
le gluten, on trouve qu'il a diminué en quantité,
et qu'il est devenu visqueux, filant, difficile à rassembler.

Quand l'apprêt du levain chef est terminé, on procède à un rafraîchissement qui en fera le *levain de première*. Le levain chef est délayé dans de l'eau et additionné d'un poids de farine égal au sien, le tout pétri
en pâte ferme. Puis on lui laisse prendre son apprêt
dans le pétrin, ou en corbeille s'il y a lieu. La farine
nouvelle que contient cette pâte favorise la multiplication de la levure, et diminue la proportion de bactéries, pourvu qu'on ne laisse pas la fermentation durer
trop longtemps. Aussi, suivant la saison, les boulangers rafraîchissent-ils plusieurs fois le levain de première, ce qui rend la fermentation de plus en plus
franchement alcoolique, et par suite augmente la proportion de gluten normal et diminue l'acidité.

On fait ensuite le *levain de seconde* en rafraîchissant
le levain de première de manière à en augmenter le

volume d'un tiers. On fait une pâte moins ferme que celle du levain précédent, et on la travaille davantage. Ces règles sont justifiées par la nécessité d'obtenir une fermentation dans laquelle la levure prédomine de plus en plus : il faut pour cela que l'apprêt soit obtenu dans un temps plus court, ce qui exige plus d'eau et une homogénéité plus parfaite de la pâte.

Enfin en rafraîchissant le levain de seconde, on fait le *levain de tout point*. Celui-ci doit avoir, en été, la moitié du volume de la fournée à faire, et en hiver, au moins le tiers. On le travaille avec plus de soin encore que le levain de seconde et pour les mêmes raisons ; il doit être très peu acide, et ressembler beaucoup à la pâte de pain.

C'est avec le *levain de tout point* que l'on fait la pâte définitive ainsi que nous l'avons expliqué ci-dessus. Si ce dernier levain doit être employé en plus grande proportion en été qu'en hiver, c'est que, la température élevée favorisant le développement des bactéries, il faut diminuer le plus possible le temps d'apprêt de la pâte définitive. Il faut n'avoir à produire dans celle-ci qu'un début de fermentation.

En somme les principes qui doivent guider le travail délicat des levains peuvent se résumer de la manière suivante. La fermentation panaire effectuée avec un levain de pâte pour point de départ se compose de plusieurs fermentations qui peuvent être ramenées à deux principales : fermentation alcoolique par levure, et fermentation acide par bactéries. Ces deux fermentations sont presque complément isolées au deux bouts du temps de l'apprêt : au début il y a multiplication presque exclusive de levure, avec production corrélative d'alcool et d'acide carbonique, le gluten étant respecté ; à la fin il y a multiplication presque exclusive de bactéries, avec production d'acides liquides (lactique, acétique, butyrique) et de gaz carbonique, et en même temps altération du gluten. Au milieu du temps d'apprêt ces deux fermentations se superposent. Enfin plus la température est élevée, plus la phase de début est courte et fait place rapidement à la phase intermédiaire et à la phase finale.

Si l'on se bornait toujours à la phase de début, la proportion des cellules de levure par rapport aux bactéries irait en croissant, mais aussi, faute d'un temps de développement suffisant, la proportion du nombre des cellules de levure par rapport au volume de la pâte irait en décroissant; le levain ne serait plus assez fort ; quand on l'incorporerait à la pâte définitive, il ne pourrait la gonfler qu'au bout d'un temps tellement long que la phase intermédiaire et la phase finale s'établiraient. Le mal qu'on aurait évité dans le levain, on le retrouverait dans la pâte définitive.

C'est pourquoi dans la préparation du levain chef, pour obtenir une multiplication suffisante de levure, on pousse l'apprêt jusqu'au commencement de la phase finale. Mais, par les rafraîchissements successifs, c'est-à-dire par une série de cultures de début, on augmente progressivement le rapport du nombre des cellules de levure au nombre des bactéries, tout en augmentant assez le volume de la pâte de levain pour que, dans la pâte définitive, on puisse obtenir un gonflement suffisant en arrêtant la fermentation à sa première phase.

Dans le travail sur pâte, où l'on fait aussi une série de cultures de début, il est à remarquer que la qualité des fournées successives va en s'améliorant.

Le travail sur levain consiste donc au fond à maintenir un équilibre entre deux phénomènes antagonistes dont la pâte est le siège : la multiplication de la levure et la multiplication des bactéries.

On peut faciliter singulièrement cet équilibre par l'emploi judicieux de la levure commerciale. Aussi les boulangers des grandes villes, tout en travaillant sur levain, ajoutent-ils de la levure chaque fois qu'il y a lieu d'activer la fermentation alcoolique.

Le travail sur levain et le travail sur levure aboutissent au même résultat mécanique, au gonflement de la pâte ; mais les qualités du pain obtenu dans les deux cas ne sont pas les mêmes. Les différences les plus sensibles résident dans l'acidité de la pâte, dans la saveur, dans la couleur et dans la structure.

Le pain fait avec le levain de pâte seul a la mie sensiblement acide ; celui qui est fait avec la levure seule à la mie à peu près neutre. Cette différence est tout expliquée par les considérations qui précèdent : l'acidité est produite par les bactéries, et celles-ci sont rendues impuissantes par la levure. La différence de saveur est en rapport avec cette différence de réaction : l'acidité, si elle n'est pas poussée trop loin, plaît en général au consommateur ; s'il a l'habitude du pain légèrement acide, celui qui ne l'est pas lui paraît fade. La différence de saveur provient aussi de substances moins faciles à déceler chimiquement : la levure introduit un certain arome qui peut plaire ou déplaire. Quand elle n'est pas bien fraîche, elle donne un goût désagréable. De même les bactéries du levain communiquent une saveur aromatique spéciale, moins prononcée.

Quant à la couleur, le pain fait à la levure seule a la mie un peu moins blanche, jaunâtre. Ceci peu .nir à des causes diverses. D'abord si l'on a employé une levure qui n'était pas blanche, le pain est coloré par la levure elle-même. De plus, si la farine contient un peu de substance empruntée à l'enveloppe du grain, nous savons que cette substance cède à l'eau des matières solubles qui brunissent à l'air; la levure, comme nous l'avons vu, laisse commencer ce brunissement, mais l'empêche de s'augmenter à partir du moment où elle détermine une fermentation vive. Les bactéries font plus : elles décolorent ces matières déjà brunies. Par conséquent si la farine contient quelque peu de débris d'enveloppes (et elle en contient toujours), le pain qu'on fera avec cette farine et la levure sera plus coloré par ces débris que celui qu'on fera avec cette farine et du levain.

La différence la plus frappante est celle que présente la structure de la mie dans les deux cas. La mie des pains faits avec la levure seule présente des cellules régulières, étroites et friables ; elle a une structure pour ainsi dire mousseuse. Celle des pains faits avec le levain de pâte présente des cellules irrégulières, de dimensions très variées. Ceci s'explique par la différence de conservation du gluten. Dans la pâte faite sur levure le gluten est beaucoup mieux conservé ; c'est pourquoi les cellules, protégées comme nous l'avons dit par une enveloppe élastique et presque imperméable, conservent après la cuisson la structure mousseuse qu'elles avaient pendant la fermentation. Au contraire dans la pâte sur levain, nous avons vu que sous l'influence des bactéries, des diastases qu'elles sécrètent et de l'acidité qu'elles produisent, le gluten est beaucoup plus modifié et a perdu en partie la propriété de former avec l'eau une matière malléable et ductile ; de sorte que les gaz dégagés pendant la fermentation, au lieu de rester emprisonnés bulle par bulle dans de petites cellules, s'échappent des points où ils ont pris naissance et se rassemblent çà et là dans des poches qui s'écrasent à demi sous le poids des couches superposées.

La différence de structure des deux sortes de pain entraîne une différence dans leur faculté de se conserver. Nous étudierons plus loin les modifications que subit le pain après la cuisson. Mais dès maintenant nous devons dire que le pain fait sur levure se modifie plus rapidement que l'autre : il ne conserve pas sa saveur du jour au lendemain : il a besoin d'être mangé tendre. Il ne se prête donc pas comme le pain fait sur levain à être préparé en provision pour plusieurs jours ainsi qu'on le pratique d'ordinaire à la campagne.

Cet examen, d'une part, du travail, et d'autre part, des résultats obtenus, soit avec le levain, soit avec la levure, ne conduit pas à donner la préférence d'une manière absolue à l'un ou à l'autre de ces deux procédés de panification.

Au point de vue du travail, le procédé *sur levain* est, dans les conditions actuelles, plus sûr. Dans les localités où l'on n'a pas la levure sous la main à l'état frais, il fournit un pain plus économique, préférable comme pain de ménage. Dans les mêmes conditions le travail sur levure n'est avantageux que pour les pains de luxe. Mais il semble que l'emploi de la levure pourrait être perfectionné de manière à devenir avantageux pour toute sorte de pain. La levure fabriquée par les fabriques de levure ne se garde pas. Aussi les boulangers sont-ils obligés d'en ajouter à la pâte beaucoup plus qu'il n'en faudrait si chaque cellule de levure était vivante et active. Il en résulte que la levure donne un goût et parfois même une couleur au pain, et, chose plus grave, il en résulte aussi qu'on ne peut jamais savoir quelle dose de levure doit être employée pour chaque fournée. Si toutes les cellules introduites étaient en pleine activité, il n'y aurait pas besoin d'en introduire plus qu'on n'en introduit avec le levain. On éviterait ainsi la saveur et la couleur de la levure, et on pourrait déterminer avec beaucoup plus de précision la dose nécessaire. Il y aurait donc avantage pour le boulanger à fabriquer sa levure lui-même. Les grandes maisons de boulangerie ne pourraient-elles pas s'adonner à la culture de la levure en milieu liquide ? On choisirait une espèce de *Saccharomyces* reconnue comme une des meilleures, rigoureusement isolée par culture sur plaque d'après les procédés usités en bactériologie. On en ferait en permanence une culture pure dans des moûts incolores, en suivant les procédés modernes, et on pourrait ainsi produire continuellement sur place toute la levure nécessaire pour faire lever chaque fournée. La levure, étant toujours bien semblable à elle-même, pourrait être incorporée à la pâte en proportion presque fixe, toujours très petite, et donnerait des résultats réguliers pourvu que l'on sût tenir compte des autres conditions qui influent sur la fermentation, notamment de la température. Il en faut si peu, quand toutes ses cellules sont bien actives, qu'il n'y aurait pas d'inconvénient au point de vue économique à employer pour la cultiver des procédés coûteux. Le travail délicat des levains serait complètement supprimé, remplacé qu'il serait par la culture en milieu liquide, délicate aussi, mais exigeant une main-d'œuvre moins considérable. Le gluten de la pâte resterait intact pendant la fermentation. Les farines inférieures, pourvu qu'elles ne fussent pas trop avariées, donneraient un pain presque aussi bien levé que les farines de première qualité. Il est probable que le pain préparé de cette façon coûterait moins cher, ce qui disposerait le public à l'accepter malgré les préventions inspirées par l'habitude du pain préparé avec le levain.

Au point de vue de l'hygiène, on peut dire que les différences entre les deux sortes de pain sont insignifiantes. Cependant quand le pain sur levain est très bien fait, il est probable qu'il est un peu plus digestible, à cause des acides qu'il contient, acides capables d'exercer une action légèrement excitante, favorable à l'appétit et à la digestion. Cet avantage ne paraît pas assez marqué pour l'emporter sur ceux de la méthode que nous proposons.

Moyen de se procurer un premier levain. — Il peut se présenter des circonstances où, n'ayant à sa disposition ni levain de boulanger, ni levure, on ait besoin de faire du pain. Comment faire lever la pâte? Il existe, pour résoudre cette question, des recettes empiriques d'après lesquelles on prépare un milieu de culture favorable au développement du ferment, mais on compte (sans le savoir) sur l'ensemencement spontané pour en obtenir les germes. A l'appui de la valeur de ces recettes, on cite des cas où elles ont donné de bons résultats. Ces résultats sont sous la dépendance du hasard.

Qu'on se figure un jardinier qui, désireux de faire pousser des fraisiers sur un certain terrain, se bornerait à le nettoyer et à le bêcher. Ce procédé pourra parfaitement réussir s'il se trouve des fraisiers vivants dans le voisinage. Dans leur développement naturel ils arriveront au bord du terrain, et trouvant là un sol bien préparé, ils l'envahiront rapidement. Mais s'il n'y a pas de fraisiers à proximité, ce sera un grand hasard si quelque graine de cette plante y est introduite à temps. Les mauvaises herbes vulgaires prendront possession du sol avant que cette heureuse chance puisse être réalisée.

Il en va de même pour le levain spontané. Quand l'expérience est faite avec des vases qui ont servi à la panification, ou à la fermentation des boissons, elle réussit. Dans le cas contraire elle échoue. Si l'on veut s'affranchir du hasard, il faut absolument semer pour récolter.

J'ai fait essayer avec succès le procédé suivant, dans lequel la semence est empruntée à une denrée qui peut, dans certaines circonstances, être plus facile à trouver que du levain ou de la levure, au raisin sec. Ce fruit porte toujours sur son épiderme des germes vivants de levure. Il suffit de l'écraser dans de l'eau pour obtenir un milieu de culture adapté au développement de ces germes : c'est ce qui rend aisée la fabrication du vin de raisin sec. Voici donc le procédé.

Triturer 15 parties de raisin sec de Corinthe avec 85 parties d'eau tiède (35°). Au bout d'un temps variable (ordinairement moins de vingt-quatre heures) le liquide sera en pleine fermentation. A ce moment on le soutirera (cette opération n'est pas indispensable). On obtiendra ainsi 70 parties de moût en fermentation, auquel on incorporera 140 parties de farine, d'ou 210 parties de levain.

Ce procédé paraît susceptible de rendre service dans des expéditions lointaines, en cas de communications impossibles avec les villes. On pourrait naturellement remplacer le raisin de Corinthe par tout autre fruit sucré, par exemple par des figues ou des dattes.

§ 5. — Cuisson.

Quand la pâte a subi son dernier apprêt, elle est mise au four.

Il existe un très grand nombre de modèles de fours de boulangerie; comme les principes qui en guident la construction ne sont pas empruntés à la chimie, ce n'est pas ici le lieu de les décrire; nous renverrons pour ce sujet le lecteur au *Manuel Roret*, où il en trouvera plus de cinquante formes.

On a calculé (1) que, en supposant la pâte à la température initiale de 20°, il faut, pour la transformer en pain, lui fournir par kilogramme de pain à obtenir, environ 300 grandes calories, c'est-à-dire la quantité de chaleur qui serait nécessaire pour faire passer 3 kilogrammes d'eau de 0° à 100°. Cette quantité de chaleur doit être fournie à température beaucoup plus élevée qu'il n'est nécessaire pour la cuisson des aliments ordinaires, parce que la pâte doit, à la périphérie, se transformer en croûte, c'est-à-dire en une matière à demi caramélisée. C'est vers 200° que les substances hydrocarbonées humides commencent à subir nettement cette modification, c'est donc cette température que doit atteindre la croûte; ainsi l'enceinte dans laquelle se trouve la pâte devra être portée à une température supérieure à 200°; en fait, les fours de boulangers sont amenés, à Paris, à la température de 250° à 300°.

Le four le plus simple, celui qui a été employé de temps immémorial, et qui sert encore aujourd'hui dans la petite boulangerie, est une chambre construite en briques, présentant la forme d'un demi-œuf aplati, et consistant en une sole presque plate, recouverte d'une

(1) Voir Birnbaum's *Brotbacken*.

voûte surbaissée, fig. 48, 49 et 50. Cette sole est destinée
à recevoir, d'abord le combustible, puis les pains. En
avant, une ouverture unique, pouvant être fermée par une
plaque de tôle, sert à la fois à l'introduction du combustible et des pains, au nettoyage de la sole, à l'entrée de

Fig. 48.   Fig. 49.

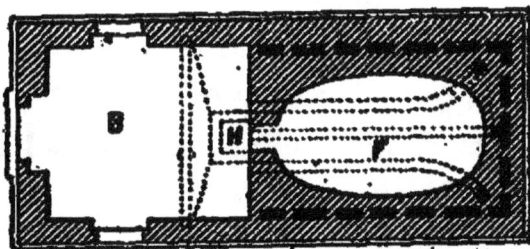

Fig. 50.

Fig. 48 à 50. — Four à chauffage direct et intermittent. — Fig. 48,
coupe en hauteur; fig. 49, coupe en largeur; fig. 50, plan.

l'air appelé par la combustion, et à la sortie de la fumée.
Une hotte, placée au-dessus de cette ouverture, conduit les gaz sortants à une cheminée. Ce système primitif est ordinairement modifié, dans les villes, par
l'adjonction de plusieurs orifices, ainsi que le repré-
sentent nos figures. Les gaz de la combustion, au lieu

de sortir par l'ouverture principale, sortent par trois ou quatre orifices placés en arrière et sont conduits, par autant de carneaux qui traversent la maçonnerie au-dessus de la voûte, jusqu'à la cheminée. Il y a souvent aussi, à droite et à gauche de la bouche du four, deux ouvertures servant à introduire du menu bois enflammé pour éclairer le four pendant l'enfournement du pain; ces ouvertures sont fermées pendant la cuisson.

Pour se servir de ce four, on commence par introduire le combustible, ordinairement du bois aussi sec que possible (bouleau, pin, chêne écorcé, hêtre, suivant les localités). On allume, puis on ferme la porte du four, si la bouche ne sert pas à la sortie de la fumée. Quand on juge que le four est assez échauffé, on enlève la braise, on nettoie la sole et on enfourne, en s'éclairant par la flamme de quelques morceaux de bois placés à l'entrée du four. Puis on referme la porte.

Ce four est donc à chauffage direct et intermittent, puisqu'il faut le charger de combustible avant la cuisson de chaque fournée. Il est très bien adapté aux besoins de la petite fabrication, mais il n'est pas économique. Dans sa forme la plus simple il n'utilise guère que 20 p. 100 de la quantité de chaleur dégagée par le bois qu'on y brûle.

On réaliserait une très grande économie si l'on pouvait tenir le four chaud d'une manière continue, à condition qu'on eût toujours du pain à y faire cuire. Pour cela il faut abandonner le chauffage direct; on a donc construit des fours dans lesquels le foyer est extérieur au moufle. Tantôt les produits de la combustion traversent la capacité du moufle, tantôt ils ne font qu'en lécher extérieurement les différentes parties; dans le second cas, au lieu de construire tout le moufle en briques, c'est-à-dire en une substance mauvaise conductrice destinée à rayonner lentement la chaleur emmagasinée pendant la chauffe, on en construit certaines parties en fonte ou en tôle, pour faire arriver jusqu'au moufle par conductibilité la chaleur des produits de la combustion.

D'autres fours sont chauffés par l'introduction d'air chaud, ou de vapeur surchauffée, dans le moufle.

Enfin, d'autres sont chauffés par une circulation de vapeur d'eau surchauffée dans plusieurs séries de tubes qui la font passer continuellement, d'une chambre à feu où elle s'échauffe, au four où elle cède sa chaleur, au-dessus et au-dess ous de la sole, et *vice versa.*

Dans tous ces fours où le foyer est extérieur au moufle, on emploie des combustibles plus économiques que le bois : houille, coke, tourbe, etc., suivant les localités. La sole ne reçoit pas de cendres, et par suite le pain n'y est pas souillé de débris incrustés dans la croûte. Dans les plus parfaits au point de vue de l'économie du chauffage, on utilise jusqu'à 50 ou 60 p. 100 environ de la chaleur dégagée par le combustible.

Quel que soit le four employé, il doit être amené, avant l'introduction du pain, à une température qui peut varier de 225° à 300° suivant les circonstances, force de l'apprêt, pâte plus ou moins ferme, volume des pains, etc.

L'évaluation de la température du four, facile dans

des expériences scientifiques, est au contraire très difficile dans la pratique. Divers systèmes de pyromètre ont été essayés et n'ont pu être adoptés. Au laboratoire d'expertise des Invalides, dirigé par M. Balland, on se sert d'un *pyromètre Damaze*, à base de mica. Mais dans la boulangerie pratique, on s'en rapporte à l'expérience de l'ouvrier, qui juge, à l'inspection de la couleur de la voûte, à l'impression de la chaleur sur la main, et à d'autres indices dépourvus de précision scientifique, si le four est au point convenable.

Ce résultat atteint, on nettoie parfaitement la sole, et on enfourne les pains, en les renversant sur une pelle saupoudrée de fleurage, à l'aide de laquelle on les introduit dans le four.

Que se passe-t-il pendant la cuisson?

Bien que la température ambiante soit très élevée, celle de l'intérieur de la pâte ne s'élève que lentement : aussi s'établit-il bientôt une différence très tranchée entre la periphérie et l'intérieur : à la périphérie se forme la croûte, à l'intérieur se forme la mie. Commençons par les modifications qui se produisent à l'intérieur. D'abord la température y est favorable à la fermentation. La production d'acide carbonique continue donc et s'accélère. Le pain se gonfle, à la fois par dilatation et par augmentation de la masse du gaz inclus. Ce gonflement ne se fait pas également dans toutes les directions de manière que la forme du pain reste semblable à elle-même. Car la surface, et surtout la portion de surface qui touche la sole, se desséchant et se durcissant, devient de moins en moins extensible, et tend par elle-même à diminuer d'étendue. Il en résulte que la forme du pain tend à se rapprocher de la figure qui, sous une même surface, contient le plus grand volume, c'est-à-dire de la sphère. Le pain devient donc plus bombé, il gagne en hauteur et perd en largeur; les pains qui se baisaient (c'est le terme usité en boulangerie) se séparent, si la pâte n'avait pas contracté trop d'adhérence.

La température, continuant à s'élever, devient bientôt impropre aux fermentations produites par les ferments vivants, levure et bactéries : c'est ce qui arrive vers 40°. La production de gaz carbonique s'arrête alors. Mais en même temps commence une autre phase : l'amidon, chauffé en présence de l'eau, commence peu à peu à se transformer en empois. S'il se trouve dans la pâte une diastase, celle-ci n'est pas encore paralysée; au contraire son activité va en croissant jusque vers 70° et subsiste encore au delà. A ce moment les choses se passent différemment suivant que la farine contenait ou non du son. Si elle est exempte de son, elle ne contient pas de diastase en quantité appréciable : l'amidon n'éprouve pas alors d'autre modification que celle de la transformation partielle en empois : les grains se gonflent et se soudent entre eux, en même temps qu'une petite partie se solubilise pour former surtout ce que Lintner et Düll appellent l'*amylodextrine*.

Mais si la pâte contient du son, l'amidon transformé en empois est attaqué par l'amylase du son, et transformé en substances solubles, dextrine et maltose. Ce processus se poursuit jusque vers 80°. Ensuite, la température s'élevant toujours, il ne reste plus que la transformation en empois, transformation qui ne peut jamais être poussée bien loin parce que la pâte ne contient pas assez d'eau.

Enfin, nous arrivons à la température d'ébullition de l'eau. A partir de ce moment une notable quantité de vapeur se forme dans la pâte. Que va devenir cette vapeur?

Les expériences de M. Balland vont nous le faire savoir. Ces expériences ont été faites avec des pains de munition, de forme ronde, et du poids moyen de 1,500 grammes après cuisson. Les nombres absolus trouvés ne seraient pas applicables à d'autres pains, mais les phénomènes accusés par ces nombres ont une portée générale. Or M. Balland a trouvé qu'à la cuisson 1,750 grammes de pâte ont perdu environ 200 gr. d'eau, soit 11,42 p. 100. Mais en analysant séparément la croûte et la mie, il a constaté que cette perte était supportée uniquement par la croûte. En effet la pâte, au moment de l'enfournement, contenait, dans trois expériences :

47,57 p. 100...; 47,18 p. 100...; 48,01 p. 100 d'eau; et après cuisson la mie a donné 47,82 p. 100 d'eau, tandis que la croûte n'en contenait plus que 24,66 p. 100.

Ainsi donc au moment de la cuisson où nous en sommes arrivés, la vapeur d'eau formée ne s'échappe pas sensiblement des cellules qui ont été pratiquées dans la pâte par le gaz carbonique pendant la fermentation ; mais grâce à la ténacité de leur gluten elle les dilate et leur fait prendre leur maximum d'extension : c'est alors que ce qui était seulement de la pâte levée devient de la mie de pain. Pendant tout le temps que se prolonge la cuisson à partir de ce moment, si la mie perd de l'eau, ce n'est qu'en se transformant progressivement en croûte dans ses parties périphériques ; au contraire dans ses parties centrales la teneur en eau ne variant pas sensiblement, une véritable ébullition à température fixe se maintient jusqu'au bout. La mesure directe de la température, effectuée avec précision par M. Aimé Girard au moyen de thermomètres à maxima introduits au milieu de la masse panaire, indique une légère ascension de la température au-dessus du point d'ébullition de l'eau pure sous la pression atmosphérique : lorsque la cuisson est satisfaisante, la température atteint 101° à Paris. A cette température la vapeur dégagée par l'eau pure à une pression de 787 millimètres, pression qui n'est jamais atteinte par l'atmosphère.

L'élévation de la température au-dessus du point d'ébullition normal de l'eau peut s'expliquer en partie par une légère augmentation de pression due à la résistance de la croûte ; elle est due aussi certainement pour une part à ce que l'eau de la pâte n'est pas de l'eau pure. Quand l'eau retient des substances solides en dissolution, son point d'ébullition s'en trouve élevé. Ainsi en ajoutant 10 grammes de sel marin à 100 grammes d'eau, on obtient une solution qui, sous la pression de 760 millimètres de mercure, bout à 101°,5. Or l'eau de la mie de pain tient en dissolution diverses substances solides : il s'y trouve, outre la petite quantité de sels calcaires qui existe toujours dans les eaux potables, un peu de sel marin qu'on y a ajouté (près de 2 p. 100), les sels et autres substances solubles de la farine, et enfin une certaine proportion de produits solubles de transformation de l'amidon. Cette eau ne peut donc manquer de bouillir à une température un peu plus élevée que de l'eau distillée.

Voilà ce qui se passe dans l'intérieur du pain. A la périphérie il en est tout autrement : au lieu d'une faible perte d'eau, dessiccation presque complète ; au lieu d'une température limitée à peu près au point d'ébullition de l'eau, température s'élevant progressivement jusqu'à celle du milieu ambiant, c'est-à-dire dépassant 200°. Alors le gluten brunit, l'amidon lui-même peut commencer à se torréfier ; il se forme ainsi une croûte dure et colorée, parfois fendillée, qui s'épaissit progressivement aux dépens de la mie. Ces qualités de la croûte ne sont pas recherchées. On tâche au contraire qu'elle soit plutôt molle que dure, et plutôt légèrement dorée que brune. On y arrive en modérant les deux causes : élévation de température et dessiccation. La température ne doit pas dépasser 300° au moment de l'enfournement, et, pour s'opposer à la dessiccation, on injecte parfois de la vapeur d'eau dans le moufle pendant que le pain est encore froid : il se dépose alors, par condensation, une couche d'eau à la surface du pain ; l'amidon, chauffé avec cette eau se transforme en grande partie en amidon soluble et dextrine, et ainsi se produit à la surface des pains dits « pains viennois » un beau vernis doré. On peut obtenir à peu près le même résultat sans injecter de vapeur, en humectant d'eau la surface des pains au moment de l'enfournement.

Le temps que dure la cuisson du pain est très variable : il dépend de la grosseur des pains, de la nature de la pâte et de la température du four. Dans la boulangerie militaire, où les pains ont toujours le même poids et la même forme, la durée de la cuisson est généralement de 30 minutes.

Une cuisson lente, avec une température initiale relativement peu élevée, produit un croûte épaisse, très résistante, et une mie renfermant une faible proportion d'eau. Une cuisson rapide dans un four très chaud donne presque toujours une croûte brûlée et une mie mal cuite, retenant beaucoup d'eau. Il ne faut donc pas croire, quand la croûte est brûlée, que le pain est trop cuit ; c'est ordinairement le contraire qui est vrai.

On reconnaît que la cuisson est au point convenable à quelques caractères que savent bien apprécier les hommes de métier : la croûte supérieure a pris une couleur vive, la croûte inférieure est sonore; dans le cas où les pains ont des baisures, la mie de celles-ci résiste à la pression des doigts et ne colle pas.

Ensuite a lieu le défournement. A ce moment le pain se compose de croûte et de mie en proportion variables. Dans les expérience de M. Balland que nous venons de citer, le pain entier contenait 39,24 p. 100 d'eau, répartie entre un tiers de croûte, d'une épaisseur de 4 à 5 millimètres, et deux tiers de mie, la croûte contenant, comme nous l'avons dit, 24,66 p. 100 d'eau, et la mie 47,82 p. 100.

Suivant la consistance de la pâte (douce, ferme ou bâtarde), la forme et le poids des pains, la perte d'eau à la cuisson subit de grandes variations. Cette perte doit être prévue par le boulanger, qui doit en tenir compte dans la pesée de la pâte au sortir du pétrin. D'après le *Manuel Roret*, on compte à Paris que pour obtenir 100 en poids de pain, il faut employer :

Pour pains de 4 kilogr...............	114	de pâte.
— ordinaires de 2 kilogr...	120	—
— de 1 kilogr...............	129	—
— longs de 2 kilogr.......	131	—
— plats de 2 kilogr.......	148	—
— plats de 1 kilogr.......	162	—
— couronnes de 1 kilogr...	167	—

Étudions maintenant les gaz contenus dans le pain. M. Balland, opérant sur de petits pains sans baisure d'une centaine de grammes, dont il extrayait les gaz sous une cloche placée sur la cuve à mercure, a trouvé qu'à la sortie immédiate du four ces pains ne contenaient que de l'eau et de l'acide carbonique. Un quart d'heure après la sortie il trouve un mélange de vapeur d'eau, d'oxygène, d'azote et de gaz carbonique ; enfin au bout d'une ou deux heures le gaz carbonique et la vapeur d'eau ont disparu, et on ne trouve plus que les gaz de l'air.

Ces analyses font bien voir ce qui se passe à la sortie du four. Les cavités du pain sont alors entièrement remplies de gaz carbonique et surtout de vapeur d'eau. Pendant le refroidissement cette vapeur d'eau se condense en eau sans que les cavités se rétrécissent, grâce à la résistance du gluten, qui par la cuisson a perdu sa plasticité. De là une raréfaction qui appelle rapidement la rentrée de l'air. Quant au gaz carbonique, il s'élimine peu à peu par simple diffusion. L'eau de condensation de la vapeur donne d'abord à la mie un aspect luisant et humide ; peu à peu cette eau se réincorpore dans la pâte. Pendant cette période de repos après le défournement, période appelée « ressuage », le pain perd encore environ 2 p. 100 de son poids. Après une exposition de 6 heures dans une paneterie bien aérée, on peut dire que le pain est complet et possède l'ensemble de ses qualités.

Influence de l'apprêt sur la structure du pain après la cuisson. — Cette influence est mise en évidence par l'expérience suivante : avec un même levain et la même farine, j'ai fait deux pains ; le gonflement était mesuré au moyen du tube à pâton décrit plus haut. L'un a été enfourné quand le gonflement était 1,5, l'autre quand le gonflement était 3. Ce dernier était devenu très mou et plat. A la cuisson il ne s'est pas relevé ; il a conservé une forme de galette. L'autre s'est au contraire beaucoup bombé pendant la cuisson. Quand les pains ont été refroidis ils ont été ouverts. Le pain de gonflement 3 avait une structure spongieuse fort agréable. Les yeux étaient moyennement gros, assez réguliers, limités par des membranes minces, sans grandes cavités. Celui de gonflement 1,5 présentait au contraire de très petits yeux et d'assez grandes cavités irrégulièrement distribuées. Il était compact et désagréable. On voit que l'apprêt le plus convenable correspond à un gonflement d'environ 2.

La différence de structure des deux pains s'explique facilement. Dans le pain trop levé les membranes minces des cavités ont laissé la vapeur d'eau développée par la cuisson se diffuser presque régulièrement, comme, avant la cuisson, elles avaient laissé se diffuser le gaz carbonique de la fermentation, ce qui avait produit l'affaissement de la pâte. Dans le pain insuffisamment levé au contraire le tissu compact s'est opposé au dégagement continu de la vapeur d'eau ; celle-ci a subi des augmentations de pression locales qui ont fini par triompher de la résistance du milieu en produisant çà et là des hernies ou des déchirures par où l'excès de vapeur s'est précipité ; ainsi se sont formées les plus grandes cavités, et le bombement du pain entier.

Quand l'apprêt est parfait, ces effets de pression locale se produisent encore, mais au sein d'un tissu général moins compact, en sorte qu'il y a beaucoup moins de différence entre les petits et les grands yeux.

Il ne faudrait donc pas croire que les pains les moins bombés sont nécessairement les moins levés.

CHAPITRE V

RENDEMENT DE LA FARINE EN PAIN.

Le poids de pain qu'on peut obtenir avec un poids de farine donné dépend de la qualité de la farine et de la nature du pain qu'on veut obtenir. La qualité de la farine détermine la quantité d'eau minimum que la pâte peut contenir ; et la nature du pain détermine la quantité d'eau qui sera perdue à la cuisson.

On trouve une étude très précise de cette question dans les *Mémoires de l'Académie des Sciences* pour 1783. Une contestation s'étant élevée à Rochefort au sujet de la taxe du pain, le Parlement, par arrêt du 6 septembre 1783, demanda l'avis de l'Académie sur ce sujet. L'Académie désigna une commission de trois membres, Le Roy, Tillet et Desmarest, pour rechercher les bases expérimentales d'une taxe équitable. Cette commission, s'aidant de meuniers et de boulangers, étudia avec la plus grande rigueur scientifique le rendement du blé en farine, par les divers modes de mouture alors en usage, et le rendement de la farine en pain. Nous emprunterons quelques résultats au substantiel rapport élaboré par cette commission.

La farine d'un même blé avait été séparée par les opérations de mouture en trois qualités : farine blanche, farine bis-blanc et farine bise. Ces farines furent pétries de manière à donner des pâtes de même consistance.

La farine blanche absorba au pétrissage 60 p. 100 d'eau.
La farine bis-blanc en absorba 63 p. 100.
Et la farine bise 67 p. 100.

Ces différences s'expliquent par la considération des régions du grain auxquelles sont empruntées les trois sortes de farine. La farine blanche, empruntée à l'intérieur de l'amande farineuse, contient un peu moins de gluten ; les autres qualités sont d'autant plus riches en gluten qu'elles contiennent plus de parties empruntées aux couches périphériques de l'amande farineuse, en même temps que leur couleur est d'autant plus foncée.

Les auteurs ont constaté également que les pâtes qui, au pétrissage, avaient absorbé le plus d'eau ont perdu le moins d'eau à la cuisson, dans des conditions comparables. La pâte de farine bise, réduite pour la plus grande partie en pains d'une livre et demie, avait perdu à la cuisson à peu près la moitié de l'eau qu'elle avait absorbée au pétrissage. Avec la farine blanche on n'obtient ce résultat qu'à la condition de la convertir en pains de quatre livres.

Il résulte de l'ensemble des expériences de la commission que le rendement normal de la farine en pain est de $\frac{5}{16}$ en plus de la farine employée, soit 131 p. 100. S'il n'employait que la farine blanche, le boulanger ne pourrait atteindre ce résultat qu'en faisant des pains très volumineux. Mais il pourra, sans s'écarter beaucoup de ce rendement comme rendement moyen, faire des pains blancs de petit volume, à condition de faire aussi des pains bis-blancs et des pains bis d'assez fort volume.

Indépendamment de leurs propres expériences, les auteurs font connaître aussi les résultats moyens obtenus à Paris : « On retire à Paris, de 560 livres de froment, 420 livres de pain de la première qualité, et 131 livres, dont la moitié peut être en pain un peu inférieur, nommé bis-blanc, et l'autre moitié en pain proprement bis ».

Voici maintenant les résultats sommaires d'expériences faites en 1856 par Rivot, sur des pains fabriqués avec de bonne farine de froment, pesés environ 18 heures après leur sortie du four. La farine contenant 17 p. 100 d'eau hygrométrique, 100 parties de farine produisent :

125 à 135 de miches de 2 kilog. suivant l'épaisseur de la mie.
120 à 128 de pains rondins, suivant le diamètre.
120 à 125 de pains de fantaisie de 2 kilog.
112 à 122 de pains très allongés.

Dans la boulangerie civile, il est possible d'obtenir un rendement normal à peu près fixe, parce qu'on peut faire varier les proportions des différentes sortes de pain fabriquées dans une même fournée. Il n'en est pas de même dans la boulangerie militaire, où tous les pains sont absolument semblables. Dans ces conditions le rendement est très variable. L'administration militaire a déterminé les moyennes suivantes, pour les diverses natures de farine :

	Poids de pain p. 100 de farine.
Farine de blé tendre, blutée à 20 p. 100......	139
Farine de blé dur, blutée à 12 p. 100.......	150

Si l'on veut enfin une formule simplifiée qui permette de se rendre compte en gros du rendement du blé dans ses transformations successives en farine et en pain, on peut adopter la suivante :

Le blé donne en farine les $\frac{3}{4}$ de son poids ;

La farine absorbe au pétrissage la moitié de son poids d'eau ;

La pâte perd à la cuisson la moitié du poids d'eau absorbé au pétrissage ;

La farine donne en pain les $\frac{5}{4}$ de son poids ;

Le blé donne en pain les $\frac{15}{16}$ de son poids, c'est-à-dire qu'il fournit un poids de pain presque égal au sien.

CHAPITRE VI

ALTÉRATIONS SPONTANÉES DU PAIN.

§ 1. — Transformation du pain tendre en pain rassis.

A partir du moment où le pain est sorti du four, il ne cesse de subir des modifications continues pendant plus d'un mois. Nous l'avons quitté au moment où il possédait à leur maximum les qualités qu'on y recherche. C'est alors ce qu'on appelle du « pain tendre ». Suivant la dénomination vulgaire, il se transforme en « pain rassis », puis en « pain dur ». Étudions la nature de ces transformations.

Dans le pain tendre, la mie est flexible, élastique ; la croûte est croquante, cassante. Dans le pain rassis la mie s'émiette facilement, la croûte est tenace et présente une certaine souplesse. A quoi tiennent ces changements ?

Deux causes se présentent naturellement à l'esprit : la dessiccation et l'abaissement de température. Boussingault a étudié, avec la précision qu'il a apportée dans toutes ses études, ces deux causes possibles.

La vitesse de l'abaissement de température et celle de la perte d'eau varient beaucoup avec les circonstances, notamment avec le volume et la forme du pain. Dans un pain rond ayant 33 centimètres de diamètre, 14 centimètres d'épaisseur, pris à la sortie du four, on a introduit, au centre, à 7 centimètres de la surface, le réservoir d'un thermomètre. Quelques instants après, ce thermomètre marquait 97°. On a placé ce pain dans une chambre où un thermomètre suspendu dans l'air indiquait 19°. Un autre pain placé à côté, sans thermomètre, permettait de juger du changement d'état. Les observations sont résumées dans le tableau suivant :

| Dates. | Heures. | Températures | | Poids du pain. |
		du pain.	de la chambre.	
Juin 12	9 matin.	97°,0	19°,0	3ᵏᵍ,760
	10 —	81°,0	19°,1	
	11	68°,0	19°,0	
	midi.	58°,1	19°,1	
	1 soir.	50°,2	19°,0	
	2 —	44°,0	19°,0	3ᵏᵍ,735
	3 —	38°,6	18°,9	
	4 —	34°,7	19°,0	
	5 —	31°,6	18°,7	
	6 —	28°,9	18°,6	
	8 —	25°,0	18°,4	
	10 —	23°,0	18°,3	3ᵏᵍ,730
13	7 matin.	18°,8	18°,1	
	9 —	18°,3	18°,1	
	10 —	18°,1	18°,1	
	11 —	18°,0	18°,0	
	midi.	18°,0	17°,9	
	2 soir.	18°,0	18°,0	
	7 —	17°,8	17°,7	
14	9 matin.	17°,0	17°,4	3ᵏᵍ,727
15	9 —	16°,1	16°,5	3ᵏᵍ,712
16	9 —	15°,8	16°,3	3ᵏᵍ,700
17	9 —	»	»	3ᵏᵍ,696
18	9 —	»	»	3ᵏᵍ,690

On voit que le refroidissement avait duré 24 heures. Au bout de ce temps le pain était devenu demi-rassis. La croûte ne se brisait plus sous la pression. Il s'était jusque-là dissipé 30 grammes d'eau, soit les $\frac{8}{1000}$ du poids initial. Le sixième jour, le pain étant extrêmement rassis, la perte ne s'était pas élevée au-dessus de $\frac{1}{100}$.

Ces faits conduisent à penser que la cause prédominante de la transformation n'est pas cette perte d'eau insignifiante, mais bien l'abaissement de température. Boussingault vérifia cette idée par de nouvelles expériences.

Le pain dont nous venons de parler, cuit depuis six jours, et dont le poids était de 3^{kil},690, a été remis au four; une heure après, le thermomètre placé au milieu de la mie indiqua 70°. Ce pain ayant été coupé, on le trouva tout aussi frais que ceux que l'on venait de cuire. Il ne pesait plus que 3^{kil},570, ayant perdu 120 grammes d'eau, ou 3 1/4 p. 100.

Ainsi d'une part le pain, à la sortie du four, devient rassis en se refroidissant, tout en ne perdant qu'une très faible proportion d'eau; et d'autre part le pain rassis remis au four redevient tendre tout en perdant une proportion d'eau considérable. Par conséquent le facteur principal n'est pas la perte d'eau.

Mais la même expérience montre que le refroidissement n'est pas la cause unique de la transformation, puisque après refroidissement complet le pain n'est encore que demi-rassis, et continue dans la suite à augmenter de consistance sans changer sensiblement de température.

Dans une autre expérie nce, Boussingault a éliminé presque entièrement l'influence de la perte d'eau, en faisant produire la transformation dans une atmosphère saturée d'humidité.

Une tranche de pain chaud fut mise dans une capsule placée sous une cloche dont l'ouverture reposait sur de l'eau. Chaque jour, à la même heure, la tranche a été examinée et pesée :

Poids de la tranche : 32^{gr},05. Pain tendre.
  Perte : 0,23.
Après être restée 24 h. sous la cloche : 31^{gr},82. Pain demi-rassis.
  Perte : 0,07.
Après être restée 48 h. sous la cloche : 31^{gr},75. Pain rassis.
  Perte : 0,05.
Après être restée 72 h. sous la cloche : 31^{gr},70. Pain rassis.
  Perte : 0,01.
Après être restée 96 h. sous la cloche : 31^{gr},69. Pain très rassis.

Pendant les premières 24 heures, malgré la présence de l'eau, le pain a perdu $\frac{7}{1000}$ de son poids, à cause de l'excès de sa température sur celle de l'atmosphère. En même temps il est devenu demi-rassis. Une fois à cet état, la consistance a continué à augmenter alors qu'il n'y avait plus ni perte d'eau appréciable, ni abaissement de température.

La tranche de pain rassis a été grillée, et les $\frac{9}{10}$ de son poids ont été régénérés à l'état de pain tendre.

Enfin, dans une autre expérience, Boussingault a déterminé la température minimum à laquelle il suffit d'amener le pain rassis pour lui restituer la qualité de pain tendre.

Un cylindre de mie taillée dans un pain cuit depuis plusieurs jours, est introduit dans un étui de fer-blanc. Celui-ci est ensuite fermé avec un bouchon et maintenu pendant une heure au bain-marie chauffé entre 50° et 60°. La mie est devenu souple, élastique, comme si on l'eût retirée du four. On a laissé le pain refroidir. Au bout de 24 heures la consistance est celle du pain demi-rassis, et, au bout de 48 heures, celle du pain rassis. On peut recommencer nombre de fois l'expérience avec le même morceau de pain.

De ces faits Boussingault conclut : « Que ce n'est pas par une moindre proportion d'eau que le pain rassis diffère du pain tendre, mais par un état moléculaire particulier qui se manifeste pendant le refroidissement, se développe ensuite, et persiste aussi longtemps que la température ne dépasse pas une certaine limite ».

Le travail de Boussingault laisse donc subsister quelque mystère. Je crois qu'il est possible de pénétrer plus avant dans l'explication du phénomène. On peut, d'après les expériences de Boussingault, partager la période de transformation en deux phases : la première est celle pendant laquelle le pain se refroidit ; la seconde est celle pendant laquelle le pain continue à devenir plus rassis sans changer de température.

Dans la première phase, bien que la perte d'eau brute soit très faible, la dessiccation ne peut cependant manquer de jouer un rôle important. Voici l'explication que je propose ; elle repose sur le principe de Watt ou de la paroi froide :

Pendant la cuisson du pain la croûte est portée aux environs de 300° ; l'atmosphère du four est plus chaude, l'intérieur de la mie est moins chaud. Par conséquent l'eau de la croûte va en partie distiller vers l'intérieur du pain dans la mie. Ainsi le pain ne perd pas d'eau à la cuisson par sa mie : il n'en perd que par la croûte, et si la cuisson se prolonge outre mesure, la perte d'eau du pain ne se produit que par l'épaississement progressif de la croûte. C'est ainsi que M. Balland a trouvé la même proportion d'eau dans la mie du pain cuit que dans la pâte au moment de la mise au four.

Suivons maintenant le pain à sa sortie du four. Il est abandonné dans l'air ordinaire. Sa croûte se refroidit la première, au bout de peu de temps elle est plus chaude que l'air et moins chaude que la mie, conditions inverses de celles qui étaient réalisées dans le four. La croûte va donc émettre un peu de vapeur dans l'atmosphère, mais surtout l'eau en excès dans la mie va distiller vers la croûte et s'y condenser. Ce changement de *distribution* de l'eau du pain n'a pas besoin d'être accompagné d'une déperdition notable pour modifier beaucoup les propriétés du pain. La croûte est ramollie par l'eau que lui cède la mie, la mie est durcie par la perte de l'eau qu'elle cède à la croûte.

Vient-on à remettre le pain au four, on renverse de nouveau les rôles. La croûte, plus chaude que la mie, renvoie de l'eau à celle-ci et se dessèche. Peu importe la déperdition de l'eau que la croûte abandonne en même temps à l'atmosphère du four. Si le pain tout entier a perdu de l'eau, la mie n'en a pas moins gagné.

Tout se passe de même dans l'expérience de Boussingault où un morceau de pain est chauffé dans un étui au bain-marie. Le pain reste ainsi chauffé pendant une heure, temps insuffisant pour que les parties centrales arrivent à la même température que le bain. Pendant tout ce temps il s'effectue nécessairement, à l'intérieur de l'étui, une distillation de la périphérie au centre.

Si cette explication est juste, on doit trouver, à la fin de ce chauffage, que l'intérieur seul de la mie est redevenu du pain tendre. C'est ce que j'ai vérifié en répétant l'expérience de Boussingault.

Dans la mie d'un pain rassis, conservé sept jours à partir de la sortie du four, je taille un cylindre qui remplit exactement un étui de fer-blanc. Je ferme hermétiquement cet étui au moyen d'un bouchon que je lute avec du mastic Golas : je plonge cet étui dans un bain d'eau réglé à 60° au thermorégulateur. A l'entrée dans le bain la température s'est abaissée à 54°. L'étui est retiré au bout d'une heure 10 minutes, la température s'étant élevée à 56°. Le pain est immédiatement examiné. La périphérie est un peu desséchée, légèrement rugueuse, assez résistante à l'arrachement ; l'intérieur est très mou, et n'est pas tout à fait semblable à du vrai pain tendre, il n'en a pas la ténacité. Cette mie, si molle, s'émiette comme du pain rassis. Ainsi il s'est reformé une pseudo-croûte, distincte de la mie intérieure, non par la couleur, mais par la dureté et la ténacité.

Nous constatons donc bien ici la mise en jeu du principe de **Watt**. Quant à l'absence de ténacité de la nouvelle mie, elle trouvera son explication tout à l'heure.

Ainsi il y a, pendant la phase de refroidissement, une modification du pain qui est due à un changement dans la distribution de l'eau.

Pendant la seconde phase, une autre cause va intervenir. MM. Lintner et Düll, étudiant la saccharification de l'amidon par la diastase, ont séparé des produits de transformation, intermédiaires entre l'amidon et le sucre, assez bien définis. Le premier terme de cette échelle de transformation est ce qu'ils ont appelé l'*amylodextrine*. C'est une poudre blanche, ténue, peu soluble dans l'eau froide, qui se dissout presque en toute proportion dans l'eau chaude, en formant très facilement des solutions sursaturées (1). En se desséchant à l'air, les solutions aqueuses de l'amylodextrine forment des masses vitreuses troubles qui ne donnent plus de solutions claires même dans l'eau chaude. Ces savants ont aussi constaté que l'amidon est partiellement trans-

---

(1) Une solution saturée chaude d'amylodextrine devrait, d'après les lois ordinaires de la dissolution, abandonner, en se refroidissant, toute la quantité d'amylodextrine qui se trouve en excès sur celle qu'elle contiendrait si l'on avait effectué la dissolution à froid. Le phénomène de la *sursaturation* consiste en ce que la solution refroidie conserve, pour un certain temps, cet excès à l'état dissous. L'état de solution sursaturée est un état d'équilibre instable qui, au bout d'un temps variable, se détruit spontanément, en sorte que l'excès de substance dissoute se solidifie peu à peu.

formé en amylodextrine, en dehors de toute action de diastase, par l'ébullition avec l'eau.

Il se forme nécessairement dans le pain, pendant la cuisson au four, une certaine dose d'amylodextrine à l'état dissous. Pendant le refroidissement du pain, cette amylodextrine demeure liquide, en solution sursaturée ; de là la consistance pâteuse que conserve la mie. Mais peu à peu l'état sursaturé de l'amylodextrine est remplacé par une solidification lente qui exige plusieurs jours pour être complète.

Cette solidification de l'amylodextrine en solution sursaturée rend seule compte de la transformation du pain tendre en pain rassis pendant le temps où le pain, complètement refroidi, ne perd qu'une quantité d'eau insignifiante. Mais cette même cause agissait déjà pendant la phase de refroidissement et superposait son effet à celui de la migration de l'eau.

Nous pouvons maintenant comprendre pourquoi, dans l'expérience de la mie chauffée en étui à 54°-56°, le pain a récupéré la mollesse, mais non la ténacité du pain tendre. Cette dernière qualité est due surtout à l'état dissous de l'amylodextrine. Or nous savons, d'après MM. Lintner et Düll, que cette substance, une fois sortie de l'état dissous par refroidissement, ne se redissout plus guère même dans l'eau chaude. Dès lors la mie de pain soumise à ces conditions, qui déterminent une distillation de l'eau de la périphérie à l'intérieur, devra ressembler à du pain rassis trempé dans l'eau plutôt qu'à du pain tendre : c'est précisément ce que l'expérience a montré.

Cette explication rend encore compte d'une particularité intéressante. On sait qu'en pétrissant de la mie de pain entre les doigts, on obtient une sorte de mastic susceptible d'acquérir à la longue un grande dureté et une grande solidité. Or à la suite d'importants travaux exécutés en vue d'expliquer la prise des ciments et mortiers, M. Le Châtelier (1) a formulé la théorie suivante : Le durcissement des matières gâchées dans l'eau est le résultat de la cristallisation d'une matière qui avait d'abord formé avec l'eau une solution sursaturée. Cette cristallisation s'effectuant sans le concours de l'évaporation ni d'un abaissement de température, les cristaux se forment avec augmentation de volume ; c'est pourquoi ils se soudent les uns aux autres ainsi qu'aux parois des corps solides qu'ils touchent. Ici nous n'avons pas de cristallisation, mais seulement une solidification à l'état amorphe. Cependant la production de la matière solide au sortir de la solution sursaturée peut encore expliquer le durcissement.

En somme, l' « état moléculaire particulier » auquel Boussingault rapporte la différence entre le pain tendre et le pain rassis est, pour nous, l'état sursaturé de l'amylodextrine. Il rend compte surtout des changements qui se produisent dans la mie, mais les modifications que subit la croûte s'expliquent surtout par la migration de l'eau.

Les deux causes que nous invoquons supposent toujours la présence d'une certaine quantité d'eau dans la

_____

(1) Le Châtelier, *C. R. de l'Acad. des Sc.*, 1883.

pâte, Bibra (1), qui a répété les expériences de Boussingault en y ajoutant quelques observations de détail, a trouvé qu'il fallait que le pain rassis contint encore au moins 30 p. 100 d'eau pour qu'il pût reprendre par une nouvelle cuisson les propriétés du pain tendre ; le pain contenant une proportion d'eau inférieure à celle-là durcissait davantage à la cuisson. Notre théorie rend immédiatement compte de ce résultat.

Continuons à suivre la transformation du pain. De *tendre* il est devenu *rassis :* la déperdition de l'eau n'a pas joué un rôle important dans le changement de propriétés qui s'est produit ; cette déperdition, très lente, finit pourtant par influer sérieusement sur les qualités du pain. M. Balland a constaté que le pain continue à perdre de l'eau jusqu'à ce qu'il n'en contienne plus que la proportion normalement contenue dans le blé et les farines, soit 12 à 14 p. 100. La durée de la dessiccation est très variable ; elle dépend du poids du pain, de sa forme, de la légèreté de la mie, de l'état hygrométrique du local, de la température, etc... Dans une expérience de M. Balland, effectuée sur un pain long de 1060 grammes (longueur 490 millimètres, largeur 140 millimètres, hauteur 80 millimètres), pris une demi-heure après sa sortie du four, la dessiccation dura une quarantaine de jours. Le premier jour le pain perdit 52 grammes, puis pendant une dizaine de jours il perdit des quantités oscillant autour de 12 à 15 grammes par jour ; pendant le mois suivant les poids d'eau perdue ne se

---

(1) Bibra, *Die Getreidearten und das Brot.*

sont pas beaucoup écartés de 3 à 5 grammes, avec des variations très irrégulières, en rapport avec les conditions atmosphériques. Le 41ᵉ jour il contenait encore 13 p. 100 d'eau. Il n'a plus varié les jours suivants.

La perte d'eau progressive, en même temps que l'achèvement de la solidification de l'amylodextrine primitivement sursaturée, transforment le pain rassis en pain dur.

§ 2. — Maladies du pain.

A côté de ces transformations physiques, nous avons à signaler aussi des altérations capables de modifier la nature chimique du pain pendant sa conservation. Ces altérations peuvent être appelées les maladies du pain. Elles sont toujours produites par le développement d'organismes microscopiques.

D'où viennent les germes de ces microorganismes ? On peut *a priori* leur supposer deux origines. Ils peuvent provenir de la pâte elle-même, ou bien ils peuvent être introduits du dehors dans le pain après sa sortie du four.

Est-il possible que des germes provenant de la pâte subsistent après la cuisson ?

Nous avons vu que la température de la mie, pendant la cuisson, ne dépasse guère 101°. Si la cuisson est mal faite, la température reste un peu au-dessous, mais en tout cas elle est très voisine de 100°. Or cette température, maintenue pendant plusieurs minutes dans un milieu humide, élimine à coup sûr, en tout cas, toute une catégorie de microbes, parmi lesquels se trouvent tous les microbes pathogènes connus. Ainsi quand même on aurait pétri la pâte avec une eau chargée des germes de la fièvre typhoïde, du choléra, de la dysenterie, de la scarlatine, etc..., on peut être sûr que le pain ne retiendra aucun de ces germes.

Mais cette température peut laisser subsister les *spores* (semences) de certains microbes. Si par exemple on délaie de la farine dans de l'eau, et qu'on maintienne le mélange pendant une demi-heure à 102°, après refroidissement on constate que des germes vivants subsistent dans le mélange ; car si ce mélange est placé dans des conditions de température et d'aération favorables à la culture, sans qu'aucun germe puisse y être introduit, il se peuple rapidement de bactéries.

Dès l'année 1861 Pasteur a montré que la température de 100°, appliquée à un liquide nutritif pour les bactéries, tue ou ne tue pas les germes de toute espèce de bactéries, suivant que ce liquide est acide ou neutre. Ainsi du moût de raisin, liquide acide, porté à l'ébullition pendant quelques minutes, se conserve ensuite indéfiniment quelques germes qu'il ait pu contenir d'abord, tandis que du lait, liquide presque neutre, soumis au même traitement, s'altère ensuite par le développement de bactéries qui ont résisté au chauffage. Une température d'au moins 115°, maintenue pendant un quart d'heure, est nécessaire pour tuer sûrement tous les germes possibles à l'intérieur d'un liquide nutritif neutre.

M. Chamberland, étudiant de plus près l'influence

de l'acidité sur la stérilisation des liquides par la chaleur, a constaté que si l'on ajoute à un liquide neutre des doses progressivement croissantes d'acide, on arrive à une certaine dose telle que le liquide acide, après avoir été maintenu quelques minutes à 100°, est devenu indéfiniment conservable, bien qu'il contienne encore des spores vivantes. Ces spores, incapables de germer dans le milieu acide qui les contient, germent si l'on vient à les semer dans un liquide nutritif neutre. Dans les expériences de M. Chamberland, c'est à partir d'une acidité équivalente à $0^{gr},245$ d'acide sulfurique normal par litre que cette stérilisation apparente par l'ébullition devenait possible, et il fallait arriver jusqu'à une dose 5 fois plus forte, soit $1^{gr},225$ d'acide sulfurique par litre, pour obtenir la stérilisation réelle par l'ébullition maintenue quelques minutes.

On voit par là que l'effet de la cuisson du pain sur la vitalité des germes qu'il renferme dépend de l'acidité de la pâte, puisque celle-ci n'est jamais portée à une température qui soit mortelle pour tous les germes en milieu neutre.

Or, l'acidité de la pâte peut varier entre des limites fort écartées. Presque nulle quand la pâte a été pétrie sur levure pure, elle est toujours notable dans la pâte pétrie sur levain. D'après les mesures de M. Balland, elle est comprise d'ordinaire, dans cette dernière pâte, au moment de la mise au four, entre $1^{gr},5$ et 2 grammes d'acide sulfurique par kilogramme. Cette dose est plus que suffisante pour assurer la stérilisation réelle du pain par la cuisson, et l'acidité peut s'abaisser à des doses notablement inférieures à celles-ci, tout en restant suffisante pour qu'après la cuisson le pain ait subi la stérilisation apparente, c'est-à-dire soit devenu indéfiniment conservable.

MM. Balland et Masson ont vérifié ce fait par l'expérience bactériologique directe. Semant, avec les précautions nécessaires pour éviter l'introduction de germes étrangers, des fragments de mie de pain dans des bouillons de culture neutres, ils ont constaté que les bouillons se peuplaient souvent quand le pain-semence avait été préparé à la levure, et ne se peuplaient jamais quand le pain avait été préparé au levain.

On ne peut donc pas compter d'une manière absolue sur l'innocuité des bactéries de la pâte au point de vue de la conservation du pain. Et en fait M. Laurent a rencontré du pain qui, une fois cuit, devenait visqueux sous l'influence du développement d'un bacille qui, provenant de la pâte, avait survécu à la cuisson. Mais c'est là un accident rare, et qu'on évite sûrement en veillant à ce que la pâte soit légèrement acide au moment de la mise au four.

Si les ennemis du dedans sont peu à craindre, il faut se défier davantage des ennemis du dehors. Le pain, une fois stérilisé par la cuisson, peut devenir un milieu de culture pour certains germes qui seront apportés soit par l'air, soit par le contact des corps solides ou liquides.

Les organismes qu'on a le plus souvent rencontrés dans le pain spontanément altéré sont des moisissures appartenant aux genres *Penicillium*, *Mucor*, *Aspergillus*, *Rhizopus*, moisissures vulgaires, dont les spores flottent sans cesse en grand nombre dans l'atmosphère des lieux habités (fig. 51 à 56). Le *Mucor Mucedo* (fig. 51) forme des taches blanches; le ***Rhizopus nigricans*** (fig. 52) des taches noires; le *Penicillium glaucum* (fig. 53) et l'*Aspergillus glaucus* (fig. 54 et 55) des taches vertes ou bleues.

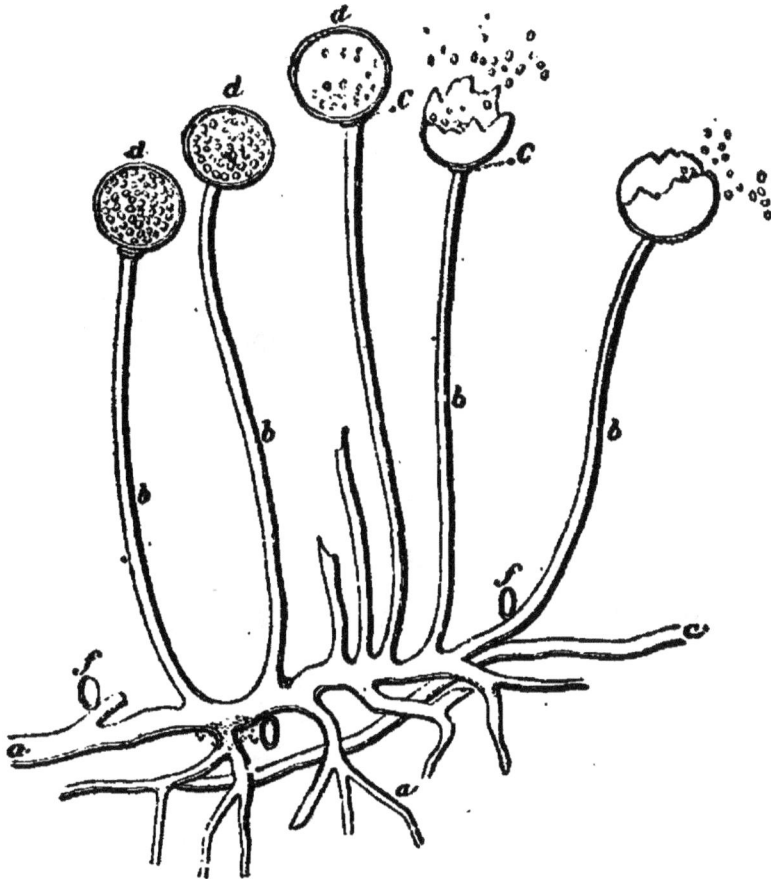

Fig. 51. — *Mucor Mucedo.*

Des analyses comparées ont été faites par M. He-hebrand sur du pain de seigle infecté artificiellement avec du pain moisi et sur le même pain séché sans altération. Les moisissures consistaient principale-ment en *Penicillium glaucum* et *Mucor Mucedo.* Au bout de sept à quatorze jours le pain infecté avait

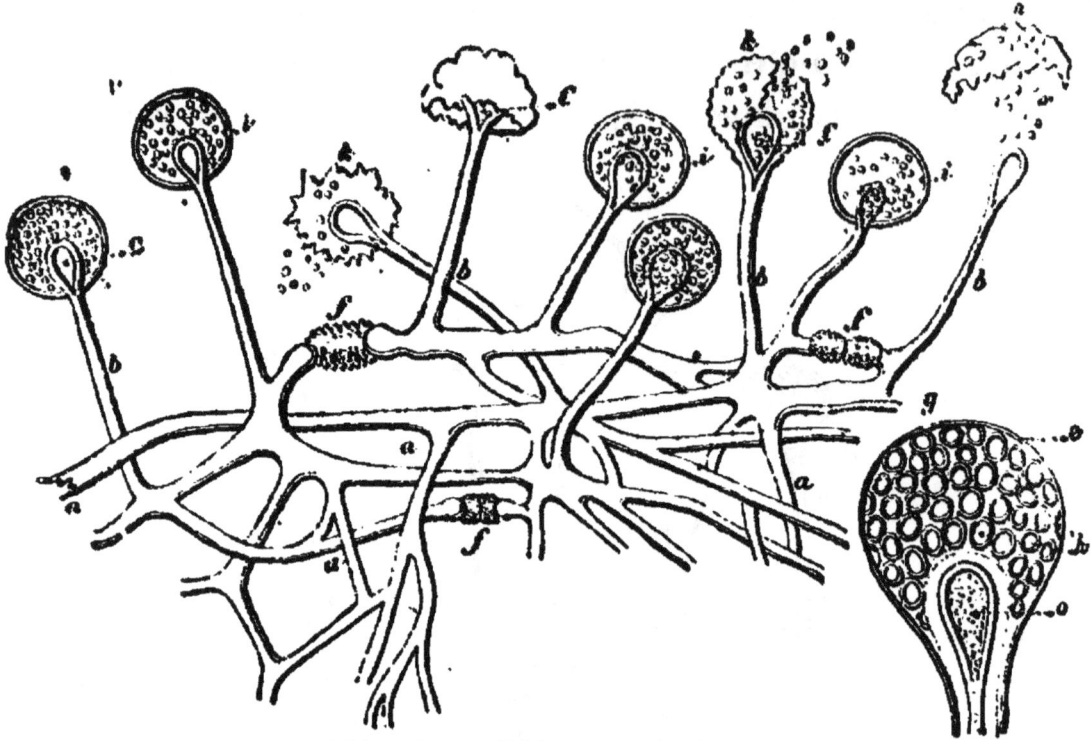

Fig. 52. — *Rhizopus nigricans.*

perdu beaucoup de substance, et la perte portait surtout

Fig. 53. — *Penicillium glaucum.*

sur l'amidon : il n'en contenait, à l'état sec, que 63,52

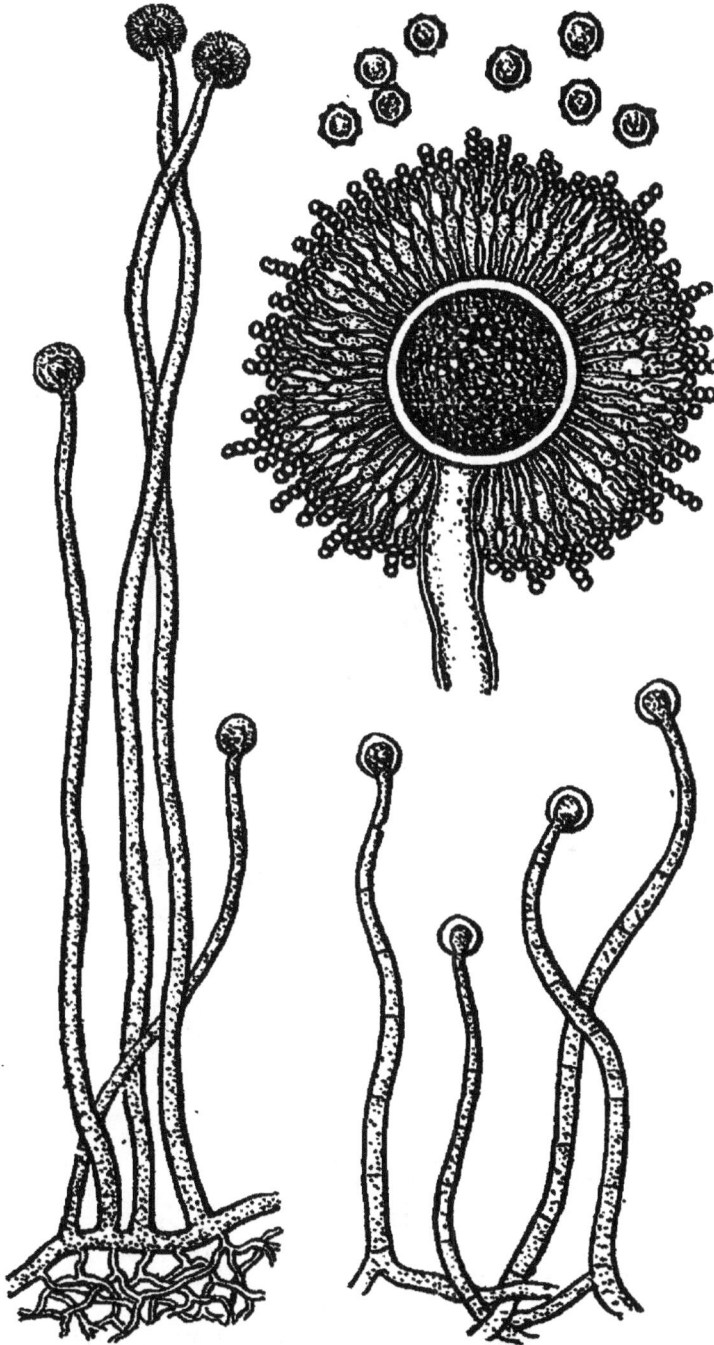

Fig. 54. — *Aspergillus niger.*

p. 100, alors que le pain sain en contenait 76,75 p. 100.

Parfois aussi on a rencontré dans le pain des orga-

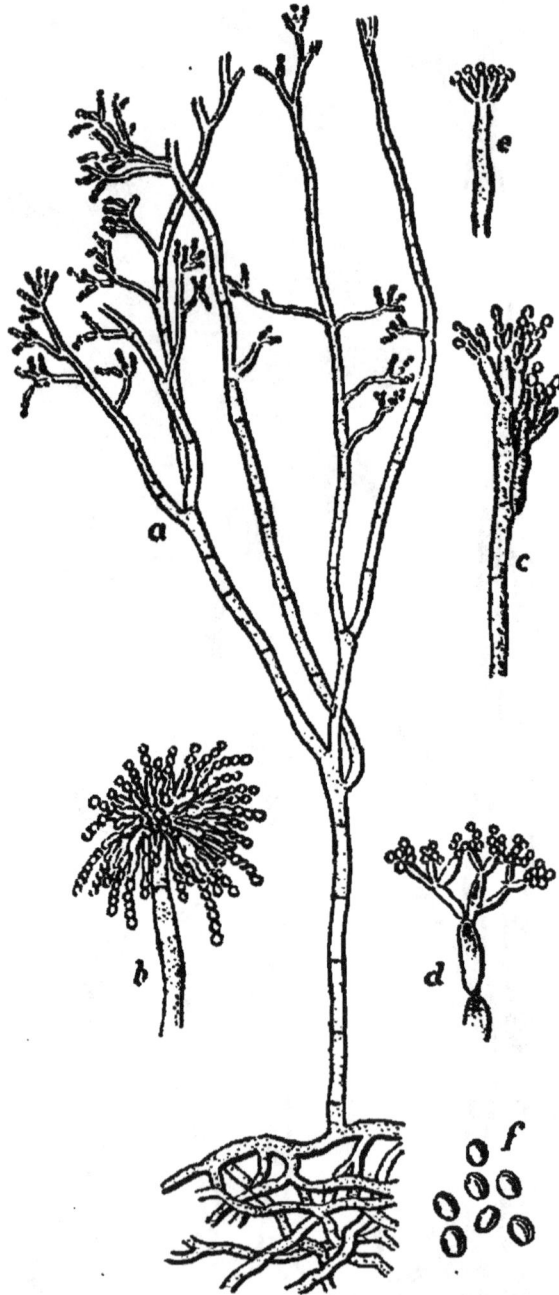

Fig. 55. — *Aspergillus glaucus.*

nismes plus exceptionnels, produisant de véritables épidémies sur les pains d'une région entière. C'est ainsi qu'en 1840, le pain de la garnison de Paris fut envahi par une moisissure orangée, qui a reçu le nom d'*Oidium aurantiacum* (fig. 56). Cet organisme, en se développant dans le pain, le rendait toxique. Signalons aussi le *Micrococcus prodigiosus* (Cohn), formé de petites cellules rouges qui se multiplient très rapidement, et peuvent

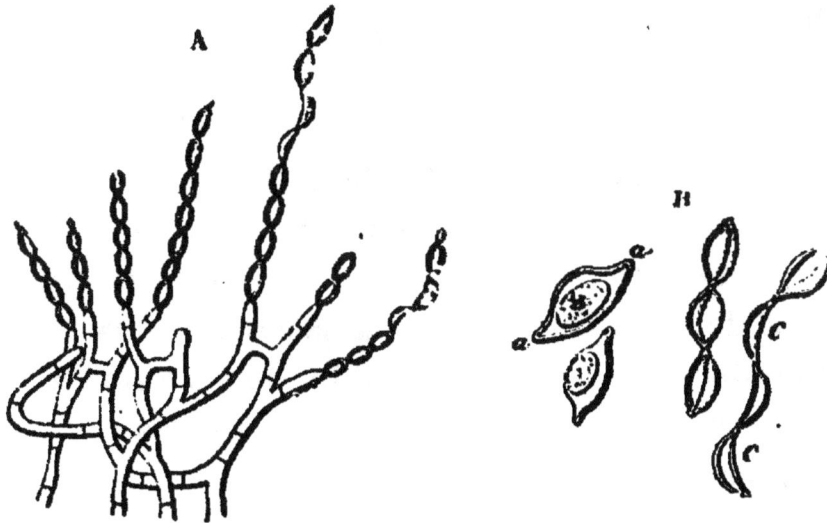

Fig. 56. — *Oidium aurantiacum*, avec spores grossies.

produire dans le pain des colonies rouges comparables à des taches de sang ; le *Bacillus violaceus*, observé par M. E. Macé, produisant des taches violet foncé, etc.

Les organismes les plus variés peuvent accidentellement se développer dans le pain, car le pain, pourvu qu'il soit suffisamment humide, est un milieu de culture parfait pour une multitude de microbes.

Quelles sont les précautions à prendre pour éviter de semblables invasions ? Il n'y a guère à songer à empêcher les germes d'arriver sur le pain (1) ; ce qu'il faut,

(1) Il a cependant été pris en Allemagne, en 1891, un brevet pour un pain conservable, obtenu par l'exclusion des germes du

c'est de faire en sorte que les germes ne puissent pas
se développer. Il suffit pour cela qu'ils n'aient pas à
leur disposition l'humidité qui leur est nécessaire. Il
faut donc veiller à ce que la croûte du pain reste toujours aussi sèche que possible. Nous savons que le pain
exhale de la vapeur d'eau pendant plusieurs semaines. Il
tend donc à produire autour de lui une atmosphère
saturée de vapeur d'eau. Si la température vient à
s'abaisser, une partie de la vapeur se condensera à la
surface de la croûte, et dès lors les germes présents se
développeront. Il doit donc exister une ventilation per-
manente tout autour de chaque pain. C'est pourquoi
on évitera de faire reposer les pains sur une large surface de contact avec un corps solide, de les empiler les
uns sur les autres, de les enfermer dans des espaces
exigus et bien clos.

Ces précautions sont surtout importantes tant que le
pain est notablement plus chaud que l'atmosphère,
parce que pendant ce temps il exhale beaucoup plus de
vapeur d'eau. Dans les manutentions militaires, le pain,
au sortir du four, est placé sur des étagères à claire-
voie, pour y opérer son *ressuage*. La période de ressuage dure vingt-quatre heures.

Voici une expérience bien simple qui met en évidence la transpiration du pain. Un pain rond, sorti du
four depuis quinze heures, fut posé sur le marbre d'un

---

dehors. Au sortir du four, les pains chauds sont introduits, à
l'abri de l'air extérieur, dans des caisses étanches : avant, pendant et après l'emballage les caisses sont remplies, par aspiration,
d'air chaud stérilisé venant du four.

poêle sans feu dans une grande salle de laboratoire bien aérée. Six jours après, le pain fut enlevé : une couche de buée, formant une quantité d'eau très appréciable, restait sur le marbre à la place que le pain avait occupée.

Il est aussi fort important que la croûte forme une protection continue autour du pain, car si des germes pénètrent dans la mie, il deviendra impossible d'en arrêter le développement. A ce point de vue les baisures seraient à éviter. On évitera aussi, pour la même raison, les chocs violents qui pourraient rompre la croûte.

Malgré toutes ces précautions on ne peut pas compter sur une conservation indéfinie du pain ; il est prudent de ne pas dépasser beaucoup une huitaine de jours de conservation si l'on veut consommer toujours du pain sain. On conçoit d'ailleurs que la durée de la conservation ne peut être que très variable. Elle dépend de la façon du pain (croûte plus ou moins dure et épaisse), de l'état hygrométrique de l'air et de la température.

CHAPITRE VII

MODIFICATIONS DIVERSES DE LA FABRICATION DU PAIN.

Nous avons décrit jusqu'à présent, d'une manière générale, la fabrication du pain ordinaire. Il convient de signaler maintenant diverses sortes de pain qui se font autrement. Les modifications peuvent porter sur les matières premières employées ou sur les procédés par lesquels les matières premières sont mises en œuvre.

§ 1. — Modifications des matières premières.

La farine peut être blutée à des taux très différents.

a. *Pain de munition.* — Le pain de munition est fait avec des farines blutées au taux de 12 p. 100 si elles proviennent de blé dur, au taux de 20 p. 100 si elles proviennent de blé tendre, au taux de 15 à 18 p. 100 pour le blé intermédiaire dit blé mitadin. Ces diverses farines sont généralement mélangées. On obtient ainsi un pain intermédiaire entre la première et la deuxième qualité du pain des boulangeries civiles.

b. *Pain de farine entière*, ou de farine contenant une partie du son. — Nous avons vu qu'en éliminant le son et le germe de la farine, on élimine non seulement une quantité notable de substance azotée, mais aussi la majeure partie des phosphates et de la matière grasse du grain de blé. Pour utiliser ces précieuses substances alimentaires, on a fait, à diverses époques, et notamment de nos jours, d'énergiques tentatives pour faire entrer dans l'alimentation publique le produit total de la mouture du grain, ou au moins ce produit dépouillé seulement de la partie la plus ligneuse du son. Mais la chose est bien moins simple que ne le pensent certaines personnes. Il y a entre le pain blanc et le pain de farine entière bien d'autres différences que celles qui résultent de la présence de quelques millièmes de matière ligneuse, d'azote ou de substance minérale en plus ou en moins. Le pain fait, avec la farine totale, par les procédés ordinaires, a des qualités qui sont loin d'allécher le consommateur. D'abord il est bis, défaut grave pour les uns, nul pour les autres. De plus, il a la mie molle, poisseuse, presque translucide, impropre à la confection de la soupe.

Voici une expérience citée par Chevreul, qui montre bien qu'il y a autre chose qu'une différence de couleur entre le pain bis et le pain blanc :

130 grammes de pain de son supposé sec, broyés avec 520 grammes d'eau, se divisent avec facilité, et au bout de trois heures, la température étant maintenue à 40°, le mélange a l'aspect laiteux et pourrait être filtré. Ce pain est représenté par :

> Matière soluble séchée à 100°........... 59^{gr},35
> Matière insoluble...................... 69^{gr},75

130 grammes de pain blanc supposé sec, broyés avec 520 grammes d'eau, ne forment, après une longue trituration et dans les mêmes conditions de température, qu'une massse demi-solide représentée par :

> Matière soluble...................... 9^{gr},03
> Matière insoluble.................... 120^{gr},25

On voit que le pain de son est en grande partie solubilisé : c'est ce qui le rend impropre à la confection de la soupe. L'explication de cette modification est facile à donner grâce aux connaissances que nous avons sur les diastases. Mège-Mouriès déclarait que tous les défauts du pain contenant du son provenaient de la céréaline. C'était vrai, mais vague. L'amylase du son exerce, comme toutes les amylases, deux actions sur l'amidon : la liquéfaction et la saccharification. Ces deux phénomènes peuvent être étudiés séparément; leurs températures optima ne sont pas les mêmes. La liquéfaction se produit à température relativement élevée. M. Effront (1) a mesuré le pouvoir liquéfiant de l'infusion de son de la manière suivante : Une infusion préparée avec 1 gramme de son de froment pour 8 grammes d'eau est mélangée avec un lait d'amidon à 40 p. 100. Le mélange est maintenu pendant dix minutes à 80°. On cherche par tâtonnement quel volume d'infusion est nécessaire pour obtenir dans ces conditions la liquéfaction de 20 centimètres cubes du lait d'amidon. M. Effront a trouvé qu'il en fallait 8 centimètres cubes. Avec une infusion de malt préparée de même il suffit de 1 centimètre cube. Le pouvoir liquéfiant de l'infusion de son est donc plus faible que celui de l'infusion de malt. Au contraire ces deux infusions, agissant pendant une heure à 45° sur une solution d'amidon soluble à 1 p. 100, produisent à peu près la même saccharification.

Ainsi le son exerce sur l'amidon un pouvoir liquéfiant qui, bien qu'inférieur à celui du malt, est encore très notable, et pendant la cuisson du pain il se trouve dans des conditions favorables à l'exercice de ce pouvoir, car la pâte reste bien une dizaine de minutes dans les environs de 80° comme le lait d'amidon dans les expériences de M. Effront. D'après les nombres que nous venons de citer, on calcule aisément que le son de la farine entière contiendrait assez d'amylase pour liquéfier tout l'amidon de la même farine. La seule chose

(1) Effront, *C. R. Acad. des Sc.*, 1895, t. CXX, p. 1281.

qui s'oppose à cette liquéfaction totale du pain, c'est le manque d'eau. Mais il y en a encore assez pour qu'une bonne partie de l'amidon soit solubilisée.

Enfin, 'le pain de son est laxatif, propriété que les médecins considèrent volontiers comme un avantage, mais qui fait sortir le pain de son rôle d'aliment normal de l'homme en bonne santé pour lui donner celui de médicament. On attribue souvent cette propriété à une action mécanique exercée par la partie ligneuse du son. Cette explication est contestable. La substance soluble du son est vraisemblablement l'agent purgatif. Dans l'expérience de M. Aimé Girard, citée plus haut, relative à la non-assimilation de l'enveloppe du grain, ce savant a ingéré $5^{gr},673$ d'enveloppes préalablement dépouillées, par un lessivage à l'eau tiède, de leur partie soluble. Il n'a éprouvé aucun trouble digestif.

La composition de la substance soluble du son permet bien de lui attribuer le rôle dont il s'agit. Je rapporterai à ce sujet des expériences personnelles qui jettent quelque lumière sur la composition du son, non pas réduit en cendres, mais à l'état de substance organisée.

Une partie de son est mélangée avec deux parties d'eau, puis la masse est pressée énergiquement. Le lait de son qui sort ne serait pas filtrable. On y ajoute de la levure de bière et on l'abandonne à l'étuve à 30°. La fermentation alcoolique s'établit et produit un effet de collage. Quand elle est terminée, la matière gluante est précipitée et le liquide est très facile à filtrer. Cette opération faite, on constate que la liqueur limpide, traitée par l'oxalate d'ammoniaque en présence d'un peu d'acide acétique, ne fournit qu'une trace à peine visible d'oxalate de chaux, ce qui prouve qu'elle ne contient pas de sel de chaux en quantité appréciable. Cette même liqueur, additionnée d'ammoniaque, donne au contraire un abondant précipité cristallisé qui, lavé à grande eau, puis séché, est d'une blancheur parfaite. Il contient une quantité notable de matière organique, car chauffé dans un petit tube il noircit en dégageant une odeur forte rappelant la corne brûlée. Redissous dans l'eau additionnée de la plus petite quantité possible d'acide chlorhydrique, il fournit une liqueur un peu trouble. On filtre, on reprécipite par l'ammoniaque en excès. En recommençant plusieurs fois la dissolution dans l'eau acidulée, la filtration et la précipitation par l'ammoniaque, on finit par obtenir du phosphate ammoniaco-magnésien pur. On voit par là que la partie soluble du son contient une forte proportion de phosphate soluble de magnésie associé à une substance organique qui précipite avec lui par l'ammoniaque. Cette substance est peu soluble dans l'eau acidulée par l'acide chlorhydrique : c'est vraisemblablement une substance albuminoïde.

La fermentation alcoolique employée comme moyen de clarification n'est pour rien dans ce résultat. Car on l'obtient également avec l'extrait aqueux de son filtré sur porcelaine (au filtre Chamberland).

Les analyses des cendres de son nous faisaient bien savoir que le son contient beaucoup de magnésie : l'expérience présente montre que cette magnésie est à l'état de sel soluble dans l'eau, et il est naturel d'attribuer à ce sel magnésien la propriété laxative du son.

On a imaginé divers procédés pour améliorer le pain de son. Le plus célèbre est celui qu'a proposé en 1856 Mège-Mouriès. Ce procédé ne fait pas entrer le son tout entier dans le pain, mais il en fait entrer une partie, en évitant, assure l'auteur, les propriétés fâcheuses que cette partie apporterait si l'on employait le procédé ordinaire.

On prépare la farine par une mouture simplifiée : le blé passe une seule fois sous la meule. Un unique blutage le sépare en trois produits :

Fleur de farine et gruaux blancs......	72^{kg},720
Gruau bis......................	15^{kg},720
Sons	11^{kg},560
Total........	100^{kg},000

Les 11^{kil},560 de sons obtenus ainsi sont complètement éliminés. Ce sont les gruaux bis qui vont être utilisés le plus complètement possible.

Les 15^{kil},720 de gruaux bis sont délayés dans un liquide en fermentation, qu'on a obtenu en mélangeant 40 litres d'eau, 70 grammes de levure pressée et 100 grammes de glucose. La fermentation alcoolique qui s'est développée dans ce liquide l'a complètement saturé d'acide carbonique. Les matières colorables du son qu'apportent les gruaux bis ne vont donc pas y trouver d'oxygène. La fermentation du mélange commence immédiatement. Grâce à la forte proportion d'eau toutes les particules des gruaux bis se trouvent ainsi constamment dans une atmosphère à peu près exempte d'oxygène : la matière colorante ne va donc pas brunir. Au bout de huit heures on ajoute encore 30 litres d'eau, et on passe le tout au tamis de soie ou d'argent pour séparer le son moyen et le son fin que contenaient les gruaux bis. On obtient ainsi environ 55 litres d'eau farineuse chargée de levure et prête à fonctionner comme levain. Avec ces 55 litres de liquide on réduit les $72^{kil},720$ de farine blanche en pâte après avoir ajouté 700 grammes de sel marin.

La pâte est mise immédiatement dans des panetons où elle fermente, et quand elle a pris un apprêt convenable, elle est mise au four.

Les sons restés sur le tamis contiennent encore des particules farineuses, que l'on extrait par l'addition de 30 litres d'eau et un nouveau passage au tamis. L'eau ainsi obtenue est utilisée dans une opération ultérieure.

On voit que tous les détails de ce procédé ont pour effet d'empêcher qu'à aucun moment les matières colorantes des gruaux bis puissent absorber de l'oxygène. Mège-Mouriès avait d'abord employé un procédé un peu différent. Au lieu de mettre du glucose dans l'eau où il délaie les gruaux bis, il y mettait de l'acide tartrique. Nous savons que les acides décolorent l'eau de son noircie à l'air : ce procédé avait donc pour effet d'empêcher les gruaux bis de brunir tout en leur laissant absorber de l'oxygène.

Nous avons transcrit exactement les procédés pratiques, mais non les explications théoriques : celles que donne Mège-Mouriès sont moins simples, et sont entachées d'erreurs.

Quant aux résultats obtenus, ils ont été, d'après

le rapport de Chevreul (1), excellents. Le pain était blanc, ou d'une très légère teinte orangeâtre, due, comme le montrait un simple examen à la loupe, à de fines particules de son disséminées dans une mie blanche.

Le rapport ne dit pas si le pain était aussi propre à la confection de la soupe que le pain blanc ordinaire. Mais comme ce pain ne contenait pas, en somme, une forte proportion de substance empruntée au son, il devait être satisfaisant à cet égard.

La commission académique déclara que le nouveau pain était plus léger et d'un goût plus agréable que le pain ordinaire.

Cependant la pratique ne ratifia pas l'opinion de l'Académie. Ce procédé étant repoussé par les boulangers, Mège-Mouriès en proposa un second, moins éloigné des habitudes reçues. Il renonçait à l'emploi de la levure. C'est en coagulant la céréaline par une solution concentrée de sel marin qu'il en retardait l'action sur la substance colorable du son et rendait ainsi pendant quelque temps la pâte qui contenait les principes solubles du son incapable de noircir même à l'air. Voici sa manière d'opérer :

La farine est divisée en :

    Fleur.......................... 40 p. 100
    Gruaux blancs................. 38 —
    Gruaux bis.................... 8 —
    Sons non employés............. 15 —

Les levains sont faits avec la fleur. Quand le levain

(1) Chevreul, *C. R. Acad. des Sc.*, 1857, t. XLIV, p. 40.

est prêt, on délaie les gruaux bis dans de l'eau fortement salée et l'on passe au tamis : la céréaline est coagulée, mais traverse le tamis avec l'eau et les parties farineuses du son : les parties ligneuses, gonflées d'eau, restent. (Ce tamisage n'est pas indispensable si l'on ne tient pas à éviter toute trace de pellicule dans le pain.) Dans cette eau salée farineuse on délaie le levain, puis on fait la pâte avec les gruaux blancs. On la laisse prendre son apprêt le moins longtemps possible et à une température qui ne dépasse pas 25°. Pendant ce temps la céréaline, replacée dans un milieu moins salé, redevient un peu soluble et reprend peu à peu son activité, mais en même temps l'oxygène disparaît de la pâte sous l'influence de la fermentation, en sorte que malgré la présence d'une céréaline redevenue active, la substance colorable ne peut plus noircir. Pour plus de sûreté Mège-Mouriès abrège l'apprêt.

Ce second procédé n'a pas eu plus de succès que le premier, et les méthodes de panification Mège-Mouriès ne présentent plus guère qu'un intérêt historique et une matière à discussion scientifique. A ce dernier point de vue elles sont importantes à examiner, car les explications théoriques qu'elles appellent peuvent suggérer des perfectionnements pratiques. C'est pour cela que nous nous sommes permis de substituer notre explication à celle de Mège-Mouriès.

Parmi les défauts principaux qu'on peut reprocher au pain contenant du son, les procédés Mège-Mouriès ne peuvent guère diminuer que la couleur bise. Ils laissent subsister l'amylase dans un état qui lui permet d'exercer sans obstacle son pouvoir liquéfiant pendant la cuisson.

D'autres procédés, proposés par divers auteurs, sont propres à supprimer ce second défaut ; ce sont ceux où l'on introduit dans la pâte, non du son cru, mais du bouillon de son. Tel est le procédé du Dr Gallavardin (1).

On fait bouillir pendant une demi-heure 500 grammes de son dans 2 litres d'eau. On passe ce bouillon très chaud à travers un tamis métallique très fin, et, quand l'eau est devenue tiède, on s'en sert pour pétrir la farine blutée à 30 p. 100. « Le pain, ainsi fabriqué, dit le Dr Gallavardin, a une belle croûte dorée, la mie légèrement colorée comme celle d'une brioche, la saveur rappelle aussi la saveur de la brioche. Il trempe fort bien pour faire la soupe. »

Dans ce procédé les diastases du son, oxydine et amylase, ayant été définitivement détruites par l'ébullition, le pain n'a plus que la couleur blonde qui est la couleur propre de l'extrait de son non oxydé, et la liquéfaction à la cuisson est impossible.

Pain Graham. — Au lieu de chercher à faire avec la farine contenant du son un pain qui ressemble au pain ordinaire, il est peut-être plus facile de faire accepter au public un pain spécial qui en diffère au contraire le plus possible. Le médecin américain Sylvestre Graham, qu'il ne faudrait pas confondre avec le chimiste anglais C. Graham, a imaginé un mode de panification qui

(1) Gallavardin, *Lyon médical* du 2 juillet 1893.

est le contre-pied de la panification usuelle. On prend un blé dur riche en gluten. On le nettoie par un lavage soigné, puis on le broie finement. La farine obtenue est employée le plus tôt possible; on en fait avec de l'eau tiède une pâte parfaitement pétrie; on divise celle-ci en pâtons qui doivent donner des pains d'environ 500 grammes; après un repos de 3 ou 4 heures les pâtons sont mis au four. Pour que la croûte ne se sépare pas de la mie pendant la cuisson, on pratique, au moment d'enfourner, des trous de distance en distance à la surface des pâtons. C'est, comme on le voit, une panification sans levain; la pâte subit pourtant, pendant le repos qui précède la mise au four, un commencement de fermentation bactérienne qui donne lieu à la production de quelques petits yeux à la cuisson. Le pain a la mie d'un gris brunâtre; l'aspect est très lourd, cependant la saveur est assez agréable. Sous le nom de « pain Graham » ce pain est très en honneur parmi les végétariens. Il exerce sur le canal intestinal une action excitante qui doit le faire considérer plutôt comme un médicament que comme un aliment normal.

c. Pain de germes. — On fait depuis quelque temps en Angleterre, avec le germe du blé, des pains fort estimés. Citons, par exemple, le pain « Hovis ». Les embryons du blé sont isolés par un procédé de mouture spécial, puis ils subissent un traitement resté secret (breveté par M. Richard Smith). Ce traitement est destiné à détruire le pouvoir diastasique du germe, pouvoir qui exercerait une influence fâcheuse sur la con-

servation de la farine et sur la fermentation panaire.
On mélange ensuite les germes avec trois parties de
farine fine, et c'est ce mélange qu'on soumet aux procédés de panification. Le pain obtenu est brun; il est
bien levé, a une saveur et une consistance agréables,
et une richesse exceptionnelle en matière azotée ainsi
qu'en phosphates. Il paraît exempt des inconvénients
que présentent les pains contenant du son.

Un autre pain de germes, le pain « Cytos », contenant aussi du malt, fort apprécié en Angleterre, présente à peu près le même aspect et la même consistance que le pain « Hovis », mais une saveur assez
différente.

Ces pains de germes, cuits en forme, se conservent
très bien pendant plusieurs jours.

d. Pain de gluten. — Dans le traitement du diabète il
est d'usage de s'opposer le plus possible à la production du sucre dans l'économie en retranchant autant qu'on le peut de l'alimentation la matière première ordinaire du sucre, l'amidon. Dans cet ordre
d'idée on devrait interdire complètement le pain aux
diabétiques, mais, de toutes les conditions de régime
qui leur sont imposées, celle-ci est pour beaucoup
d'entre eux la plus insupportable. On a donc cherché
à faire à leur usage des pains spéciaux, qui ressem-
blent le plus possible au pain ordinaire, tout en
contenant le moins possible d'amidon. Les pains dits
« pains de gluten » sont loin d'être faits avec du gluten
seul, mais ils contiennent une proportion exceptionnelle de ce principe, et par suite une proportion d'ami-

don moindre que l'ordinaire. Boussingault a fait l'analyse comparée de divers aliments proposés pour le régime des diabétiques, et des aliments amylacés ordinaires. En voici les résultats, pour 100 parties d'aliments :

Analyses comparées du biscuit de gluten et de quelques aliments féculents (1).

	Viande végétale, gluten, albumine, légumine et analogues.	Amidon, dextrine et analogues.	Matières grasses.	Phosphates et autres sels.	Eau.	Azote dosé dans 100(*)
Biscuit de gluten rond.	44,9	40,2	3,6	2,2	9,1	7,18
Échaudé............	15,8	54,1	15,1	1,4	13,6	2,53
Brioche............	10,9	41,3	27,4	2,5	17,9	1,74
Vermicelle ordinaire.	9,5	76,4	0,3	1,3	12,5	1,52
Pain des boulangers de Paris............	7,0	55.3	0,2	1,0	36,5	1,12
Haricots blancs......	26,9	48,8	3,0	3,5	15,0	4,30
Pommes de terre	2,8	23,2	0,2	0,8	73,0	0,45

(*) La viande végétale a été déterminée d'après l'azote trouvé dans l'aliment, en admettant 0,16 d'azote dans le gluten et ses analogues.

Ces analyses conduisent à ce résultat inattendu, que parmi tous les aliments amylacés en usage, celui qui, à poids égal, contient le moins de matière amylacée, c'est la pomme de terre. A cet égard elle est bien supérieure au biscuit de gluten, qui contient 40 p. 100

(1) Boussingault, *Ann. de chim. et de phys.*, 1875, 5e série, t. V, p. 114.

de substance saccharifiable, tandis qu'elle n'en contient que 23 p. 100.

e. *Pains de diverses farines.* — On peut faire du pain avec les farines de seigle, d'orge, de maïs, de riz, de sarrasin. Aucune de ces farines ne donne un pain de qualité aussi élevée que la farine de blé. La meilleure est celle de seigle. On peut préparer du pain de seigle par les procédés que nous avons étudiés pour le blé. On obtient un pain dont la mie est de couleur très foncée. Cependant Mège-Mouriès affirme qu'en appliquant ses procédés de panification à la farine de seigle blutée au taux de 25 p. 100, on obtient un pain « dont la saveur et la couleur sont identiques à celles du pain de froment (1) ». En fait on fabrique à Stockholm un pain de seigle blanc, qui, au goût, diffère peu de notre pain de froment.

Le pain de seigle est très en usage dans certaines parties de l'Allemagne. En France en emploie fréquemment aussi la farine de seigle, mais principalement en mélange avec la farine de blé : on obtient ainsi le pain dit « pain de méteil », qui participe des avantages des deux sortes de pain. Les avantages du pain de seigle sont : 1° qu'il coûte moins cher ; 2° qu'il se conserve frais plus longtemps. Ce dernier avantage fait particulièrement rechercher le pain de méteil à la campagne, où l'on ne fait pas le pain tous les jours.

Pour faire le pain de méteil on peut exécuter toutes les opérations avec le mélange des deux farines ; mais il

(1) *C. R. Acad. des Sc.*, 1858, t. XLVI, p. 131.

est préférable, selon Parmentier, de séparer au contraire les farines ; d'employer toute la farine de froment à l'état de levain, et d'y incorporer ensuite la farine de seigle dans le dernier pétrissage.

Les farines d'orge et d'avoine peuvent être employées seules. On facilite le travail de la pâte, d'après le Manuel Roret, en ajoutant du gluten à ces farines.

La farine de maïs ne s'emploie qu'associée à celle du froment ou du seigle. Les farines de riz et de sarrasin peuvent s'employer de même. On peut également faire du pain avec de la farine de maïs ou de sarrasin additionnée du tiers de son poids de gluten.

§ 2. — Modifications des procédés de panification.

Nous venons de voir déjà de petites modifications dans les procédés, imaginées en vue de permettre l'introduction de telle ou telle matière première dans la pâte. Nous allons maintenant décrire des méthodes applicables à peu près à toute espèce de farine.

a. Procédés anglais. — Les Anglais n'emploient pas du tout le levain de pâte ; ils produisent la fermentation panaire soit avec de la levure, soit avec un levain spécial qu'ils appellent « *Flour Barm* », dont nous expliquerons tout à l'heure la préparation.

Ils distinguent deux sortes de pâte préparatoire : le « ferment » et l' « éponge ». Pour faire le « ferment » on prend des pommes de terre cuites dans l'eau ou à la vapeur ; on en fait avec de l'eau une bouillie liquide à laquelle on ajoute généralement un peu de farine crue. On y introduit de la levure de brasserie ou de distillerie et on laisse fermenter complètement. Le ferment est « prêt » quand le dégagement de gaz est terminé. On remplace souvent les pommes de terre par diverses substances : farine crue ou cuite, malt, extrait de malt et autres préparations.

L' « éponge » est une pâte faite avec une partie seulement de la farine destinée à être convertie en pain. On pétrit cette portion de farine avec une partie ou avec la totalité de l'eau destinée à la fournée entière, de manière à faire une pâte molle, à laquelle on incorpore soit de la levure, soit le « ferment ». On y introduit aussi un peu de sel, et parfois des pommes de terre ; cette dernière addition paraît être presque tombée en désuétude. On laisse ensuite fermenter de 6 à 10 heures suivant le cas.

Enfin la pâte définitive est appelée en anglais « *dough* ».

Les méthodes usitées en Angleterre peuvent être ramenées au quatre suivantes :

1° *Pâte du premier jet* (Off-hand Doughs).—On n'emploie dans cette méthode ni « ferment » ni « éponge ». On pétrit du premier coup toute la farine avec de l'eau, du sel et de la levure de distillerie (de 0,44 à 0,71 de levure pour 100 de farine).

On fait par ce procédé soit du pain en forme (*tin-bread*), soit du pain à croûte (*crusty bread*). Dans le premier cas la pâte est plus molle (elle contient 62¹,6 d'eau pour 100 kilogrammes de farine), et la fermentation dure environ 10 heures. Dans le second cas on met 53ˡ,7 d'eau pour 100 kilogrammes de farine, et on produit la fermentation à température plus élevée, de manière à ce que la pâte ait pris son apprêt en 6 heures environ. Cette pâte ferme, difficile à travailler à la main, est ordinairement faite dans les pétrins mécaniques.

Ce procédé économise considérablement le temps et la main-d'œuvre ; d'un autre côté il exige une forte dépense en levure. Il fournit un rendement considérable parce que la levure employée absorbe beaucoup d'eau.

Le pain obtenu est assez grossier.

2° « *Ferment* » *et pâte* (Ferment and Dough). — On fait d'abord le « ferment » comme nous l'avons dit ci-dessus. Quand il est prêt, on y ajoute le sel, l'eau et toute la farine et on pétrit. La pâte prend ensuite son apprêt en un temps qui varie de 2 à 5 heures suivant la température, la nature de la farine, la quantité ou la force du « ferment ».

Ce procédé est très employé à Londres et dans le Sud de l'Angleterre. Il fournit un pain bien levé, à croûte rugueuse et cassante, d'une saveur sucrée qui est recherchée à Londres. Ce pain doit être mangé très frais.

3° « *Éponge* » *et pâte* (Sponge and Dough). — C'est la méthode la plus usuelle. On prépare l' « éponge », comme nous l'avons dit ci-dessus, avec une quantité de farine qui varie du quart à la moitié de la quantité totale à employer pour la fournée. Quand elle a pris son apprêt, on la pétrit avec le reste de l'eau, du sel et de la farine. Il est à remarquer que le boulanger ne mélange pas à l'avance les farines dont l'ensemble doit former la pâte totale. L' « éponge » est faite avec de la farine de blé dur, et la pâte finale avec des farines de blé tendre.

Le pain obtenu a bonne mine ; il se conserve plus longtemps frais que le pain fourni par le procédé « ferment and dough ».

4° *Système écossais* (Flour Barm, Sponge, and Dough). — On distingue deux sortes de « flour barm » (levain de farine) : le « levain vierge » (*virgin barm*) et le « levain parisien » (*parisian barm*).

Le « levain vierge » est produit par ensemencement spontané, comme la bière belge appelée *faro*. Pour l'obtenir (1), on brasse 4ᵏ,5 de malt dans 13ˡ,5 d'eau à 71° pendant une heure et demie ; on fait en même temps une infusion de houblon en versant 4ˡ,5 d'eau bouillante sur 85 grammes de houblon. On dirige les deux infusions dans une cuve ; on fait une seconde trempe en lavant le même malt avec 4ˡ,5 d'eau de 87 à 93° ; on laisse égoutter les grains de malt sans les presser. Le liquide de la cuve étant arrivé à 60°-63°, on y délaie environ 18ᵏ,1 de farine, avec les mains. On verse ensuite sur cette pâte claire 31ˡ,7 d'eau bouillante, en trois fois, en agitant avec un bâton, de plus en plus énergiquement après chaque addition d'eau chaude. On obtient ainsi une liqueur épaisse, jaunâtre, qui contient du maltose, de la dextrine et de l'amidon

(1) Jago, *Bread-making.*

à l'état d'empois. Cette liqueur est abandonnée à elle-même pendant 21 heures environ. Elle devient d'abord de plus en plus sucrée par la continuation de l'action de la diastase du malt sur l'amidon ; en même temps elle devient plus fluide et plus brune, puis elle acquiert une saveur acide. Au bout des 21 heures, on la transvase dans une autre cuve pour l'aérer. Quand sa température est descendue à 29°, on y ajoute 57 à 85 grammes de sel, 227 à 340 grammes de sucre, et une poignée de farine. La masse est alors dans un état de fermentation faible. On l'abandonne dans un lieu où la température se maintienne entre 27° et 29°. Pendant les 24 heures qui suivent on agite la masse trois ou quatre fois suivant l'énergie de la fermentation ; puis on transvase encore dans une autre cuve ; au bout de 12 heures, on agite de nouveau. La masse doit alors être en fermentation vive. Le troisième jour, la fermentation est à peu près terminée ; on porte la cuve dans un lieu frais. On peut alors l'employer pour faire une « éponge » ; mais il vaut mieux la conserver encore un jour ou deux, avant de s'en servir, dans une cuve présentant une large surface d'exposition à l'oxygène de l'air.

Le « levain parisien » se fait avec les mêmes matières, mais au lieu d'abandonner cette sorte de bière pâteuse à la fermentation spontanée, on l'ensemence avec $4^l,5$ à $6^l,8$ (suivant la saison) de vieux levain (levain vierge ou levain parisien).

L'examen microbiologique du « *Flour Barm* » n'a pas été fait avec précision. On n'y signale comme constituants normaux que des ferments lactiques ; mais il est bien certain qu'il s'y trouve d'autres microbes qui jouent un rôle important. Je rappellerai ici que j'ai eu une fois l'occasion d'examiner du « *Parisian Barm* », et que c'était une véritable culture d'une levure très active, associée à des bactéries.

Le pain fait par la méthode écossaise a bonne mine. Il a un goût particulier, franchement acide, qui plaît aux habitués. Cette saveur acide est d'ailleurs très différente de celle du pain aigre. De plus, ce pain est très fortement salé. Il a la mie d'une blancheur exceptionnelle et la croûte brun foncé. Il est considéré par les Écossais comme économique, à cause de la suppression de la levure. Il se garde longtemps. Cependant l'emploi de la levure se généralise de plus en plus, même en Écosse, aux dépens du « *Flour Barm* ». L'emploi du « levain vierge », particulièrement, tend à disparaître. Les boulangers de Glasgow ne l'emploient plus et le remplacent par la levure. Dans tout l'Ouest de l'Écosse, c'est le « *Parisian Barm* » qui est employé par les principaux boulangers. Dans les régions où le « *Virgin Barm* » est encore employé, comme à Alyth, il ne l'est que d'une manière intermittente. S'il fait trop froid, ou si le boulanger est pressé, on a recours à la levure.

D'une manière générale, les pains anglais diffèrent beaucoup par l'aspect, la consistance, le goût des pains français. Ils sont plus petits, moins levés, plus compacts, à mie moins tenace ; la saveur en est ordinairement plus ou moins sucrée et rappelle des corps étrangers, comme le malt.

b. Panification chimique. — Dans la panification usuelle, le but principal est d'obtenir une mie spongieuse, criblée de trous, et c'est par fermentation qu'on obtient cette structure. Or, la fermentation, remarque Liebig, détruit une partie de la substance alimentaire de la farine ; de plus, elle est toujours plus ou moins aléatoire : le travail des levains exige beaucoup de soin et aboutit parfois à de mauvais résultats. On a donc cherché à éviter toute perte et à supprimer les chances d'insuccès, en remplaçant la fermentation, où interviennent des microbes vivants, par des réactions chimiques bien déterminées, capables de produire un dégagement de gaz dans la pâte au moyen de substances inorganisées. Voici les principaux moyens proposés :

Procédé Liebig. — Le gaz est obtenu par l'action de l'acide chlorhydrique sur du bicarbonate de soude. Les produits de cette réaction sont : du gaz carbonique, qui fait lever la pâte, et du sel marin, qui lui donne la saveur salée. Si les proportions des deux substances sont justes, on obtient, tout en employant des substances chimiques non alimentaires, un pain qui ne contient rien de plus que le pain ordinaire. Pour 100 kilogrammes de farine, on emploie 1 kilogramme de bicarbonate de soude, 4^k,25 d'acide chlorhydrique de densité 1,063 (solution à 13 p. 100 d'acide chlorhydrique exempt d'arsenic), 1^k,550 à 2 kilogrammes de sel marin et 75 litres d'eau. Ces proportions sont telles que le chlorure de sodium formé par l'action de l'acide chlorhydrique sur le bicarbonate de soude ne suffit pas à saler la pâte.

La farine est d'abord intimement mélangée, par des tamisages répétés, avec le bicarbonate de soude réduit en poudre fine. Un cinquième environ de ce mélange est mis de côté. Avec le reste et de l'eau, dans laquelle on a dissous le sel marin, on fait une pâte. On introduit ensuite peu à peu l'acide chlorhydrique dans cette pâte, à laquelle on incorpore aussi la portion de farine qu'on avait laissée de côté. On divise la pâte en pains ; on laisse reposer ceux-ci une demi-heure à trois quarts d'heure, puis on enfourne.

Ce procédé, très rationnel, exige, pour être inoffensif, des manipulations très soignées. S'il y a quelque erreur de dosage, ou si le pétrissage n'est pas parfait, il peut arriver que la pâte contienne, au moins dans certaines portions, de l'acide chlorhydrique libre ou du bicarbonate de soude : un pareil pain ne serait pas mangeable. D'ailleurs, l'état liquide de l'acide, l'impossibilité pour le boulanger d'être sûr qu'il est exempt d'arsenic, font de ce procédé une opération de laboratoire plutôt que de boulangerie.

Aussi a-t-on proposé diverses variantes de ce procédé en évitant surtout l'emploi de l'acide chlorhydrique.

La *yeast-powder* de Horsford (1) est un mélange de deux poudres, l'une acide, phosphate acide de chaux, l'autre alcaline, mélange de 500 parties de bicarbonate de soude avec 443 parties de chlorure de potassium. Pour 100 kilogrammes de farine, on emploie 2^k,6 de poudre acide et 1 kilogramme de poudre alcaline.

(1) *Chem. News*, 1861, t. II, p. 174.

La *self-raising flour*, très usitée en Angleterre, et surtout en Amérique, est une poudre composée de 2 parties de farine de riz et 1 partie d'un mélange d'acide tartrique et de bicarbonate de soude.

On a aussi employé comme acide le phosphate acide d'ammoniaque, le lactate acide de chaux, le sulfate acide de potasse et de soude, l'alun. Comme poudre alcaline, presque tous les procédés emploient le bicarbonate de soude, auquel on ajoute parfois du sesquicarbonate d'ammoniaque.

Tous ces procédés conservent une partie des inconvénients du procédé Liebig : il y a toujours à craindre que les produits chimiques employés ne soient pas assez purs et que, par suite d'une erreur de dosage ou d'un pétrissage insuffisant, la pâte ne retienne des produits ayant échappé à la réaction chimique qu'ils devaient subir. Enfin ils ont un défaut qui n'appartenait pas au procédé Liebig : ils laissent dans la pâte des substances inoffensives, à la vérité, mais non alimentaires.

Aussi a-t-on cherché à incorporer dans la pâte du gaz carbonique tout fait, sans aucun autre produit chimique. C'est le médecin anglais Dauglish qui a le premier, en 1856, réalisé cette idée. Son procédé consiste à saturer de l'eau d'acide carbonique sous pression et à mélanger cette eau avec la farine dans un pétrin mécanique fermé. On pétrit ainsi dans une atmosphère de gaz carbonique sous pression.

L'appareil se compose donc de deux parties essentielles (fig. 57) : un récipient, B, pour la préparation de

l'eau chargée d'acide carbonique, et un pétrin clos, A.
Le récipient à eau B est un cylindre de cuivre étamé

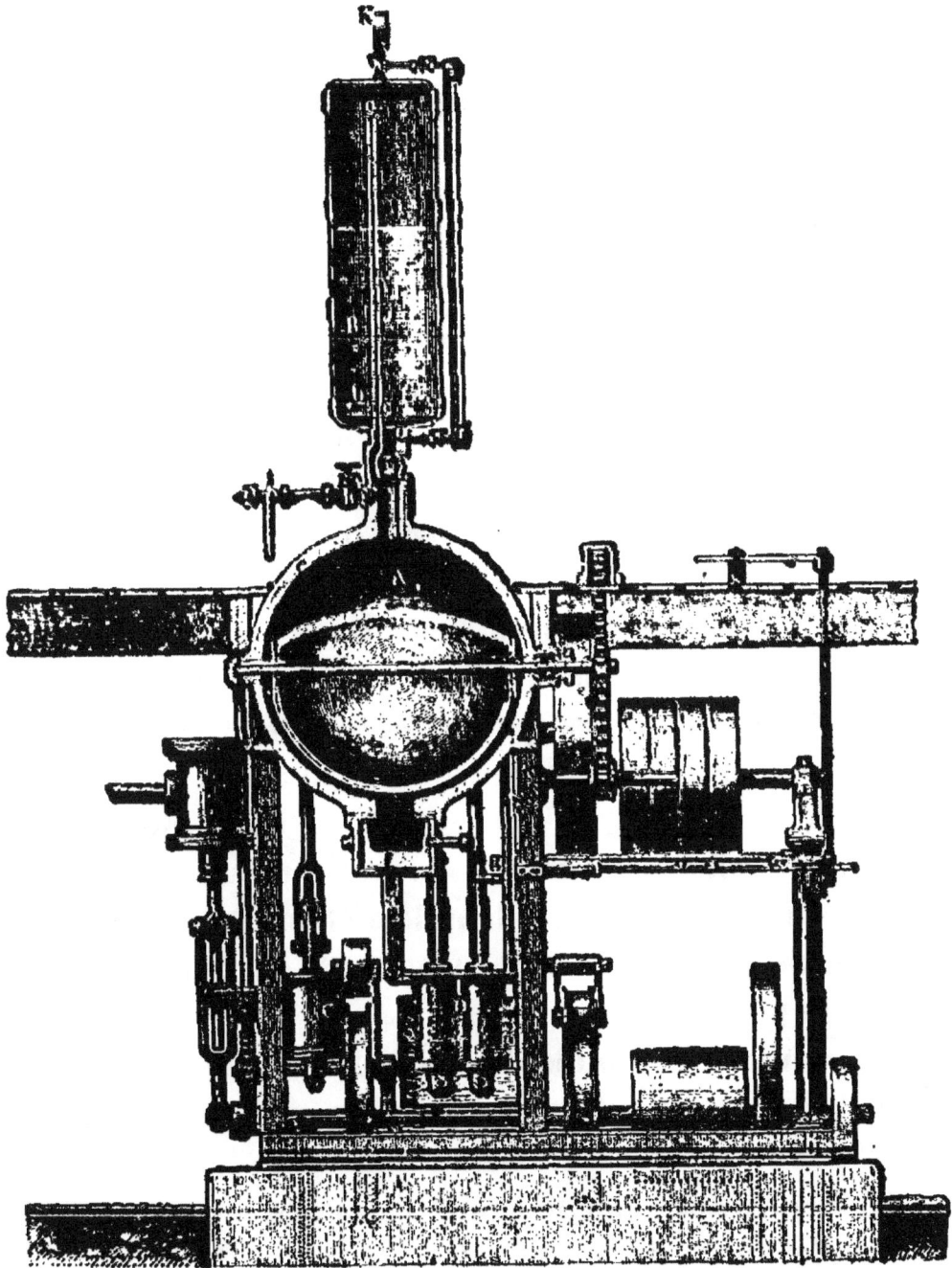

Fig. 57. — Appareil Dauglish. (Birnbaum.)

à l'intérieur, posé de manière que son axe soit vertical. A son extrémité supérieure, un robinet permet de le relier à un réservoir d'eau. Il est rempli d'eau environ aux trois quarts. Au fond du cylindre, débouche, par une ouverture *b*, en pomme d'arrosoir percée de trous très fins, un tube ascendant qui amène du gaz carbonique provenant d'une pompe de compression D reliée elle-même à un gazomètre. Le gaz, arrivant sous une forte pression, se dissout dans l'eau, et l'excès s'accumule au-dessus : l'espace supérieur du cylindre, non occupé par l'eau, communique par un tube vertical avec le pétrin. Le gaz carbonique non employé retourne au gazomètre par la soupape et le robinet à trois voies *h*.

Au-dessous du cylindre se trouve le pétrin A. Ce pétrin est sphérique ; il peut tenir un sac de farine. Il est muni d'un agitateur mécanique. Il porte à sa partie supérieure une large ouverture (non représentée dans la figure parce qu'elle est placée en avant de la coupe médiane que cette figure représente) qui sert à l'introduction de la farine. A côté de cette ouverture se trouve le robinet *e* qui permet à l'eau du cylindre de s'écouler quand on le veut dans le pétrin. A la partie inférieure du pétrin est une ouverture *f* destinée à la sortie de la pâte pétrie.

Voici maintenant comment on se sert de l'appareil : On commence par introduire dans le cylindre B la quantité d'eau nécessaire. Cette eau doit être aussi froide que possible pour pouvoir dissoudre le plus de gaz possible. Puis on introduit dans le pétrin A un sac de farine et du sel marin. On ferme hermétiquement

l'ouverture d'entrée de la farine ; puis par la soupape *h*
et le robinet à trois voies on fait le vide, avec une
machine pneumatique C, dans le pétrin ; ceci est nécessaire pour que le gaz du pétrin, qui est destiné à retour-
ner dans le gazomètre à la fin de l'opération, ne soit pas
mélangé d'air. Le vide fait, on met en marche les pom-
pes à gaz carbonique de manière à charger de ce gaz
le cylindre B jusqu'à une pression de 7 à 14 kilogrammes
par centimètre carré. Quand l'eau est saturée de gaz
sous cette pression, on laisse le gaz carbonique se
précipiter par le tube *c* dans le pétrin, jusqu'à ce que
la pression soit la même en A et en B ; puis, ouvrant
le robinet *e*, on fait couler dans le pétrin l'eau chargée
d'acide carbonique ; on met en marche l'agitateur mécanique, et, au bout de 3 à 10 minutes suivant la nature
de la farine, le pétrissage est terminé. On laisse alors
échapper par la soupape *h* une partie du gaz carbonique,
qui retourne au gazomètre, jusqu'à ce que la pression
dans le pétrin soit d'environ 7 kilogrammes par centimètre carré. C'est sous cette pression qu'on fait sortir
la pâte du pétrin par portions mesurées dans des boîtes
de bois ouvertes à leur partie supérieure. On abandonne
ces boîtes pendant quelque temps pour laisser échapper
l'excès d'acide carbonique ; le gaz qui se dégage, gêné
par la résistance de la pâte, y produit déjà une multitude de petites cavités. Mais la pâte est bien loin de
perdre à ce moment toute la quantité de gaz qui est en
excès sur ce qu'elle en contiendrait si elle avait été
chargée de gaz carbonique sous la pression atmosphérique. Car ce gaz a la propriété de former avec l'eau

des solutions sursaturées. C'est ainsi que l'eau de Seltz, chargée sous une pression de 5 à 6 atmosphères, ne perd, quand on l'expose à l'air, qu'une partie de son excès de gaz; si elle est contenue dans un vase parfaitement propre, elle peut même être exposée dans le vide sans perdre une bulle de gaz (expérience de M. Gernez). Elle est à l'état de solution sursaturée. Le même phénomène a lieu dans la pâte dont nous nous occupons : elle est sursaturée de gaz carbonique.

Enfin on met la pâte au four. Pour cela on renverse les boîtes de bois sur une plaque de tôle au moyen de laquelle on enfourne ; quelquefois la pâte est reçue du pétrin dans des formes de tôle, que l'on enfourne sans transvasement. La cuisson est beaucoup plus délicate que dans le procédé ordinaire. Sous l'influence de l'élévation de température le gaz carbonique, qui était en solution sursaturée, va se dégager abondamment, mais lentement, en donnant au pain la structure bulleuse recherchée. Mais si la croûte se formait rapidement comme d'habitude, elle serait dépourvue d'élasticité quand une grande quantité de gaz devrait encore s'échapper; par suite elle serait toute disloquée. Il faut donc que l'échauffement se produise très lentement. Un four spécial est construit pour satisfaire à cette condition.

Le pain obtenu n'a pas la croûte lisse comme le pain ordinaire : le départ du gaz carbonique à travers une croûte d'abord molle puis acquérant lentement une consistance de plus en plus solide donne à cette croûte une structure bulleuse comparable à celle de l'échaudé.

La saveur en est naturellement fade ; il y manque l'arome qui se développe sous l'influence des fermentations produites par la levure et les bactéries. On corrige en partie cette fadeur au moyen d'une proportion de sel plus forte que l'ordinaire. On pourrait aussi introduire dans ce pain une partie des principes que produisent les ferments dans le pain ordinaire : alcool, acides lactique, acétique, butyrique ; mais ce serait renoncer à un des plus grands avantages du procédé, qui est précisément d'éviter l'introduction de tout produit chimique solide ou liquide. Depuis quelque temps on emploie en Angleterre un moyen plus rationnel pour atteindre le même but : on prépare un moût faible en brassant du malt mélangé de farine, et on le laisse fermenter spontanément jusqu'à ce qu'il devienne aigre ; une partie de ce liquide faiblement acide est ajoutée à l'eau qui doit être chargée de gaz carbonique. La pâte qui sera faite avec cette eau aura ainsi reçu une partie des principes sapides qui se produisent dans la fermentation des levains.

Ce procédé de panification se recommande par l'économie de temps et d'argent. La durée totale des opérations est d'environ une heure et demie. Elle est indépendante de la température. La fabrication est plus sûre que quand on emploie les levains. Quant à l'impression que ce pain produit sur le consommateur, il faut croire qu'elle est en général bonne, car, après une longue période d'insuccès, il est aujourd'hui fort recherché en Angleterre, sous le nom de « *aerated bread* » (1). Ce

(1) Il est fabriqué à Londres par une compagnie au capital de

pain est levé très régulièrement, mais les yeux sont très petits, comme dans les autres pains anglais ; il est plutôt moins compact que ceux-ci, et la saveur en est agréable. Seulement quant on en fait usage pendant quelque temps, on arrive à lui trouver un peu le goût de farine crue, ce qui provient sans doute de ce que le gluten et les substances solubles sont trop bien conservés. C'est pour atténuer cette impression défavorable que l'on ajoute maintenant un moût fermenté à la pâte.

On a songé à simplifier les procédés de fabrication de ce pain en utilisant l'acide carbonique liquide que le commerce met facilement à la disposition des industriels et qui est déjà fort en usage dans les brasseries. M. Villon (1) a indiqué un mode d'emploi très commode de ce gaz liquéfié :

On commence par pétrir la pâte avec de l'eau ordinaire ; la pâte est placée dans un cylindre fermé, muni d'un agitateur analogue à celui des pétrins mécaniques ; ce cylindre peut du reste servir de pétrin lui-même. On y envoie du gaz carbonique en reliant la bouteille qui le contient avec un robinet *ad hoc* du cylindre, et on élève progressivement la pression à 6 kilogammes par centimètre carré, en agitant énergiquement la pâte. On maintient la pâte pendant une heure au contact du gaz carbonique et sous la pression indiquée ci-dessus. La pâte est transformée en pain et enfournée immédiatement.

6,250,000 francs, fondée en 1862. On en trouve aussi dans toutes les villes d'Angleterre.

(1) Villon, *Bull. Soc. chim.*, 1893 (3), t. IX, p. 830.

Ce procédé paraît pouvoir rendre de grands services aux manutentions militaires.

Les procédés de panification chimique sont particulièrement à recommander pour la fabrication du pain de farine entière : ils font disparaître une partie des inconvénients de l'introduction du son dans la pâte. Ils se prêtent aussi à l'emploi de farines dans un état de conservation trop défectueux pour pouvoir subir la fermentation panaire.

c. Biscuit. — Sous le nom de biscuit on désigne une sorte de pain plat aussi desséché que possible, pouvant se conserver pendant plusieurs mois, et destiné à l'approvisionnement des armées, des places de guerre ou des navires.

Il existe diverses formules de fabrication du biscuit, les unes admettant l'emploi du levain, les autres l'excluant. Payen, dans son « Précis des substances alimentaires », donne la suivante : On fait une pâte avec 1 partie d'eau et 6 parties de farine, c'est-à-dire une pâte aussi ferme que possible, sans sel ni levain. Quand elle a été suffisamment travaillée, on la divise en galettes minces, rondes ou carrées, que l'on perce de trous à 5 ou 6 centimètres de distance les uns des autres, puis on les met au four, où elles cuisent en 20 à 25 minutes. Au sortir du four les galettes sont exposées dans une chambre chauffée par la chaleur perdue du four, jusqu'à dessiccation complète ; cette dernière opération s'appelle le ressuage. Ainsi préparé le biscuit peut être conservé pendant un an, pourvu qu'il soit à l'abri de l'humidité et des papillons. Il contient de 11 à 14 p. 100 d'eau, suivant la saison, c'est-à-dire à peu près la proportion d'eau que renferme la farine conservée à l'air. Si le sel en est exclu, c'est que, quand il renferme, comme cela arrive ordinairement, un peu de chlorure de magnésium, il attire l'humidité de l'air.

Le biscuit de guerre ordinaire est en galettes du poids moyen de 200 grammes et du volume de 450 centimètres cubes.

Très souvent on pétrit la pâte du biscuit avec du levain, mais on ne laisse prendre aux galettes que très peu d'apprêt. En employant un levain vieux on obtient de cette façon un biscuit moins fade.

M. Balland a montré qu'on peut obtenir un pain levé aussi conservable que le biscuit en l'exposant, au sortir du four, à une dessiccation complète dans un lieu sec suffisamment aéré. Le temps de la dessiccation est de 8 à 10 jours pour des petits pains longs de 70 à 100 grammes, il serait beaucoup plus long pour des pains plus volumineux. Le pain ainsi séché ne retient pas plus d'eau que le biscuit. Il se trempe dans l'eau, le thé, le café, le lait et le bouillon mieux que le *pain de soupe* ordinaire du soldat. Il peut absorber, pour ainsi dire instantanément, 5 à 6 fois son poids d'eau, alors que le biscuit en absorbe à peine son poids. Le seul défaut qu'on pourrait lui reprocher est d'être plus volumineux. A poids égal il occupe un volume presque double de celui du biscuit.

Le pain destiné à être ainsi conservé à l'état sec exige quelques précautions pendant la cuisson. Il doit présenter une croûte lisse et sans fissures : pour cela il faut que la température du four soit peu élevée, de façon à ce qu'il se produise une croûte molle. De plus à la sortie du four il convient de laisser le pain, pendant le premier jour, dans un local modérément chauffé ; ce n'est que le second jour qu'on l'exposera à la température de l'air extérieur.

On emploie dans l'armée, sous le nom de *pain biscuité*, un pain destiné à être conservé assez longtemps, à l'état frais. Le travail est à peu près le même que pour le pain ordinaire, sauf que la pâte est demi-ferme ou bâtarde, qu'elle renferme moins de levain, et qu'au moment de l'enfournement on pratique à la partie supérieure de chaque pain quatre incisions à angles droits avec un couteau, de façon à ce que, l'eau s'évaporant plus facilement à la cuisson, la proportion de la mie soit diminuée. On donne à ce pain une cuisson plus prolongée, et à température moins élevée que d'habitude, et un ressuage plus soigné. Le pain obtenu peut se conserver de 15 à 25 jours. Il est souvent fabriqué en campagne, soit qu'on ait à former un approvisionnement considérable de pain, soit qu'on ait à l'expédier au loin, par des temps pluvieux.

Depuis quelque temps l'armée a renoncé à l'emploi du biscuit ; on l'a remplacé par un pain dit *pain de guerre*, que l'on fabrique à peu près suivant les principes indiqués par M. Balland. Ce pain est en petites briques dures et légères. Sa structure intérieure donne l'idée d'un pain ordinaire parfaitement levé, à croûte très épaisse, vu à travers une lentille divergente qui rapetisserait considérablement.

CHAPITRE VIII

EXAMEN DU PAIN.

L'examen du pain peut être fait à deux points de vue, soit pour en connaître la nature et en apprécier la qualité, soit pour y rechercher les falsifications ou les fraudes.

§ 1. — Composition normale du pain.

Plaçons-nous d'abord au premier point de vue.

a) *Examen sans appareils.* — Dans un pain de bonne qualité la croûte est bombée, mince, lisse, sans soufflures ni crevasses ; la mie est spongieuse, légère, élastique, adhérente à la croûte ; elle ne s'égrène pas par le frottement entre les doigts. L'odeur du pain est un excellent indice de sa qualité ; on en juge le mieux possible en le coupant encore chaud à la sortie du four. La couleur s'apprécie mieux quand le pain est bien refroidi. La saveur, le plaisir qu'on éprouve en mangeant le pain, sont des indices de première importance, mais qui n'ont pas besoin d'être décrits.

b) *Examen microscopique.* — Prenons une des membranes minces qui forment les parois des cavités de la mie ; mouillons-la avec de l'eau et froissons-la légèrement sous le microscope. On la voit aussitôt se séparer d'un côté en fragments minces, plats, que l'iode colore en brun : ce sont des fragments de gluten ; d'un autre côté en grains irréguliers, épais, plissés, que l'iode colore en bleu : c'est de l'amidon réduit à l'état d'empois. Pour avoir une idée plus parfaite de la structure de la mie, prenons une nouvelle membrane de pain et mettons-la en digestion à 50° avec de l'eau de malt ; les grains d'amidon disparaissent peu à peu, et on ne voit plus au microscope qu'une feuille très mince, continue, portant les traces d'un étirage énergique, colorable en brun par l'iode : c'est du gluten. Cette description, que nous empruntons à M. Aimé Girard (1), montre qu'après la fermentation et la cuisson, le pain a conservé, en gros, la même composition que la farine dont il est fait : c'est toujours essentiellement un mélange d'amidon et de gluten ; la structure seule de la matière a été considérablement modifiée (2). C'est une remarque qu'avait déjà faite Rivot après qu'il eut constaté que de la mie de pain, simplement séchée à l'air, arrive à contenir la même proportion d'eau que la farine conservée dans les mêmes conditions.

c) *Analyse chimique.* — L'analyse du pain comporte le dosage des principes suivants : eau, extrait soluble, matières grasses, albuminoïdes solubles, albuminoïdes insolubles, amidon, amidon soluble et dextrine, maltose, acidité, cellulose, cendres, acide phosphorique. Le pain peut aussi contenir un peu d'alcool, surtout le pain fabriqué par les procédés usités en Angleterre. C'est ainsi que Th. Bolas (3) a trouvé jusqu'à 0,4 p. 100 d'alcool dans du pain de Londres.

(1) A. Girard, *C. R. Acad. des sc.*, 1885, t. CI, p. 601.
(2) Le gluten du pain n'est cependant pas tout à fait identique au gluten cru, comme on le verra plus bas, p. 312.
(3) Bolas, *Chem. News*, t. XXXVII, p. 271.

Avant tout il y a lieu de distinguer la mie de la croûte. Le rapport de la quantité de croûte à la quantité de mie est très variable ; il dépend surtout de la forme et du volume des pains, de la température et de la durée de la cuisson, de la qualité de la farine. Dans le pain de munition il y a à peu près 1/3 de croûte pour 2/3 de mie. Mais dans les pains de luxe la proportion de croûte est beaucoup plus grande : ainsi Rivot a trouvé jusqu'à 44,72 p. 100 de croûte dans un petit pain de 851 grammes. Au contraire dans un pain dit « de maçon » de 1910 grammes il a trouvé seulement 22,48 p. 100 de croûte.

Opérations de l'analyse. — On coupe une tranche mince au milieu d'un pain ; on en sépare la croûte et on émiette le reste entre les doigts ; les miettes sont mélangées bien uniformément, puis sont soumises aux traitements qui vont être exposés. Quant à la croûte, elle sera préalablement râpée.

1° *Dosage de l'eau.* — Exactement comme pour la farine ; c'est environ 24 heures après la sortie du four qu'il convient de faire le dosage.

Voici les résultats obtenus par M. Balland avec du pain de munition :

	Dans la croûte.	Dans la mie.	Dans le pain entier.
Eau p. 100..............	24,66	47,82	39,24

Avec des pains de boulangerie civile on a obtenu (1) :

(1) *Documents sur les falsifications des matières alimentaires.* Laboratoire municipal de Paris, 1885.

DÉSIGNATION DES PAINS	Eau p. 100 dans la croûte.	Eau p. 100 dans la mie.	Eau p. 100 dans l'ensemble.	Longueur des pains.
Pain fendu................	16,7	40,2	30,0	0m,58
— fendu................	17,0	40,7	34,7	0m,70
— boulot................	17,0	40,7	34,7	0m,70
— boulot.	15,0	41,5	33,0	0m,00
— boulot................	13,0	42,0	31,0	0m,95
— boulot........	14,0	42,0	32,8	0m,00
— long fendu..........	15,0	37,3	30,0	0m,80
Pains jockos..............	13,4	38,7	28,5	0m,80
— petits jockos........	11,7	36,8	27,8	0m,26

2° *Dosage de l'extrait soluble.* — Ce dosage ne peut pas être très précis : il est impossible d'extraire à froid toute la partie soluble du pain ; et on ne peut songer à faire l'extraction à chaud, car l'ébullition rend solubles des matières qui ne l'étaient pas et inversement.

Voici comment on peut opérer (1) : On prend 25 grammes de mie de pain et 240 centimètres cubes d'eau ; avec une partie de l'eau on broie le pain dans un mortier de manière à le réduire en une pâte homogène ; on fait passer cette pâte, avec le reste de l'eau, dans un flacon et on y ajoute 1 centimètre cube de chloroforme, pour empêcher la matière de s'altérer par fermentation. On agite vigoureusement pendant douze heures ; puis on laisse déposer pendant une demi-heure. On filtre la partie liquide jusqu'à ce qu'elle soit devenue parfaitement limpide, et on évapore à siccité 25 centimètres

(1) D'après le traité de M. W. Jago, *Bread-making.*

cubes de cette liqueur. Comme la mie de pain contient en moyenne 40 p. 100 d'eau, les 25 grammes de pain en contenaient 10 centimètres cubes ; c'est donc dans 250 centimètres cubes d'eau qu'est dissous l'extrait, et les 25 centimètres cubes de liqueur abandonnent le 1/10 de l'extrait soluble qui était contenu dans les 25 grammes de pain.

On opérerait de la même manière avec la croûte râpée, sauf que l'eau qu'elle contient étant en moyenne dans la proportion de 17 p. 100, on ferait macérer

$$25 \text{ grammes de croûte dans } 250 - \frac{17 \times 25}{100} \text{ ou dans}$$

246 centimètres cubes d'eau.

3° *Matière grasse.* — Les analyses ordinaires sont faites par extraction directe de la matière grasse au moyen de l'éther ou de l'essence légère de pétrole. Cette méthode est bonne pour l'analyse des farines, mais, appliquée au pain, elle donne toujours des résultats trop faibles : l'amidon et la dextrine retiennent une certaine proportion de matière grasse qu'ils refusent de céder au dissolvant, même après un contact aussi prolongé qu'on veut. Ces analyses accusent toujours dans le pain une proportion de matière grasse inférieure à celle qui existait dans la farine. Il n'en est plus de même si l'on détruit l'amidon et la dextrine en les saccharifiant par l'acide sulfurique dilué, à la température de 100°. C'est ce qu'on fait dans le procédé suivant, que nous empruntons au traité de M. W. Jago : Dans un vase cylindrique de verre d'une contenance de 70 centimètres cubes on met 4 grammes de pain tendre ou 3 grammes de pain sec; on y ajoute 15 centimètres cubes d'eau, puis 10 gouttes d'acide sulfurique dilué (à 25 p. 100). On porte ensuite ce vase dans un bain-marie qu'on maintient à l'ébullition jusqu'à ce que la solution ne donne plus avec l'iode la réaction de l'amidon, ce qui exige au moins 45 minutes. Le liquide, encore chaud, est neutralisé avec soin par un léger excès de marbre blanc pulvérisé ou de carbonate de chaux précipité pur. Puis il est évaporé au bain-marie jusqu'à occuper 10 centimètres cubes environ. A ce moment on l'étale sur une bande de papier buvard, et on éponge le liquide qui reste au fond du vase avec un morceau d'ouate que l'on joint ensuite au papier buvard. Celui-ci, posé sur une toile métallique, est séché d'abord à 100° pendant dix minutes, puis enroulé et séché pendant trois à quatre heures à 100-103°. On le met ensuite dans un extracteur Soxhlet, où on l'épuise par l'éther ou l'essence légère de pétrole en opérant l'extraction une soixantaine de fois, ce qui emploie environ cinq heures. On évapore la solution éthérée, et on dessèche le résidu dans une capsule tarée.

En opérant ainsi on retrouve dans le pain toute la matière grasse que contenait la farine dont il est fait.

4° et 5° *Albuminoïdes solubles et insolubles.* — On opère comme pour la farine, en dosant l'azote total et l'azote de l'extrait soluble, et on passe de la teneur en azote à la teneur en matières albuminoïdes en admettant que celles-ci contiennent 16 p. 100 d'azote.

On ne pourrait pas appliquer la méthode usuelle de

l'extraction du gluten par malaxage sous un filet d'eau. Le gluten du pain ne peut pas être isolé par lavage. Si l'on pétrit de la mie de pain avec de l'eau, celle-ci lui enlève d'abord de l'amidon soluble, de la dextrine et du sucre. Si l'on réitère les lavages à l'eau jusqu'à ce que l'iode ne révèle plus d'amidon dans l'eau de lavage, la matière solide qui reste est un mélange de substance albuminoïde et d'amidon qui ne contient que 8 à 10 p. 100 d'azote (tandis que les matières albuminoïdes en contiennent de 15 à 16 p. 100). Si l'on met cette matière en digestion avec de l'extrait de malt, on ne parvient pas non plus à en éliminer tout l'amidon de manière à ce qu'il reste une véritable substance albuminoïde.

On voit que la matière albuminoïde du pain a subi d'assez importantes modifications pendant la cuisson. Elle est plus modifiée dans la croûte que dans la mie, comme l'ont montré les expériences de Barral (1). Ainsi l'extrait aqueux donné par la croûte est plus riche en azote que l'extrait donné par la mie : la partie soluble de la croûte contient 7 à 8 p. 100 d'azote ; celle de la mie en contient seulement 2 à 3 p. 100.

Dans du pain blanc frais de bonne qualité, la mie contient ordinairement de 5 à 7 p. 100 de substance azotée, et la croûte de 9 à 10 p. 100, mais les proportions sont très variables.

Les anciennes analyses de Barral (1863) indiquaient une plus grande proportion de matière azotée dans la croûte desséchée que dans la mie desséchée. Ce fait est

(1) Barral, *C. R. Acad. des sc.*, t. LVI, p. 1118.

contredit par les analyses récentes de M. Balland (1), d'après lesquelles la proportion de matière azotée s'est trouvée la même dans la croûte que dans la mie, après dessiccation de 100° à 105° pendant vingt-quatre heures ; cette proportion, suivant les pains essayés, a varié un peu autour de 11 p. 100. La farine desséchée en contenait 12 p. 100.

6° *Amidon.* — On opère encore comme pour la farine, par saccharification. On trouve des proportions variables, comme dans les farines. Les analyses faites par de Bibra sur du pain blanc de Nuremberg ont montré que la croûte et la mie ont à peu près la même teneur en amidon ; cette teneur était en moyenne d'environ 71 parties d'amidon pour 100 parties de matière sèche, nombre qui diffère très peu de la teneur moyenne de la farine sèche en amidon, car les analyses de farine faites dans la même ville par le même auteur donnent en moyenne 74 parties d'amidon pour 100 parties de farine sèche.

7° *Amidon soluble et dextrine.* — Dans la solution d'extrait soluble on ajoute un grand volume d'alcool. Le précipité qui se produit contient l'amidon soluble, la dextrine et un peu de matière albuminoïde. Le poids de cette dernière est déterminé par un dosage d'azote ; en défalquant ce poids du poids total de précipité on a le poids de dextrine et d'amidon soluble.

L'amidon soluble peut être dosé par un procédé colorimétrique : on cherche quelle quantité de solution

---

(1) Balland, *C. R. Acad. des sc.*, 1895, t. CXXI, p. 786.

d'extrait du pain il faut ajouter à une solution d'iode employée en excès pour obtenir une coloration bleue de même intensité qu'avec un volume connu d'une solution titrée d'amidon.

Défalquant du poids total du précipité obtenu par l'alcool, 1° le poids de substance albuminoïde, 2° le poids d'amidon soluble, on obtient comme reste le poids de dextrine.

8° *Maltose.* — On le dose avec la liqueur de Fehling dans l'extrait aqueux obtenu plus haut.

Le maltose est à peu près aussi abondant dans le pain que dans la farine. Cette constatation peut sembler en contradiction avec notre théorie de la fermentation panaire. Il est pourtant facile d'en rendre compte tout en conservant cette théorie. D'abord, comme nous l'avons fait remarquer, la fermentation panaire est arrêtée par la cuisson tout à son début, de telle sorte qu'elle est loin d'avoir détruit tout le sucre qui existait primitivement dans la pâte; de plus il se reforme continuellement, pendant la fermentation même, de très petites quantités de sucre par action de diastase ; enfin à la cuisson, si la farine contenait un peu de débris d'enveloppes, et c'est toujours le cas, le processus de saccharification est notablement activé quand la pâte passe par les températures comprises entre 50° et 80° environ. Aussi peut-il arriver, quand on emploie des farines blutées à un taux peu élevé, que le pain contienne plus de sucre que la farine.

9° *Acidité.* — On délaie 10 grammes de pain dans l'eau de manière à ce que le mélange occupe 100 centimètres cubes. On maintient ce mélange pendant une heure à 100° au bain-marie, on laisse refroidir et on titre avec une solution décinormale de soude, en présence de la phénolphtaléine comme indicateur. Les résultats qu'on trouve sont très variables. Le pain blanc qui a été pétri sur levure donne souvent un extrait aqueux de réaction neutre. Le pain fait sur levain donne au contraire un extrait acide. La réaction acide y est produite surtout par les acides lactique et acétique, auxquels se joint parfois une trace d'acide butyrique. On peut doser approximativement chaque acide par deux opérations : 1° on mesure l'acidité totale comme nous venons de le dire ; 2° un volume connu de la même solution aqueuse est évaporé à siccité dans une capsule de platine au bain-marie, le résidu est repris par un volume égal d'eau, évaporé de nouveau, et repris encore par l'eau ; l'acidité est de nouveau mesurée. On considérera cette dernière comme produite par de l'acide lactique ; la retranchant de l'acidité totale, on aura l'acidité produite par l'acide volatil, qu'on peut considérer comme étant de l'acide acétique.

Pour plus d'exactitude dans la détermination et le dosage des acides, on peut distiller le pain dans le vide. On élimine ainsi toute l'humidité, qui entraîne les acides volatils, ainsi qu'une trace d'acide lactique. On a dosé l'acidité du pain primitif ; on dose celle du résidu desséché par distillation dans le vide, et celle du liquide condensé. Celui-ci est ensuite soumis à la distillation fractionnée (méthode Duclaux) (1), qui permet d'y dé-

(1) *Annales de l'Institut Pasteur*, 1895, t. IX, p. 265.

terminer exactement et d'y doser les acides volatils. De l'ensemble de ces données il est facile de calculer, avec la meilleure approximation possible, les teneurs en acides lactique, acétique et butyrique.

10° *Cellulose.* — Ce corps peut être dosé dans le pain exactement comme dans la farine, par le procédé de Péligot que nous avons décrit. On retrouve naturellement dans le pain toute la cellulose de la farine.

11° et 12° *Cendres* et *acide phosphorique*. — Ces substances se retrouvent également telles qu'elles étaient dans la farine. Cependant on trouve généralement une proportion de cendre un peu plus grande que dans la farine ; l'augmentation provient du sel marin et des sels naturellement dissous dans l'eau qui a servi au pétrissage.

En dehors de l'examen du pain proprement dit, il n'est pas sans intérêt de connaître la composition des fleurages dont on se sert en boulangerie pour saupoudrer les pâtes soit lorsqu'on les tourne, soit lorsqu'on les met en panetons ou sur la pelle pour les enfourner. Ces fleurages se retrouvent en partie à la surface du pain, et même à l'intérieur de la pâte. Leur proportion n'est pas absolument négligeable, puisque, d'après Rollet, la quantité de fleurage employée par un ouvrier soigneux s'élève à environ 2 p. 100 du poids de la pâte enfournée. Outre les fleurages de blé, on emploie aussi des fleurages de maïs, de pomme de terre ; on utilise même des fleurages de bois, dits *fleurages économiques*, et des fleurages de *corozo* (sciures provenant du travail des noix de tagua ou de palmier, employées à la fabrication des objets en *ivoire végétal* ou *corozo*, notamment des boutons); c'est une poudre ayant l'apparence d'un sable blanc. Voici, d'après M. Balland (1) la composition comparée de ces divers fleurages :

	FLEURAGE			
	de maïs.	do blé.	de pomme de terre.	
			I	II
Eau..................	10,40	10,20	12,40	12,50
Matières azotées.........	9,92	14,81	4,70	2,52
Matières grasses.........	4,10	4,50	0,40	0,20
Matières amylacées et cellulose saccharifiable....	66,43	61,79	70,35	79,08
Cellulose résistante.......	6,05	4,80	10,15	3,60
Cendres..............	2,20	3,90	2,00	1,20
	100,00	100,00	100,00	100,00

	FLEURAGE		
	de bois.		de corozo
	I	II	
Eau.........	9,80	8,70	10,40
Matières azotées...........	1,17	1,17	4,02
Matières grasses...........	0,95	0,40	0,15
Matières extractives et cellulose saccharifiable............	41,88	53,78	79,18
Cellulose résistante..........	45,30	34,25	5,05
Cendres...............	0,90	1,70	1,20
	100,00	100,00	100,00

Nous donnerons maintenant quelques tableaux d'ensemble résumant les résultats d'analyses faites sur différents pains. Voici d'abord un tableau d'analyses exécutées en 1856 par Rivot, sur vingt-un échantillons de pains différents. On y verra, par les nombres inscrits sous les titres (α) et (β), que, d'après ces ana-

(1) Balland, *C. R. Ac. des sc.*, 1896, t. CXXIII, p. 325.

18.

lyses, le pain perd, à la cuisson, une quantité de matière sèche, (β) — (α), qui s'élève en moyenne à environ 2 p. 100 de la pâte sèche employée. Ce résultat doit être considéré comme erroné d'après les dernières analyses de M. Balland.

Les éléments constitutifs de la farine sont bien quelque peu modifiés par la cuisson, mais la modification consiste surtout en une transformation partielle de matière amylacée en matière sucrée, ce qui n'entraîne qu'une variation de poids absolument négligeable. D'ailleurs les nombres inscrits sous le titre (β) dans le tableau de Rivot n'ont pas été déterminés expérimentalement : ils ont été calculés d'après la teneur en cendres.

Analyses de Rivot.

	1	2	3	4	5	6	7	8	9	10	11
Poids des pains (en grammes)..	1920	1935	1965	1865	1892	1910	398	880	851	1545	1783
Rapport de la croûte à la mie..	0,429	0,386	0,475	0,335	0,329	0,290	0,811	0,675	0,809	0,773	0,553
Pour 100 de pain. } Mie...	70,00	72,16	67,78	74,90	75,24	77,52	55,22	59,68	55,28	56,39	64,31
Croûte.	30,00	27,84	32,22	25,10	24,76	22,48	44,78	40,32	44,72	43,61	35,69
Eau hygrométrique. } Mie...	42,50	42,80	44,80	43,30	44,00	41,50	40,49	42,06	42,83	41,18	43,51
Croûte.	18,10	19,00	19,00	18,70	16,60	10,40	16,94	19,25	20,70	18,85	19,00
Pain...	35,20	36,00	36,60	37,50	37,40	35,70	30,00	33,30	32,69	31,44	34,44
(α) Matières sèches pour 100 de pain......	64,80	64,00	63,40	62,50	62,60	64,30	70,00	66,70	67,31	68,56	65,56
Cendres p. 100. } Mie...	0,606	0,594	0,545	0,550	0,712	0,533	0,590	0,542	0,521	0,580	0,519
Croûte.	0,9087	0,921	0,866	0,885	1,122	0,849	0,883	0,815	0,811	0,913	0,793
Pain...	8,697	0,685	0,617	0,620	0,814	0,604	0,722	0,658	0,651	0,725	0,610
Rapport des cendres de croûte à mie...	1,500	1,550	1,589	1,600	1,575	1,591	1,496	1,503	1,556	1,574	1,533
(β) Farine sèche p. 100 de pain...	66,10	66,00	66,16	64,52	64,05	66,26	72,78	69,75	71,21	73,54	67,25
Différence (β) — (α)...	1,30	2,00	2,76	2,02	1,45	1,96	2,78	3,05	3,90	4,98	1,69
Farine ordinaire p. 100 de pain...	79,62	79,50	79,71	77,72	77,16	79,83	87,68	84,03	85,79	88,60	81,02
Rendement de 100 de farine...	125,80	125,70	125,45	128,65	129,60	125,26	114,00	119,00	116,33	112,86	123,42

Analyses de Rivot. (Suite.)

	12	13	14	15	16	17	18	19	20	21
Poids des pains (en grammes)	1925	2011	1950	1998	1988	1983	1627	1665	1790	1829
Rapport de la croûte à la mie	0,451	0,47	0,500	0,391	0,492	0,478	0,493	0,584	0,464	0,304
Pour 100 de pain. { Mie	68,90	67,61	64,10	71,94	67,11	67,65	66,97	63,17	68,30	73,31
Croûte	31,10	32,39	35,90	28,06	32,89	32,35	33,03	36,83	31,70	26,69
Eau hygrométrique { Mie	41,10	40,45	41,85	47,52	43,88	44,06	42,65	42,85	46,08	47,11
Croûte	17,67	18,55	19,00	19,42	2?,00	19,80	17,83	17,77	27,44	22,16
Pain	33,79	33,47	33,64	39,63	35,75	36,22	34,45	33,60	40,01	40,44
(α) Matières sèches p. 100 de pain	66,21	66,53	66,36	60,37	64,25	63,78	65,55	66,40	59,99	59,56
Cendres p. 100.. { Mie	0,541	0,500	0,487	0,591	0,500	0,723	0,719	0,724	0,708	0,589
Croûte	0,833	0,688	0,712	0,806	0,697	1,036	1,066	1,101	0,822	0,833
Pain	0,632	0,560	0,568	0,655	0,566	0,824	0,834	0,863	0,744	0,654
Rapport des cendres de croûte à mie	1,539	1,876	1,462	1,582	1,394	1,432	1,482	1,520	1,161	1,414
(β) Farine sèche p. 100 de pain	68,77	67,83	67,82	58,00	63,39	63,77	66,48	68,08	56,72	58,73
Différence (β) — (α)	2,56	1,30	1,46	—2,37	—0,86	—0,01	0,93	1,68	—3,27	—0,83
Farine ordinaire p. 100 de pain	80,90	79,83	79,78	68,00	74,57	75,00	78,20	80,00	67,52	70,00
Rendement de 100 de farine	124,00	125,25	125,35	147,00	134,00	133,00	127,87	125,00	148,00	142,85

OBSERVATIONS. — Les numéros 1, 2, 3, 4, 5, 6 sont des pains dits « de maçon », bien cuits, pris chez différents boulangers de Paris. Ils ont été mis en expérience dix-huit à vingt heures après leur sortie du four. La farine de froment, de bonne qualité, employée pour leur fabrication, contenait 17 p. 100 d'eau. — Le numéro 7 est un rondin peu cuit. — Le numéro 8 est un rondin un peu trop cuit, la croûte est brûlée par places. — Le numéro 9 est un pain fendu bien cuit ; la croûte est résistante sans être brûlée. — Le numéro 10 est un pain de marchand de vin, la croûte est peu colorée, le goût est très bon. — Le numéro 11 est un rondin long et bien cuit.

Les numéros 7, 8, 9, 10, 11 paraissent avoir été faits avec de la farine de froment, sans mélange. On a admis 17 p. 100 d'eau dans la farine comme pour les précédents.

Les numéros 12, 13, 14, 15, 16, 17, 18, 19 sont des miches fabriquées avec des mélanges de farine de froment et de farine d'Amérique contenant un peu de maïs, de qualité passable pour les numéros 12, 13, 14, et fermentée pour les autres ; les numéros 18 et 19 ont été cuits lentement et sont restés une heure au four ; ils présentent la croûte très épaisse et la mie un peu sèche. Comme les farines d'Amérique contiennent de 13 à 14 p. 100 d'eau, on a pris 15 p. 100 d'eau dans le mélange des farines pour base des calculs.

Les numéros 20 et 21 sont des pains « de maçon » faits avec de la farine de froment mélangée avec du seigle, et contenant 16 p. 100 d'eau hygrométrique.

Analyses de de Bibra.

Nature du pain.	PAIN FRAIS OU SÉCHÉ A L'AIR						PAIN COMPLÈTEMENT DESSÉCHÉ.				
	Eau.	Substance azotée.	Dextrine, gomme, amidon soluble.	Sucre.	Matière grasse	Amidon.	Substance azotée.	Dextrine, gomme, amidon soluble.	Sucre.	Matière grasse	Amidon.
1. Pain blanc. Mie....	40,800	6,709	8,895	2,480	1,000	40,316	11,296	14,875	4,175	1,683	67,871
Croûte.	13,000	9,542	14,000	3,610	0,612	59,236	10,367	16,092	4,149	0,715	68,077
2. — Mie....	45,500	4,975	7,300	1,702	1,000	39,522	9,058	13,394	3,125	1,835	72,588
3. —	42,200	6,548	6,200	1,600	0,900	42,552	11,329	10,726	2,768	1,557	73,620
4. —	45,100	5,483	7,355	2,300	0,835	38,927	10,000	13,397	4,189	1,521	70,893
5. —	14,000	10,387	11,317	2,500	0,900	60,896	11,741	13,159	2,907	1,046	71,147
6. —	14,166	12,580	12,500	0,650	1,900	58,204	14,285	14,563	0,757	1,485	68,910
7. —	13,333	9,393	5,250	2,600	0,300	69,124	10,838	6,057	3,000	0,246	79,759
8. —	14,200	5,819	7,333	2,500	0,513	69,635	9,806	8,546	2,890	0,598	78,100
9. Pain de seigle. Mie....	46,440	9,174	8,250	1,400	0,570	34,166	17,096	15,413	2,613	1,064	63,814
Croûte.	12,449	12,735	16,000	4,233	0,550	53,478	14,888	18,275	4,835	0,584	60,842
10. — Mie....	43,000	4,522	9,400	1,200	0,830	41,048	7,985	16,491	2,105	1,456	72,013
11. —	47,500	4,264	7,100	2,350	0,700	37,586	8,129	13,310	5,428	1,314	71,819
12. —	14,166	9,426	6,809	1,600	0,800	67,199	10,993	7,932	1,864	0,930	78,281
13. —	11,000	7,458	9,452	3,550	0,600	67,940	8,387	10,062	3,938	0,674	76,869
14. —	9,160	6,709	13,200	4,500	3,900	62,534	7,354	14,534	4,953	4,233	68,329
15. Pain d'orge.	11,780	5,613	4,850	3,900	0,500	73,357	6,387	5,497	4,420	0,566	83,130
16. Pain d'avoine.	8,660	8,903	4,250	2,600	10,000	65,587	9,741	4,653	2,846	10,94	71,812
17. Farine non désignée.	14,000	9,354	4,400	2,000	1,200	69,046	10,903	5,116	2,325	1,395	80,261
18. —	15,000	6,851	4,050	1,250	0,997	71,852	8,064	4,763	1,470	1,173	84,530

OBSERVATIONS. — 1. Pain blanc de Nuremberg (*Wasserweck*) sur levure. Extrait aqueux neutre.

2, 3, 4. Pain blanc de Nuremberg (*Wasserweck*) de diverses boulangeries. Neutres, sauf 2, qui est très légèrement acide.

5. Pain blanc de Saint-Pétersbourg, neutre.

6. Pain blanc de Saint-Pétersbourg, fait avec du lait et peut-être du beurre, neutre.

7. Pain blanc de Berne, neutre.

8. Pain blanc de Zurich, neutre.

9. Pain de seigle fin de Nuremberg. Acide.

10, 11. Pain de seigle des environs de Nuremberg.

12. Pain de seigle fin de Stockholm, blanc, ayant à peu près le goût du pain de froment, acide.

13. Pain de seigle commun de Stockholm, contenant du son, acide.

14. *Pumpernickel* (pain de seigle, farine entière) de Westphalie, contenant un peu de son.

15. Pain d'orge de la basse Bavière, très acide.

16. Pain d'avoine du Spessart, acide, âgé de 14 jours.

17. Pain d'Andalousie.

18. Pain de Madrid.

Les analyses de pain frais ne sont pas comparables, parce que les pains qui venaient de loin avaient déjà perdu beaucoup d'eau dans le voyage : c'est le tableau des nombres rapportés à la substance complètement desséchée qui se prête aux comparaisons.

En 1850 Poggiale a comparé les pains de munition de différents pays au point de vue de leur teneur en matière azotée. Voici ses résultats :

	Azote p. 100.	Matière azot. p. 100.	OBSERVATIONS
Paris................	2,20	14,69	Les échantil-
Bade................	2,24	14,56	lons ont été
Piémont	2,10	14,23	desséchés à
Belgique............	2,08	13,52	100°.
Hollande............	2,07	13,45	
Wurtemberg.........	2,06	13,39	
Autriche............	1,58	10,27	
Espagne............	1,57	10,20	
Francfort-sur-le-Mein ..	1,44	9,36	
Bavière.............	1,32	8,73	
Prusse..............	1,12	7,28	

Voici maintenant le tableau de la composition des cendres de 10 échantillons de pain (dits *pains de maçon*) pris chez différents boulangers de Paris et analysés par Rivot.

	1	2	3	4	5	6	7	8	9	10
Proportion des cendres p. 100 de pain......	0,705	0,621	0,639	0,783	0,628	0,676	0,600	0,711	0,613	0,615
Composition des cendres en centièmes.										
Acide chlorhydrique....	0,5	1,8	4,6	6,3	3,8	3,4	3,9	3,4	4,8	4,7
— sulfurique..........	1,0	0,7	0,8	1,1	0,8	0,5	0,7	0,8	0,9	0,9
— phosphorique......	50,0	45,7	43,1	49,7	43,4	45,2	43,8	46,8	44,3	43,2
— carbonique........	»	»	»	»	»	»	0,3	»	1,9	»
Silice...............	1,6	1,7	1,5	1,6	1,5	1,8	1,9	2,3	1,4	1,5
Sable et argile........	4,0	4,4	2,8	4,1	2,8	3,4	2,1	5,3	4,8	2,6
Alcali...............	21,1	26,5	25,1	21,3	28,0	27,8	27,2	23,6	21,2	21,6
Chaux...............	11,1	15,9	15,6	11,2	14,5	15,2	14,4	15,4	16,2	15,5
Oxyde de fer.........	4,3	2,9	6,0	4,2	4,6	2,0	5,1	1,8	2,7	5,7
	99,6	99,6	99,5	99,5	99,4	99,3	99,4	99,4	99,2	98,7
Sel employé pour 1 kilogramme de pain......	0gr,706	0gr,174	0gr,446	0gr,580	0gr,109	0gr,419	0gr,432	0gr,133	0gr,521	0gr,518

§ 2. — Examen du pain au point de vue de la recherche des falsifications ou des fraudes.

Les principales falsifications du pain qui ont été signalées jusqu'ici sont les suivantes :

1° Emploi d'une proportion d'eau exagérée ;

2° Emploi de farines avariées ;

3° Addition de farines étrangères ;

4° Addition de sels autres que le chlorure de sodium

La recherche analytique de ces fraudes doit être précédée de l'examen des caractères extérieurs, degré de cuisson, odeur, goût. Les renseignements qu'on peut obtenir ainsi sont d'une grande importance, mais échappent à peu près à la description scientifique ; ces constatations exigent surtout de l'expérience et de l'habileté personnelle.

1° *Excès d'eau.* — La recherche se fait comme nous l'avons dit plus haut. Les analyses que nous avons rapportées montrent que pour juger s'il y a excès d'eau il faut tenir compte de la forme et du poids du pain, puisque la teneur normale du pain en eau varie beaucoup suivant ces conditions. Il faut naturellement aussi tenir compte du temps écoulé depuis la sortie du four.

Les pains dont la croûte est brûlée retiennent presque toujours beaucoup d'eau dans la mie. Il en est de même de ceux qui ont été fabriqués, sans précautions spéciales dans la cuisson, avec des farines avariées.

L'excès d'eau dans le pain est généralement masqué par l'addition de substances amylacées susceptibles de se gonfler considérablement dans l'eau, farine de riz ou pommes de terre bouillies : nous retrouverons cette falsification tout à l'heure.

2° *Emploi de farines avariées.* — Le dosage de l'eau a déjà pu fournir des indications utiles à ce sujet. On trouve généralement trop d'eau dans les pains faits avec de telles farines, et on constate que la dessiccation en est difficile, à tel point qu'on ne peut jamais affirmer qu'elle soit complète. Cela tient à ce que dès 110° les pains de farine avariée commencent à subir une décomposition qui fait dégager de l'eau de combinaison. Cette décomposition est poussée plus loin si la température s'élève. Qu'on opère la dessiccation à 110° ou à 120°, si le pain a été fait avec de la farine saine, on obtiendra à peu près la même teneur en eau; si au contraire il a été fait avec de la farine avariée, on trouvera une teneur en eau plus forte dans le cas de la dessiccation à 120°.

Un second moyen de reconnaître cette fraude consiste à observer le durcissement spontané du pain par comparaison avec du pain normal. Ce dernier durcit lentement, en perdant son eau hygrométrique, sans contracter de mauvais goût. Au contraire le pain fait avec des farines avariées durcit avec une grande rapidité, et devient de plus en plus mauvais à mesure qu'il est plus desséché. Son goût aigrelet devient plus prononcé, et souvent, bien que conservé dans un endroit sec, il se recouvre de moisissures en moins de quatre jours.

On peut enfin reconnaître cette fraude en étudiant les caractères du gluten du pain. Pour le dosage du gluten, nous avons vu qu'on ne pouvait songer à séparer complètement le gluten du pain, et qu'il retenait toujours de l'amidon; mais quand il s'agit d'un essai qualitatif on peut au contraire isoler suffisamment le gluten pour en faire un examen instructif. Voici, d'après les « Documents sur les travaux du Laboratoire municipal de M. Ch. Girard » comment on peut opérer. 50 grammes du pain suspect sont tri'..és dans un mortier en porcelaine, et mélangés à une solution brute de diastase qu'on a obtenue en faisant macérer avec de l'eau 500 grammes d'orge germée pulvérisée. Le mélange est porté et maintenu à une température de 70° pendant quatre ou cinq heures; la matière amylacée se dissout pendant ce temps. On filtre; le gluten reste seul sur le filtre; on le lave et on l'examine par comparaison avec le gluten tiré de la même manière d'un échantillon de pain normal ; si le pain provient de farines avariées, le gluten obtenu est mou et visqueux.

3° *Addition de farines étrangères.* — L'examen précédent du durcissement spontané du pain est également utile pour reconnaître l'addition de farines étrangères. Presque toujours cette addition augmente beaucoup la vitesse du durcissement spontané, mais sans que le pain contracte aucun mauvais goût en durcissant. Le marron d'Inde, la pomme de terre, les haricots, le riz, sont les substances qui accélèrent le plus le durcissement.

Ces renseignements doivent être complétés par l'examen microscopique. Pour faire cet examen on recherchera autant que possible les petits grumeaux de farine qui ont échappé au pétrissage et sont restés secs ; à défaut de ces grumeaux, on prendra de la mie dans les parties les moins cuites. Nous renverrons, pour le détail de cet examen, à l'ouvrage spécial de M. D. Cauvet : « Procédés pratiques pour l'essai des farines » (1).

Le seigle ergoté, qui a été parfois signalé dans le pain, peut se reconnaître par diverses réactions chimiques.

Comme il contient de la triméthylamine, il suffit de chauffer avec de la potasse le pain qui en est souillé pour qu'il se développe une odeur forte de hareng. Cette réaction n'est pas caractéristique de l'ergot ; les farines avariées peuvent aussi contenir de la triméthylamine.

On peut rechercher directement l'ergotine dans le pain de la manière suivante : On épuise du pain par l'alcool concentré dans un appareil à extraction. S'il contenait de l'ergotine, l'extrait alcoolique obtenu est plus ou moins rouge ; si à une partie de cet extrait on ajoute de l'acide sulfurique dilué au cinquième, on obtient une coloration d'un rouge plus intense. Le reste de l'extrait alcoolique sera étendu de 2 volumes d'eau ; si à des portions de la liqueur obtenue on ajoute de l'éther, ou de l'alcool amylique, ou du chloroforme, ou de la benzine, et qu'on agite, ces dissolvants enlèvent à l'eau une matière rouge.

Voici un procédé très peu différent de celui-ci (2) : On

(1) Cauvet, *Procédés pratiques pour l'essai des farines, caractères, altérations, falsifications, moyens de découvrir les fraudes.* Paris, 1889.

(2) *Journ. de pharm. et de chim.*, avril 1896, p. 352.

traite dans un vase fermé 10 grammes de farine par 20 grammes d'éther additionné de 10 gouttes d'acide sulfurique étendu (1 p. 5), à une température moyenne de 17°; on agite de temps en temps. Au bout de douze à quinze heures on filtre. Le liquide filtré est additionné de 20 grammes d'éther et d'une solution saturée à froid de bicarbonate de soude. On agite fortement à plusieurs reprises. La matière colorante de l'ergot se dissout dans la solution aqueuse qu'elle colore en violet plus ou moins intense.

On peut enfin reconnaître l'ergot au microscope (1). Sur une lame de verre porte-objet on délaie quelques milligrammes de pain (ou de farine) dans un peu d'eau; on recouvre avec la lamelle couvre-objet et on chauffe sur une flamme jusqu'à l'ébullition. L'amidon se gonfle et les débris caractéristiques d'ergot deviennent suffisamment visibles, à un grossissement de 100 à 120 diamètres. Ces débris tranchent sur le reste de la préparation par leur forte réfringence, leur coloration, violette dans les parties corticales, jaune-verdâtre dans les parties médullaires, et par leurs contours dentelés. L'ergot peut encore être reconnu par ce procédé dans un pain fait avec une farine qui en contenait 0,05 p. 100.

4° *Addition de substances minérales étrangères.* — Celles qui ont été le plus souvent signalées sont l'alun, le sulfate de cuivre, le sulfate de zinc, le borax, la craie, la terre de pipe, le carbonate de ma-

(1) Max Gruber, *Arch. f. Hygiene*, 1895, Bd. XXIV, p. 228.

gnésie, le carbonate ou le bicarbonate de soude, le savon.

Les carbonates, le savon, le borax, servent à neutraliser l'acidité des pâtes faites avec des farines avariées ou du levain trop fort.

Le rôle des sulfates a été étudié d'une manière approfondie par M. Bruylants (1). Il a montré que le sulfate de cuivre exerce deux actions recherchées par le boulanger : 1° il favorise la fermentation alcoolique, et permet ainsi d'obtenir une *pousse* normale avec des farines dites *lâchantes*, qui, sans cette addition, *poussent plat;* 2° il permet à la pâte de retenir plus d'eau, soit environ 7^{kil},5 d'eau en plus par 100 kilogrammes de farine panifiée.

Le sulfate de zinc agit à peu près comme le sulfate de cuivre.

L'alun aussi *pousse gros*, mais moins énergiquement que le sulfate de cuivre. Il permet à la pâte de retenir environ 6^{kil},5 d'eau en plus par 100 kilogrammes de farine panifiée. Mais la propriété qui le fait surtout employer, c'est celle de blanchir la pâte à pain, et cette propriété est due à la mise en liberté d'une partie de son acide sulfurique, l'alumine se fixant en partie sur le gluten de la farine.

Les proportions de ces sulfates qui doivent être employées pour l'obtention des effets que recherche le boulanger ne suffisent pas pour rendre le pain vérita-

(1) Bruylants, *La panification frauduleuse. Sur l'emploi du sulfate de cuivre et de l'alun dans la fabrication du pain* (*Bull. Acad. roy. de méd. de Belgique*, 1889).

blement insalubre. Leur emploi constitue pourtant toujours une pratique frauduleuse, puisqu'il permet au
boulanger de tromper sur le poids de la marchandise
en fixant plus d'eau dans la pâte, et de donner au pain
fait avec des farines inférieures l'apparence de pain
de première qualité.

D'une manière générale l'addition de substances
minérales, quand elle est faite à forte dose, se trahit
par l'augmentation du poids des cendres, et par la
composition exceptionnelle de celles-ci.

Le *borax* se reconnaît facilement; il suffit de mettre
en digestion un peu de pain avec de l'acide sulfurique
concentré, ce qui met l'acide borique en liberté. On
ajoute de l'alcool : l'acide borique s'y dissout; on décante l'alcool et on l'enflamme : il brûle avec une
flamme verte.

Les *sulfates* ne sont jamais employés à dose suffisante pour influer sur le poids des cendres. Il faut donc
les rechercher spécialement.

Pour rechercher le *sulfate de zinc* on dissoudra les
cendres dans de l'acide chlorhydrique étendu; on ajou-
tera un excès d'acétate de soude pour remplacer l'a-
cide chlorhydrique libre par de l'acide acétique libre,
et on saturera d'hydrogène sulfuré : on obtiendra un
précipité blanc de sulfure de zinc.

Le *sulfate de cuivre* peut être décelé assez facilement : on délaie du pain dans de l'eau; on acidule fortement avec de l'acide sulfurique, de manière à faire
passer le cuivre à l'état de sulfate (car il n'était plus
à cet état dans le pain); dans le mélange on plonge

une aiguille de fer bien décapée : elle se couvre en quelques heures d'un dépôt rouge de cuivre métallique.

On peut non seulement reconnaître, mais doser le cuivre par électrolyse.

Il y a plusieurs méthodes pour rechercher l'alun. On peut y caractériser l'alumine comme on le fait d'ordinaire en minéralogie, par la belle couleur bleue de l'aluminate de cobalt. On incinère 10 grammes du pain suspect et on traite les cendres par un peu d'acide nitrique étendu. On filtre la liqueur et on y ajoute de l'ammoniaque : on obtient un précipité qui contient surtout des phosphates de chaux, de fer, du phosphate ammoniaco-magnésien, et enfin du phosphate d'alumine si le pain avait reçu de l'alun. Le précipité est séparé et lavé ; une petite portion de ce précipité est placée sur une lame de platine avec une ou deux gouttes de chlorure de cobalt ; on chauffe ce mélange d'abord faiblement pour le sécher, puis fortement, et alors apparaît, si l'alumine était présente, la belle coloration bleue caractéristique.

Voici une autre méthode, que nous empruntons au traité de M. W. Jago. On prépare, peu de temps avant de s'en servir, une teinture de bois de campêche en faisant digérer 5 grammes de copeaux de ce bois récemment coupés avec 100 centimètres cubes d'alcool méthylique. D'autre part on fait une solution saturée de carbonate d'ammoniaque. Au moment de procéder à l'essai, on mélange 5 centimètres cubes de la teinture avec 5 centimètres cubes de la solution de carbo-

nate d'ammoniaque, et en ajoutant de l'eau on porte
à 100 centimètres cubes le volume du mélange. On
verse tout ce mélange sur 10 grammes de pain à essayer, préalablement émietté, dans une capsule de
porcelaine; au bout de 5 minutes on fait écouler le
liquide non absorbé, on lave légèrement le pain et on
le dessèche dans l'étuve à eau. Le pain aluné, traité
de cette manière, prend une couleur lavande ou bleu
foncé, qui augmente d'intensité à la dessiccation. Dans
les mêmes conditions le pain sans alun prend d'abord
une teinte légèrement rouge, qui tourne peu à peu au
brunâtre.

Cette méthode est très sensible : elle peut même le
devenir trop : la farine normale contient en effet une
trace de phosphate d'alumine; quand le pain n'est pas
acide, ce sel n'agit pas sur le réactif; si au contraire le
pain est acide, le phosphate d'alumine, soluble dans
l'acide acétique, donne à la teinture de campêche la
couleur bleue de l'alumine. Il faut donc, pour que l'essai soit concluant, que le pain examiné ne soit pas sensiblement acide.

CHAPITRE IX

VALEUR NUTRITIVE DU PAIN.

Cherchons à nous faire une idée, d'après les données
scientifiques acquises, de la valeur nutritive du pain.

Les aliments consommés par l'adulte ont pour but

de réparer les pertes que subit à chaque instant l'organisme. Or, d'après les expériences de Voit et Pettenkofer, l'homme adulte perd en moyenne, en un jour, 18^{gr},3 d'azote, et environ 328 grammes de carbone. La quantité de carbone perdue varie considérablement suivant que l'homme produit ou ne produit pas de travail ; car le seul carbone rejeté à l'état de gaz carbonique par la respiration varie de 190 grammes pour l'homme au repos à 330 grammes pour l'homme en état de travail énergique. Le nombre moyen 328 grammes que nous adoptons pour le carbone total s'applique à un homme qui produit un travail modéré.

L'azote peut être facilement restitué par les albuminoïdes. En admettant que ceux-ci contiennent seulement 15,5 d'azote p. 100, il faut 118 grammes par jour de matière albuminoïde sèche pour réparer la perte d'azote. Or 118 grammes de matière albuminoïde contiennent seulement 63 grammes de carbone. On voit donc immédiatement qu'il est impossible de nourrir un homme uniquement avec les matières albuminoïdes capables de fournir l'azote nécessaire. Le besoin d'azote satisfait, il faut encore fournir $328 - 63^{gr} = 265$ grammes de carbone. Ces 265 grammes de carbone pourraient être fournis par un supplément de matière albuminoïde, mais alors il y aurait dans l'alimentation un grand excès de matière azotée, que l'organisme ne supporterait pas.

C'est par les hydrates de carbone et les corps gras que le supplément de carbone est normalement fourni. L'observation simple de la manière dont se nourrissent les animaux le montre, l'étude approfondie du sort des substances alimentaires dans l'organisme le justifie. Les albuminoïdes ingérés sont employés à deux usages. Une partie, la plus faible, sert à remplacer les substances albuminoïdes soustraites à l'organisme par les dislocations rénovatrices; le reste subit en s'oxydant une série de transformations qui en éliminent progressivement tout l'azote à l'état d'urée, d'acide urique, de créatinine, etc., et qui le réduisent à l'état de réserves ternaires, hydrates de carbone et graisse. Sous cette forme seulement, et non à l'état de matière azotée (1), les albuminoïdes peuvent fournir l'énergie nécessaire au travail musculaire. Puisque ce que nous absorbons de trop sous la forme de matière albuminoïde, au point de vue de la fixation de l'azote dans les tissus ou dans les humeurs, n'est utilisé qu'après s'être transformé en hydrates de carbone ou corps gras, ces deux dernières sortes d'aliments forment le complément naturel des substances albuminoïdes, et peuvent même les remplacer pour une forte part. Et il est impossible de déterminer *a priori* un rapport nécessaire entre la dose de graisse et la dose d'hydrates de carbone qui convient à l'alimentation de l'homme, car ces deux sortes de substances alimentaires s'équivalent parfaitement. Les hydrates de carbone sont les aliments les plus essentiels : ce sont eux, d'après les travaux de M. Chauveau, qui fournissent la plus grande partie ou la totalité de l'énergie immé-

(1) Chauveau, *C. R. Acad. des sc.*, 1896, CXXII, 501.

diatement consommée pour les besoins des travaux physiologiques. Les graisses sont des réserves.

Quand les hydrates de carbone sont introduits dans l'organisme, ils y subissent immédiatement une sorte de fermentation intracellulaire qui les transforme en graisses, suivant l'équation approchée donnée par M. Hanriot (1) :

$$13 \underbrace{C^6H^{12}O^6}_{\text{Glucose.}} = \underbrace{C^{55}H^{104}O^4}_{\substack{\text{Oléo-stéaro-}\\\text{palmitine.}}} + 23\ CO^2 + 26\ H^2O.$$

D'autre part les graisses, pendant l'inanition, absorbent l'oxygène apporté par la respiration, non pas pour se brûler entièrement, mais pour se transformer en partie en hydrates de carbone suivant l'équation approchée donnée par M. Chauveau (2) :

$$2\ \underbrace{C^{57}H^{110}O^6}_{\text{Stéarine.}} + 67\ O^2 = 16\ \underbrace{C^6H^{12}O^6}_{\text{Glucose.}} + 18\ CO^2 + 14\ H^2O.$$

Et ce sont les hydrates de carbone ainsi produits qui fournissent l'énergie utilisée par les fonctions physiologiques (3). Ces transformations réciproques entre l'aliment de consommation et l'aliment de réserve déterminent l'équilibre de la nutrition. Elles prouvent bien l'équivalence chimique des hydrates de carbone

(1) *C. R. Ac. des sc.* 1892, t. CXIV, p. 371. Dans le cas où l'homme se livre immédiatement à un travail musculaire à la suite d'une alimentation hydrocarbonée, une partie des hydrates de carbone est plus ou moins directement utilisée à produire ce travail, sans passer par l'état intérimaire de graisse. (Chauveau, *ibid.* CXXII, 1247).

(2) Chauveau, *La vie et l'énergie chez l'animal*, p. 54.

(3) Chauveau, *C. R. Ac. des sc.*, 1896, t. CXXII, p. 1163 et 1169.

et des graisses. Ce n'est pas à dire que ces deux sortes d'aliments peuvent être ingérées en proportions absolument indéterminées, car le mécanisme de leur digestion est très différent, et par là s'établissent des limites pour les quantités absolues de l'une et de l'autre qui peuvent être tolérées par l'organisme. Mais ces limites laissent encore un grand champ de variation pour le rapport entre les deux sortes d'aliments ternaires qui peuvent concourir à la ration quotidienne.

Connaissant la composition chimique des principaux aliments, il est facile de calculer *a priori* quelle dose de chacun d'eux est nécesaire pour fournir les quantités d'azote et de carbone requises. C'est ce qu'on a fait dans le tableau suivant :

	118 gr. d'albumine sont fournis par :		328 gr. de carbone sont contenus dans :
	Gr.		Gr.
Fromage	272	Graisse.............	428
Pois...............	520	Amidon et sucre....	788
Viande de bœuf.....	589	Farine de maïs.....	801
Œufs.............	905	Farine de blé fine...	870
Farine de maïs......	989	Riz..............	896
Farine de froment fine	1.146	Pois.............	919
		Fromage	1.160
Pain de seigle......	1.430	Pain de seigle......	1.346
Riz...............	1.868	Viande de bœuf.....	2.620
Lait.............	2.905	Pommes de terre...	3.124
Pommes de terre...	4.575	Lait..............	4.652
Chou blanc........	7.625	Chouc blanc.......	10.650

Il serait hors de propos de développer toutes les inté-

ressantes conséquences qu'on pourrait tirer des données réunies dans ce tableau. Remarquons seulement
qu'aucun aliment, pris seul, n'est capable de fournir à
la fois les doses moyennes d'azote et de carbone nécessaires, sans fournir un excès de l'un de ces deux
éléments. Un seul satisfait presque exactement à cette
condition, c'est le pain noir. Car pour fournir l'azote
nécessaire il doit être employé à la dose de 1430 grammes, soit 84 grammes seulement de plus que la dose
contenant le carbone nécessaire, ce qui ne serait même
pas un excès pour un homme qui se livrerait à des
travaux énergiques.

Ce pain noir est du pain de seigle. Le pain de froment fait avec la farine entière contient à peu près
les mêmes proportions d'azote et de carbone, et satisfait par conséquent à la même condition. Dans le pain
blanc le rapport de la matière azotée à la matière non
azotée est diminué, en sorte que l'alimentation exclusive au pain blanc, pour fournir assez de matière
azotée, donnerait une surchage de matière amylacée.

Telles sont les conclusions que fournit l'analyse chimique seule; mais ces conclusions ne sauraient être
considérées comme définitives, car l'organisme est
nourri par ce qu'il assimile et non par ce qu'il ingère.
L'expérimentation physiologique est donc absolument
indispensable.

M. G. Meyer (1) a fait, à l'instigation de Voit, des
expériences précises sur cette question. Il a pris pour

(1) Meyer, *Zeitschrift für Biologie*, 1871,

sujet d'expérience un jeune homme robuste, possédant des organes digestifs parfaits, et l'a nourri successivement avec diverses sortes de pain. L'expérience montre qu'il est impossible à un homme de manger autant de pain qu'il lui en faudrait pour en être entièrement nourri sans addition d'aucun autre aliment ; de plus l'expérience faite sur des chiens montre que l'alimentation au pain donne lieu à une absorption d'eau considérable. Pour ces deux raisons l'homme recevait, outre le pain, 50 grammes de beurre et 2 litres de bière par jour. L'alimentation avec chaque sorte de pain durait 4 jours. Elle était précédée d'un jeûne durant une demi-journée et une nuit, et succédant à un repas exclusivement composé de viande ; elle était suivie d'un autre jeûne durant de 4 heures du soir au lendemain matin, après lequel avait lieu encore un repas exclusivement composé de viande. On pouvait ainsi reconnaître nettement les matières fécales provenant du pain : ces matières sont constamment molles, d'une consistance de bouillie, et se distinguent très facilement de celles que laisse la viande, ces dernières étant toujours solides, peu aqueuses.

Dans chaque expérience le sujet ne recevait que la mie du pain essayé, afin qu'il fût toujours facile de calculer les poids de matière sèche ingérée. Chaque jour on déterminait exactement la quantité de pain consommée et la quantité de matière fécale rejetée. Par l'analyse chimique du pain d'une part et des matières fécales d'autre part, on déterminait combien d'eau, d'azote et de cendres étaient contenus dans le pain consommé ainsi que dans les matières rejetées. On connaissait ainsi par différence les quantités de ces éléments qui avaient été résorbées.

Les essais ont porté sur quatre sortes de pain :

I. Pain de Horsford-Liebig (pain de seigle levé au moyen d'un mélange de bicarbonate de soude, superphosphate de chaux et chlorure de calcium).

II. Pain de seigle de Munich (fait avec de la farine de seigle et des farines de froment inférieures, toutes farines exemptes de son).

III. Pain blanc de froment (*Semmel*).

IV. Pain de farine entière (pain noir dit *Pumpernickel* du pays d'Oldenburg).

Les quantités de pain que le sujet put consommer par jour ont été notablement différentes pour les diverses sortes de pain; ce sont les suivantes :

	Grammes.
I. Horsford-Liebig....................	800
II. Pain de seigle de Munich............	816,7
III. Pain blanc...........	736,2
IV. Pumpernickel.................. ..	756

Dans l'alimentation avec les trois premières sortes de pain, le sujet n'était jamais rassasié; il éprouvait une sensation de faim croissante, qui devenait presque intolérable le dernier jour; seul le « *pumpernickel* » satisfaisait l'appétit.

Les autres résultats observés sont résumés dans les tableaux suivants, où les quatre sortes de pain portent toujours les mêmes numéros.

1º Teneur en eau, en azote et en cendres p. 100.

PAIN CONSOMMÉ.	PAIN			FÈCES.		
	Eau.	Azote dans la matière sèche.	Cendres dans la matière sèche.	Eau.	Azote dans la matière sèche.	Cendres dans la matière sèche.
I..........	45,4	1,89	5,65	80,4	5,57	18,62
II.........	46,3	2,39	4,12	83,4	5,27	12,49
III.......	40,3	2,01	2,28	84,9	7,08	12,14
IV.	44,1	2,22	1,93	83,5	4,83	9,65

2º Substances ingérées, rejetées, résorbées.

PAIN	INGÉRÉ			REJETÉ			RÉSORBÉ		
	Part. solides.	Azote.	Cendres.	Part. solides.	Azote.	Cendres.	Part. solides.	Azote.	Cendres.
I.	436,8	8,66	24,68	50,5	2,81	9,41	386,3	5,85	15,27
II....	438,1	10,47	18,05	44,2	2,33	5,50	393,9	8,14	12,55
III.... ...	439,5	8,83	10,02	25,0	1,76	3,03	414,5	7,07	6,99
IV........	422,7	9,38	8,16	81,8	3,97	7,89	340,9	5,41	0,17

3º Quantités rejetées pour 100 parties ingérées.

PAIN	PARTIES SOLIDES	AZOTE	CENDRES
I...............	11,5	32,4	38,1
II..............	10,1	22,2	30,5
III.............	5,6	19,9	30,2
IV	19,3	42,3	96,6

D'intéressantes conséquences se dégagent de toutes ces déterminations.

Le pain blanc se présente ici avec une supériorité très marquée sur les trois autres sortes : il donne lieu à une perte de matière beaucoup moindre. La comparaison du pain blanc avec le pain de farine entière est particulièrement remarquable. Ce dernier pain a donné trois fois plus de matière fécale sèche ; il a apporté à l'estomac plus d'azote et en a laissé moins dans le sang ; il n'a donné lieu qu'à une assimilation insignifiante de substance minérale ; le pain blanc en a laissé 40 fois plus.

Et ces résultats s'expliquent par la comparaison des pains au point de vue de la compacité.

Le pain blanc était le plus léger, le mieux levé des quatre. Puis venait le pain de seigle de Munich ; le pain Horsford-Liebig était lourd et compact ; le *Pumpernickel* l'était encore davantage. Or cet ordre est précisément celui de l'assimilation des substances azotées apportées par les différents pains :

Pains.	Azote résorbé p. 100 d'azote fourni.
III	80,1
II	77,8
I	67,6
IV	57,7

Il est clair d'après cela que la première de toutes les qualités à rechercher dans le pain, c'est la légèreté. Les petites différences de richesse par rapport à tel ou tel principe utile que présentent les farines sont négligeables devant les différences que présentent les pains à cet égard. Cette constatation réduit singulièrement l'importance des comparaisons analytiques entre le pain de farine entière et celui de farine blanche. Qu'importe la richesse d'un pain en phosphates ou en azote, si ce pain est compact, puisque sa matière azotée et surtout sa matière minérale sont en grande partie rejetées par l'organisme? On ne peut donc vanter le pain de farine entière qu'à la condition de présenter un pain qui, fait avec cette farine, soit aussi bien levé, aussi léger que le pain de farine de première qualité. Tant qu'il en sera autrement, le pain blanc devra être considéré comme ayant une valeur nutritive supérieure.

Cependant, sans aller jusqu'à admettre la boulange tout entière dans le pain, on peut espérer quelque avantage de l'introduction de quelques parties finement broyées, provenant de l'enveloppe. Les expériences de Voit-Meyer permettent cette supposition, puisque le pain de Munich, malgré une utilisation moins parfaite des principes nutritifs, a pourtant laissé dans le sang un peu plus l'azote et beaucoup plus de matière minérale.

Les résultats relatifs à l'assimilation des cendres méritent un examen particulier.

On peut remarquer d'abord que jamais la matière minérale n'est totalement assimilée : même dans le pain blanc de première qualité 30 p. 100 des matières minérales ingérées sont rejetées. Il n'en faudrait pas conclure que le pain contient toujours assez de matière minérale, et que par conséquent il n'y a pas lieu de se préoccuper de celle qu'on élimine en excluant le son de la panification. En effet, d'abord l'auteur ne nous fait pas savoir quelle était la nature des sels rejetés ; nous ne savons donc pas dans quelle mesure ceux qu'on regarde comme les plus importants, les phosphates, ont été utilisés. Mais même en considérant les cendres en bloc, sans distinction de sels particuliers, et en admettant pour un instant qu'elles ne contiennent que des sels assimilables, l'existence d'un résidu de ces matières après la digestion ne prouve pas que le pain en contenait trop, ni même qu'il en contenait assez. L'absorption des substances salines se fait au moyen d'un partage continu entre deux milieux séparés par une membrane perméable. Ce partage, d'après les expériences des physiologistes, notamment de Heidenhain (1), ne suit pas exactement les lois de la diffusion et de l'osmose. Mais enfin il y a partage, en sorte que la portion résorbée pendant un temps limité dépend de la concentration de la solution saline. Par exemple dans les expériences de Heidenhain, s'il s'agit de solutions de sel marin, quand la concentration de la solution ingérée augmente, la quantité absolue de sel résorbé augmente aussi, tandis que la quantité relative diminue. On conçoit donc très bien qu'un pain pauvre en substance minérale puisse céder moins de sel qu'un pain plus riche, bien qu'il ne cède pas tout ce qu'il contenait de sels utiles.

En fait, dans le deuxième tableau, l'ordre des quan-

(1) Heidenhain, *Neue Versuche über die Aufsaugung im Dünndarm* (*Arch. f. die ges. Physiologie*, 1891, t. LVI).

tités croissantes de matière minérale résorbées est le même que celui des quantités ingérées ; mais il n'y a pas proportionnalité. La quantité de substance saline qui traverse la membrane ne dépend pas seulement de la richesse du liquide à dialyser : elle dépend aussi de la durée du contact. Or le « Pumpernickel », contenant du son, produit une excitation de la muqueuse digestive qui hâte l'expulsion de la matière ; la durée de la dialyse est abrégée, et ainsi s'explique la faiblesse exceptionnelle de l'assimilation saline produite par ce pain.

Les expériences de Meyer permettent aussi de comparer, au point de vue économique, les quatre sortes de pain essayées. On calcule que pour une même quantité d'azote assimilée, 12 grammes, les quantités de pain ingérées coûtent les sommes suivantes :

Pain « Pumpernickel » (2096 gr. à l'état frais).... 30 pfennigen.
— de seigle de Munich (1502 gr. —).... 42 —
— Horsford-Liebig (2051 gr. —).... 54 —
— blanc (1561 gr. —).... 70 —

Abstraction faite du « Pumpernickel », qui n'est en usage que dans certaines contrées particulières, le pain de seigle exempt de son se montre ici le pain de beaucoup le plus avantageux.

Nous avons vu que le « Pumpernickel » seul empêchait l'homme d'éprouver les souffrances de la faim, et c'est précisément ce pain qui le nourrissait le moins. Ceci s'explique par le temps pendant lequel les pains séjournaient dans l'estomac. La sensation de faim est liée à l'état de vacuité de l'estomac, en même temps qu'au besoin réel d'aliment. Les pains plus légers séjournaient moins longtemps dans l'estomac parce qu'ils y étaient plus facilement réduits en bouillie. Le pain de farine entière, qui traverse rapidement l'intestin, séjourne au contraire longtemps dans l'estomac, à l'action mécanique duquel il résiste beaucoup plus.

Nous pouvons maintenant revenir sur l'expérience de Magendie, citée plus haut, d'après laquelle le pain blanc paraissait doué d'une valeur nutritive très inférieure à celle du pain bis. Les résultats obtenus par cet illustre physiologiste s'expliquent par une autre cause : le pain blanc, moins sapide, était consommé en quantité insuffisante. La supériorité du pain bis consiste en ce qu'on en peut manger davantage : c'est ce qui est arrivé dans l'expérience de Meyer ; c'est ce que nous avons constaté aussi dans l'expérience citée plus haut où des souris ont été nourries comparativement avec du pain de farine de cylindres et avec du pain moins blanc de farine de meules.

Il est temps maintenant de formuler, d'après l'ensemble des notions expérimentales exposées dans ce livre, nos conclusions générales relativement à la valeur nutritive du pain.

1° Le pain n'est en aucun cas un aliment qui puisse suffire à lui seul à l'alimentation de l'homme. Ce n'est pas qu'un des principes essentiels à l'alimentation y fasse défaut en quelque mesure (1). Le pain est au

_____

(1) On a remarqué que le pain contient très peu de matière grasse. Il ne faudrait pas croire pour cela qu'un homme nourri exclusivement de pain manqueroit de corps gras dans ses tissus,

contraire l'aliment dont la composition chimique se rapproche le plus du type que l'on pourrait imaginer *a priori* comme capable de réparer les pertes physiologiques en azote et en carbone. Mais il est impossible à un homme d'en ingérer une ration entière : alors qu'il en faudrait 1500 grammes par jour, on n'en peut pas prendre plus de 800 grammes.

Il faut donc associer au pain des aliments étrangers; mais on peut fort bien lui donner un rôle important dans le régime alimentaire d'un homme. On augmentera déjà la quantité de pain susceptible d'être consommée avec profit en y incorporant des substances qui le rendent plus sapide : c'est ainsi que dans l'expérience de Voit-Meyer l'homme qui ne pouvait manger que 736 grammes de pain blanc par jour, mangeait 810 grammes de pain de seigle, plus sapide.

2° S'il s'agit de comparer les divers pains entre eux, d'une manière générale *le pain le plus léger est le meilleur.*

3° Nous pouvons enfin donner notre conclusion finale sur la question de l'admission de l'enveloppe du grain dans le pain. Le pain de farine entière est inférieur au pain blanc parce que jusqu'à présent il a toujours été obtenu dans un état plus compact, moins bien levé. Mais si l'on admet dans la farine une petite quantité de substance empruntée à l'enveloppe, finement broyée, ainsi que cela peut s'obtenir particulière-

puisque nous avons établi plus haut que les hydrates de carbone, introduits dans l'organisme, se transforment immédiatement en graisse.

ment dans la mouture par les meules, il est possible, par une panification bien conduite au point de vue de la légèreté, d'obtenir un pain d'une valeur nutritive supérieure à celle du pain plus blanc que donne la farine parfaitement exempte de débris d'enveloppe. Dans les conditions ordinaires de la vie urbaine cette petite supériorité possible a peu d'importance au point de vue de l'hygiène, mais elle en a beaucoup au point de vue de l'économie : le pain bis *bien levé* nourrit mieux et à meilleur compte que le pain blanc.

Toutefois il faut se garder ici d'une illusion. Ce n'est pas à poids égal que le pain bis peut être plus nutritif que le pain blanc : comme le fait remarquer M. A. Girard, la proportion d'eau que retient le pain à la sortie du four est d'autant plus grande que le taux d'extraction de la farine est plus élevé (voir l'expérience de Le Roy, Tilly et Desmarest, p. 249), en sorte qu'une farine extraite à un taux élevé, plus riche en gluten et en acide phosphorique qu'une farine parfaitement blanche, pourra donner un pain où l'acide phosphorique et le gluten ne seront pas sensiblement plus abondants. La différence de richesse des pains peut même changer de signe en ce qui concerne le gluten. Mais on peut consommer plus de pain bis que de pain blanc, et avec une dépense moindre, en sorte que 1 gramme d'azote réellement absorbé, emprunté au pain bis bien levé, coûte moins cher qu'emprunté au pain blanc.

4° La valeur nutritive réelle du pain ne dépend pas seulement de sa nature intrinsèque : elle dépend aussi de la manière dont il est consommé. La mastication a ici une importance capitale. Nous avons vu que la légèreté était la qualité de beaucoup la plus importante, parce que le pain compact est très mal utilisé par l'organisme quelle qu'en soit la richesse en éléments nutritifs. Il est évident qu'une mastication parfaite atténuerait singulièrement la différence entre un pain compact et un pain léger. Dans le même ordre d'idées le pain rassis doit être préféré au pain tendre, qui est moins facile à mastiquer finement. Enfin l'usage de la soupe et de toutes les préparations qui facilitent la division mécanique du pain dans l'estomac, est à recommander comme permettant une utilisation plus complète de cet excellent aliment.

FIN.

TABLE DES MATIÈRES

TABLE ALPHABÉTIQUE

A

20.

R

S

V

X

Y

FIN DE LA TABLE ALPHABÉTIQUE.

4438-06. — CORBEIL. Imprimerie ÉD. CRÉTÉ.

www.ingramcontent.com/pod-product-compliance
Lightning Source LLC
Chambersburg PA
CBHW060126200326
41518CB00008B/947